From Being to Becoming

本书描述了时间演化的历史。

自有西方科学以来，时间问题一直是一个挑战，它曾与牛顿时代的变革密切相连……现在，它依然伴随着我们。

——普里戈金

普里戈金创立的理论，打破了化学、生物学领域和社会科学领域之间的隔绝，使之建立起了新的联系。他的著作还以优雅明畅而著称，使他获得了“热力学诗人”的美称。

——1977年诺贝尔化学奖颁奖词

普里戈金和他的布鲁塞尔学派的工作可能很好地代表了下一次的科学革命。因为他们的工作不但与自然，而且甚至与社会开始了新的对话。

——《第三次浪潮》作者阿尔文·托夫勒

本书列入“十三五”国家重点图书出版规划

科学元典丛书

The Series of the Great Classics in Science

主　　编　任定成

执行主编　周雁翎

策　　划　周雁翎

丛书主持　陈　静

科学元典是科学史和人类文明史上划时代的丰碑，是人类文化的优秀遗产，是历经时间考验的不朽之作。它们不仅是伟大的科学创造的结晶，而且是科学精神、科学思想和科学方法的载体，具有永恒的意义和价值。

科学元典丛书

从存在到演化

From Being to Becoming

Time and Complexity in the Physical Science

[比利时] 普里戈金 著　沈小峰 等译

北京大学出版社
PEKING UNIVERSITY PRESS

图书在版编目(CIP)数据

从存在到演化/（比利时）普里戈金著；曾庆宏，严士健，马本堃，沈小峰译. —北京：北京大学出版社，2007.4

（科学元典丛书）

ISBN 978-7-301-09566-9

Ⅰ. 从… Ⅱ. ①普…②曾…③严…④马…⑤沈… Ⅲ. ①科学普及②耗散结构③非平衡统计理论 Ⅳ. 0414.22

中国版本图书馆 CIP 数据核字（2005）第 096657 号

书　　名	从存在到演化 CONG CUNZAI DAO YANHUA
著作责任者	（比利时）普里戈金 著 曾庆宏 严士健 马本堃 沈小峰 译
丛书策划	周雁翎
丛书主持	陈 静
责任编辑	陈 静
标准书号	ISBN 978-7-301-09566-9
出版发行	北京大学出版社
地　　址	北京市海淀区成府路 205 号 100871
网　　址	http://www.pup.cn 新浪微博：@北京大学出版社
微信公众号	科学与艺术之声（微信公众号：sartspku）
电子信箱	zyl@pup.pku.edu.cn
电　　话	邮购部 62752015 发行部 62750672 编辑部 62707542
印 刷 者	北京中科印刷有限公司
经 销 者	新华书店
	787 毫米×1092 毫米 16 开本 15.75 印张 16 插页 250 千字
	2007 年 4 月第 1 版 2019 年 12 月第 8 次印刷
定　　价	59.00 元

弁　言

· *Preface to the Series of the Great Classics in Science* ·

这套丛书中收入的著作，是自古希腊以来，主要是自文艺复兴时期现代科学诞生以来，经过足够长的历史检验的科学经典。为了区别于时下被广泛使用的“经典”一词，我们称之为“科学元典”。

我们这里所说的“经典”，不同于歌迷们所说的“经典”，也不同于表演艺术家们朗诵的“科学经典名篇”。受歌迷欢迎的流行歌曲属于“当代经典”，实际上是时尚的东西，其含义与我们所说的代表传统的经典恰恰相反。表演艺术家们朗诵的“科学经典名篇”多是表现科学家们的情感和生活态度的散文，甚至反映科学家生活的话剧台词，它们可能脍炙人口，是否属于人文领域里的经典姑且不论，但基本上没有科学内容。并非著名科学大师的一切言论或者是广为流传的作品都是科学经典。

这里所谓的科学元典，是指科学经典中最基本、最重要的著作，是在人类智识史和人类文明史上划时代的丰碑，是理性精神的载体，具有永恒的价值。

一

科学元典或者是一场深刻的科学革命的丰碑，或者是一个严密的科学体系的构架，或者是一个生机勃勃的科学领域的基石，或者是一座传播科学文明的灯塔。它们既是昔日科学成就的创造性总结，又是未来科学探索的理性依托。

哥白尼的《天体运行论》是人类历史上最具革命性的震撼心灵的著作，它向统治西方思想千余年的地心说发出了挑战，动摇了“正统宗教”学说的天文学基础。伽利略《关于托勒密与哥白尼两大世界体系的对话》以确凿的证据进一步论证了哥白尼学说，更直接地动摇了教会所庇护的托勒密学说。哈维的《心血运动论》以对人类躯体和心灵的双重关怀，满怀真挚的宗教情感，阐述了血液循环理论，推翻了同样统治西方思想千余年、被“正统宗教”所庇护的盖伦学说。笛卡儿的《几何》不仅创立了为后来诞生的微积分提供了工具的解析几何，而且折射出影响万世的思想方法论。牛顿的《自然哲学之数学原理》标志着 17 世纪科学革命的顶点，为后来的工业革命奠定了科学基础。分别以惠更斯的《光论》与牛顿的《光学》为代表的波动说与微粒说之间展开了长达 200 余年的论战。拉瓦锡在《化学基础论》中详尽论述了氧化理论，推翻了统治化学百余年之久的燃素理论，这一智识壮举被公认为历史上最自觉的科学革命。道尔顿的《化学哲学新体系》奠定了物质结构理论的基础，开创了科学中的新时代，使 19 世纪的化学家们有计划地向未知领域前进。傅立叶的《热的解析理论》以其对热传导问题的精湛处理，突破了牛顿的《自然哲学之数学原理》所规定的理论力学范围，开创了数学物理学的崭新领域。达尔文《物种起源》中的进化论思想不仅在生物学发展到分子水平的今天仍然是科学家们阐释的对象，而且 100 多年来几乎在科学、社会和人文的所有领域都在施展它有形和无形的影响。《基因论》揭示了孟德尔式遗传性状传递机理的物质基础，把生命科学推进到基因水平。爱因斯坦的《狭义与广义相对论浅说》和薛定谔的《关于波动力学的四次演讲》分别阐述了物质世界在高速和微观领域的运动规律，完全改变了自牛顿以来的世界观。魏格纳的《海陆的起源》提出了大陆漂移的猜想，为当代地球科学提供了新的发展基点。维纳的《控制论》揭示了控制系统的反馈过程，普里戈金的《从存在到演化》发现了系统可能从原来无序向新的有序态转化的机制，二者的思想在今天的影响已经远远超越了自然科学领域，影响到经济学、社会学、政治学等领域。

科学元典的永恒魅力令后人特别是后来的思想家为之倾倒。欧几里得的《几何原本》以手抄本形式流传了 1800 余年，又以印刷本用各种文字出了 1000 版以上。阿基米德写了大量的科学著作，达·芬奇把他当作偶像崇拜，热切搜求他的手稿。伽利略以他的继承人自居。莱布尼兹则说，了解他的人对后代杰出人物的成就就不会那么赞赏了。为捍卫《天体运行论》中的学说，布鲁诺被教会处以火刑。伽利略因为其《关于托勒密与哥白尼两大世界体系的对话》一书，遭教会的终身监禁，备受折磨。伽利略说吉尔伯特的《论磁》一书伟大得令人嫉妒。拉普拉斯说，牛顿的《自然哲学之数学原理》揭示了宇宙的最伟大定律，它将永远成为深邃智慧的纪念碑。拉瓦锡在他的《化学基础论》出版后 5 年被法国革命法庭处死，传说拉格朗日悲愤地说，砍掉这颗头颅只要一瞬间，再长出这样的头颅 100 年也不够。《化学哲学新体系》的作者道尔顿应邀访法，当他走进法国科学院会议厅时，院长和全体院士起立致敬，得到拿破仑未曾享有的殊荣。傅立叶在《热的解析理论》中阐述的强有力的数学工具深深影响了整个现代物理学，推动数学分析的发展达一个多世纪，麦克斯韦称赞该书是“一首美妙的诗”。当人们咒骂《物种起源》是“魔鬼的经典”“禽兽的哲学”的时候，赫胥黎甘做“达尔文的斗犬”，挺身捍卫进化论，撰写了《进化论与伦理学》和《人类在自然界的位置》，阐发达尔文的学说。经过严复的译述，赫胥黎的著作成为维新领袖、辛亥精英、“五四”斗士改造中国的思想武器。爱因斯坦说法拉第在《电学实验研究》中论证的磁场和电场的思想是自牛顿以来物理学基础所经历的最深刻变化。

在科学元典里，有讲述不完的传奇故事，有颠覆思想的心智波涛，有激动人心的理性思考，有万世不竭的精神甘泉。

二

按照科学计量学先驱普赖斯等人的研究，现代科学文献在多数时间里呈指数增长趋势。现代科学界，相当多的科学文献发表之后，并没有任何人引用。就是一时被引用过的科学文献，很多没过多久就被新的文献所淹没了。科学注重的是创造出新的实在知识。从这个意义上说，科学是向前看的。但是，我们也可以看到，这么多文献被淹没，也表明划时代的科学文献数量是很少的。大多数科学元典不被现代科学文献所引用，那是因为其中的知识早已成为科学中无须证明的常识了。即使这样，科学经典也会因为其中思想的恒久意义，而像人文领域里的经典一样，具有永恒的阅读价值。于是，科学经典就被一编再编、一印再印。

早期诺贝尔奖得主奥斯特瓦尔德编的物理学和化学经典丛书“精密自然科学经典”从 1889 年开始出版，后来以“奥斯特瓦尔德经典著作”为名一直在编辑出版，有资料说目前已经出版了 250 余卷。祖德霍夫编辑的“医学经典”丛书从 1910 年就开始陆续出版了。也是这一年，蒸馏器俱乐部编辑出版了 20 卷“蒸馏器俱乐部再版本”丛书，丛书中全是化学经典，这个版本甚至被化学家在 20 世纪的科学刊物上发表的论文所引用。一般把1789年拉瓦锡的化学革命当作现代化学诞生的标志，把1914年爆发的第一次世界大战称为化学家之战。奈特把反映这个时期化学的重大进展的文章编成一卷，把这个时期的其他9部总结性化学著作各编为一卷，辑为10卷“1789—1914年的化学发展”丛书，于1998年出版。像这样的某一科学领域的经典丛书还有很多很多。

科学领域里的经典，与人文领域里的经典一样，是经得起反复咀嚼的。两个领域里的经典一起，就可以勾勒出人类智识的发展轨迹。正因为如此，在发达国家出版的很多经典丛书中，就包含了这两个领域的重要著作。1924年起，沃尔科特开始主编一套包括人文与科学两个领域的原始文献丛书。这个计划先后得到了美国哲学协会、美国科学促进会、科学史学会、美国人类学协会、美国数学协会、美国数学学会以及美国天文学学会的支持。1925年，这套丛书中的《天文学原始文献》和《数学原始文献》出版，这两本书出版后的25年内市场情况一直很好。1950年，沃尔科特把这套丛书中的科学经典部分发展成为“科学史原始文献”丛书出版。其中有《希腊科学原始文献》《中世纪科学原始文献》和《20世纪(1900—1950年)科学原始文献》，文艺复兴至19世纪则按科学学科(天文学、数学、物理学、地质学、动物生物学以及化学诸卷)编辑出版。约翰逊、米利肯和威瑟斯庞三人主编的“大师杰作丛书”中，包括了小尼德勒编的3卷“科学大师杰作”，后者于1947年初版，后来多次重印。

在综合性的经典丛书中，影响最为广泛的当推哈钦斯和艾德勒1943年开始主持编译的“西方世界伟大著作丛书”。这套书耗资200万美元，于1952年完成。丛书根据独创性、文献价值、历史地位和现存意义等标准，选择出74位西方历史文化巨人的443部作品，加上丛书导言和综合索引，辑为54卷，篇幅2 500万单词，共32 000页。丛书中收入不少科学著作。购买丛书的不仅有“大款”和学者，而且还有屠夫、面包师和烛台匠。迄1965年，丛书已重印30次左右，此后还多次重印，任何国家稍微像样的大学图书馆都将其列入必藏图书之列。这套丛书是20世纪上半叶在美国大学兴起而后扩展到全社会的经典著作研读运动的产物。这个时期，美国一些大学的寓所、校园和酒吧里都能听到学生讨论古典佳作的声音。有的大学要求学生必须深研100多部名著，甚至在教学中不得使用最新的实验设备，而是借助历史上的科学大师所使用的方法和仪器复制品去再现划时代的著名实验。至20世纪40年代末，美国举办古典名著学习班的城市达300个，学员50 000余众。

相比之下，国人眼中的经典，往往多指人文而少有科学。一部公元前300年左右古希腊人写就的《几何原本》，从1592年到1605年的13年间先后3次汉译而未果，经17世纪初和19世纪50年代的两次努力才分别译刊出全书来。近几百年来移译的西学典籍中，成系统者甚多，但皆系人文领域。汉译科学著作，多为应景之需，所见典籍寥若晨星。借20世纪70年代末举国欢庆“科学春天”到来之良机，有好尚者发出组译出版“自然科学世界名著丛书"的呼声，但最终结果却是好尚者抱憾而终。20 世纪 90 年代初出版的"科学名著文库"，虽使科学元典的汉译初见系统，但以 10 卷之小的容量投放于偌大的中国读书界，与具有悠久文化传统的泱泱大国实不相称。

我们不得不问：一个民族只重视人文经典而忽视科学经典，何以自立于当代世界民族之林呢？

三

科学元典是科学进一步发展的灯塔和坐标。它们标识的重大突破，往往导致的是常规科学的快速发展。在常规科学时期，人们发现的多数现象和提出的多数理论，都要用科学元典中的思想来解释。而在常规科学中发现的旧范型中看似不能得到解释的现象，其重要性往往也要通过与科学元典中的思想的比较显示出来。

在常规科学时期，不仅有专注于狭窄领域常规研究的科学家，也有一些从事着常规研究但又关注着科学基础、科学思想以及科学划时代变化的科学家。随着科学发展中发现的新现象，这些科学家的头脑里自然而然地就会浮现历史上相应的划时代成就。他们会对科学元典中的相应思想，重新加以诠释，以期从中得出对新现象的说明，并有可能产生新的理念。百余年来，达尔文在《物种起源》中提出的思想，被不同的人解读出不同的信息。古脊椎动物学、古人类学、进化生物学、遗传学、动物行为学、社会生物学等领域的几乎所有重大发现，都要拿出来与《物种起源》中的思想进行比较和说明。玻尔在揭示氢光谱的结构时，提出的原子结构就类似于哥白尼等人的太阳系模型。现代量子力学揭示的微观物质的波粒二象性，就是对光的波粒二象性的拓展，而爱因斯坦揭示的光的波粒二象性就是在光的波动说和粒子说的基础上，针对光电效应，提出的全新理论。而正是与光的波动说和粒子说二者的困难的比较，我们才可以看出光的波粒二象性说的意义。可以说，科学元典是时读时新的。

除了具体的科学思想之外，科学元典还以其方法学上的创造性而彪炳史册。这些方法学思想，永远值得后人学习和研究。当代诸多研究人的创造性的前沿领域，如认知心理学、科学哲学、人工智能、认知科学等，都涉及对科学大师的研究方法的研究。一些科学史学家以科学元典为基点，把触角延伸到科学家的信件、实验室记录、所属机构的档案等原始材料中去，揭示出许多新的历史现象。近二十多年兴起的机器发现，首先就是对科学史学家提供的材料，编制程序，在机器中重新做出历史上的伟大发现。借助于人工智能手段，人们已经在机器上重新发现了波义耳定律、开普勒行星运动第三定律，提出了燃素理论。萨伽德甚至用机器研究科学理论的竞争与接受，系统研究了拉瓦锡氧化理论、达尔文进化学说、魏格纳大陆漂移说、哥白尼日心说、牛顿力学、爱因斯坦相对论、量子论以及心理学中的行为主义和认知主义形成的革命过程和接受过程。

除了这些对于科学元典标识的重大科学成就中的创造力的研究之外，人们还曾经大规模地把这些成就的创造过程运用于基础教育之中。美国几十年前兴起的发现法教学，就是在这方面的尝试。近二十多年来，兴起了基础教育改革的全球浪潮，其目标就是提高学生的科学素养，改变片面灌输科学知识的状况。其中的一个重要举措，就是在教学中加强科学探究过程的理解和训练。因为，单就科学本身而言，它不仅外化为工艺、流程、技术及其产物等器物形态，直接表现为概念、定律和理论等知识形态，更深蕴于其特有的思想、观念和方法等精神形态之中。没有人怀疑，我们通过阅读今天的教科书就可以方便地学到科学元典著作中的科学知识，而且由于科学的进步，我们从现代教科书上所学的知识甚至比经典著作中的更完善。但是，教科书所提供的只是结晶状态的凝固知识，而科学本是历史的、创造的、流动的，在这历史、创造和流动过程之中，一些东西蒸发了，另一些东西积淀了，只有科学思想、科学观念和科学方法保持着永恒的活力。

然而，遗憾的是，我们的基础教育课本和不少科普读物中讲的许多科学史故事都是误讹相传的东西。比如，把血液循环的发现归于哈维，指责道尔顿提出二元化合物的元素原子数最简比是当时的错误，讲伽利略在比萨斜塔上做过落体实验，宣称牛顿提出了牛顿定律的诸数学表达式，等等。好像科学史就像网络上传播的八卦那样简单和耸人听闻。为避免这样的误讹，我们不妨读一读科学元典，看看历史上的伟人当时到底是如何思考的。

现在，我们的大学正处在席卷全球的通识教育浪潮之中。就我的理解，通识教育固然要对理工农医专业的学生开设一些人文社会科学的导论性课程，要对人文社会科学专业的学生开设一些理工农医的导论性课程，但是，我们也可以考虑适当跳出专与博、文与理的关系的思考路数，对所有专业的学生开设一些真正通而识之的综合性课程，或者倡导这样的阅读活动、讨论活动、交流活动甚至跨学科的研究活动，发掘文化遗产、分享古典智慧、继承高雅传统，把经典与前沿、传统与现代、创造与继承、现实与永恒等事关全民素质、民族命运和世界使命的问题联合起来进行思索。

我们面对不朽的理性群碑，也就是面对永恒的科学灵魂。在这些灵魂面前，我们不是要顶礼膜拜，而是要认真研习解读，读出历史的价值，读出时代的精神，把握科学的灵魂。我们要不断吸取深蕴其中的科学精神、科学思想和科学方法，并使之成为推动我们前进的伟大精神力量。

任定成

2005 年 8 月 6 日

北京大学承泽园迪吉轩

普里戈金(Ilya Prigogine,1917—2003)(普里戈金夫人玛琳娜 提供)

1917年1月25日，普里戈金出生于莫斯科。1921年随家迁居德国，8年后又迁居比利时。

布鲁塞尔自由大学行政大楼。普里戈金1939年获该校化学学历证书和物理学学历证书，1941年获化学博士学位，1945年获物理化学高级学位。（彭丹哥 摄）

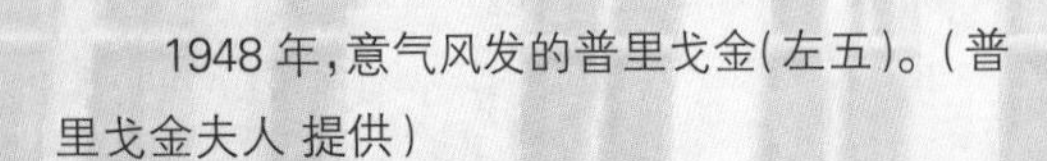

1948年，意气风发的普里戈金（左五）。（普里戈金夫人 提供）

与夫人玛琳娜和儿子帕斯卡尔在一起。（普里戈金夫人 提供）

索尔维国际物理学和化学研究所办公室，普里戈金生前就在这里办公。（彭丹哥 摄）

1910 年索尔维（图）创建了索尔维国际物理学和化学研究所。1959 年以来普里戈金担任该研究所所长，在他的领导下，该所现已成为国际非平衡物理学和复杂性高等研究中心。

布鲁塞尔自由大学物理与数学大楼。索尔维国际物理学和化学研究所在此楼内。（彭丹哥 摄）

索尔维国际物理学和化学研究所办公室内景。（彭丹哥 摄）

1927 年，第五届索尔维会议。后排左五为比利时化学家德唐德（T.De Donder），他是普里戈金的博士学位指导老师。

美国得克萨斯大学奥斯汀校区得罗伯特·李·摩尔大楼。普里戈金统计力学和复杂系统研究中心就位于此楼中。普里戈金自 1967 年开始担任该中心主任。

在得克萨斯大学指导学生。（普里戈金夫人 提供）

在得克萨斯大学普里戈金统计力学和复杂系统研究中心与他的研究生们合影。（普里戈金夫人 提供）

1977年，普里戈金因对热力学和非平衡结构特别是关于耗散结构理论的贡献被授予诺贝尔化学奖。左图为普里戈金在斯德哥尔摩接受瑞典皇家科学院颁发的诺贝尔化学奖。右图为诺贝尔化学奖章正、反面。

关于普里戈金，不同意见的分歧是蛮大的，有人认为“同其他诺贝尔奖获得者相比，普里戈金应该是最不够格的一个”。也有人“将普里戈金比做牛顿，并预言未来的第三次科学浪潮将是普里戈金的时代”。

诺贝尔奖颁奖典礼后，普里戈金在斯德哥尔摩与家人的合影。（普里戈金夫人 提供）

普里戈金夫妇与韩国浦项工业大学师生在一起。(普里戈金夫人 提供)

普里戈金与俄罗斯学者在一起。

普里戈金一生很重视学术的国际交流。他获得了许多国外大学的教席,一再被邀请做访问教授,是超过了60个国家和国际的学术组织的成员,获得了47个荣誉学位。

与阿根廷的科学家在一起。(普里戈金夫人 提供)

在欧洲粒子物理研究所(CERN)与科学家研讨。

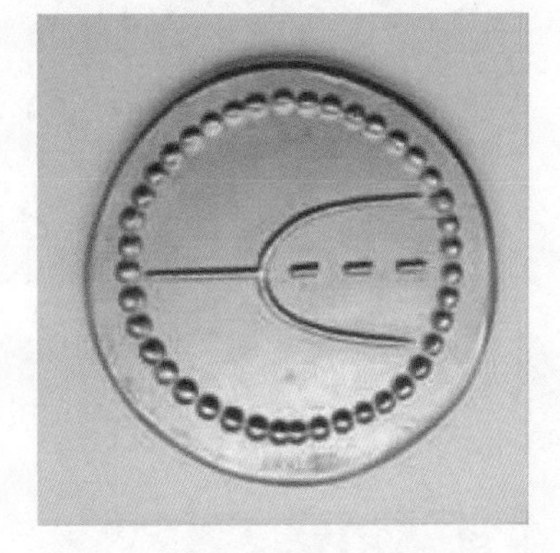

意大利锡耶纳大学与英国西撒克斯学院联合设立的普里戈金奖。此奖授予在生态学领域有突出成就的研究者。

普里戈金奖章的正面与反面

普里戈金在颁发 2001 年普里戈金奖。

2002 年，与同事、学生一起庆祝 85 岁生日。

2003 年 5 月 28 日，普里戈金在布鲁塞尔的伊拉斯谟医院逝世。

布鲁塞尔大广场

目　录

序(代导读)

伊·普里戈金

1979年10月

·*Preface*·

本书的基本目的之一是向读者传达我的一个信念：我们正经历着一个科学革命的时期，这个时期涉及重新估价科学方法的地位和意义，这个时期有些类似于古希腊科学方法的诞生以及伽利略时代的科学思想的复兴。

本书是论述时间问题的。书名原打算定为《时间，被遗忘的维数》(*Time, the Forgotten Dimension*)，这样的书名可能会使一些读者感到奇怪，时间不是从一开始就结合到动力学，即运动的研究中去了吗？时间不就是狭义相对论讨论的重点吗？这当然是对的。但是，在动力学描述中，无论是经典力学的描述，还是量子力学的描述，引入时间的方式有很大的局限性，这表现在这些方程对于时间反演 $t \rightarrow -t$ 是不变的。诚然，在特殊类型的相互作用，即所谓超弱相互作用中，这种时间对称性似乎是破缺的，但这种破缺对于本书所要讨论的问题并不起作用。

时间在动力学中不过是作为一个"几何参数"出现，达朗贝尔早在1754年就已注意到这个特点(d'Alembert, 1754)。拉格朗日走得更远，他甚至把动力学叫作"四维几何"这比爱因斯坦(Einstein)和闵可夫斯基(Minkowski)的工作早了一百多年(Lagrange, 1796)。按照这种观点，将来和过去起着同样的作用。组成我们宇宙的原子或粒子所沿着运动的"世界线"，也就是它们的轨道，既可以延伸到将来，也可以追踪到过去。

这种静止的世界观，其根源可以追溯到西方科学的发端时期(Sambursky, 1963)。米利都学派把所谓"原始物质"的思想和物质不灭定律联系在一起。在该学派最杰出的创始人之一泰勒斯(Thales)看来，由单一物质(如水)构成了原始物质，因而自然现象中的一切变化，例如生长和衰亡，就必然只是一些幻象而已。

物理学家和化学家都知道，过去和将来起着同样作用的描述，并不适用于所有现象。人人都会观察到，把两种液体放入同一容器里，一般都会扩散成某种均匀的混合物。在这个实验中，时间的方向就是关键性的。我们观察到一个逐渐均匀化的过程，这时，时间的单向性就是很显然的了，因为我们不会观察到两种混合在一起的液体自发地分离。但是，这类现象很久以来都被排斥于物理学的基本描述之外。一切与时间方向有关的过程都被看做一种特殊的，"不可几"的初始条件的效果。

我们在第1章中将会看到，20世纪初，这种静止的观点几乎为科学界一致接受。但从那时起，我们便朝着离开静止观点的方向发展了。一种动态的观点(时间在其中起着重要的作用)已在几乎所有的科学领域中盛行。进化的概念好像成了我们认识物质世界的核心。这个概念在19世纪就完全形成了，值得注意的是，它几乎同时出现在物理学、生物学和社会学中，只是具有十分不同的特殊含义而已。在物理学中，它的引入是通过热力学第二定律，即著名的熵增加定律，这个定律是本书的主题之一。

按照经典看法，热力学第二定律表达了分子无序性的增加。正如玻耳兹曼(Boltzmann)所指出的，热力学平衡态相当于"概率"最大的态。但在生物学和社会学中，进化概念的基本含义正好相反，它描述向更高级别的复杂性的转变。在动力学中，时间被当做运动；在热力学中，时间与不可逆性联系在一起；在生物学和社会学中，时间作为历史，我们怎样把这些不同含义的时间相互联系起来呢？这显然不是一件轻而易举的事情。但是，我们生活在一个单一的世界之中。为了对我们居身的这个世界建立一个统一的观点，我们必须找到某种方法，使我们能够从一种描述过渡到另一种描述。

◀第一届索尔维会议。

本书的基本目的之一是向读者传达我的一个信念：我们正经历着一个科学革命的时期，这个时期涉及重新估价科学方法的地位和意义，这个时期有些类似于古希腊科学方法的诞生以及伽利略时代的科学思想的复兴。

许多令人感兴趣的和十分重要的发现，扩大了我们的科学视野。这里仅举几例：基本粒子物理学中的夸克，天文学中像脉冲星那样的奇妙天体，分子生物学的惊人进展等。这些都是我们时代的里程碑，我们的时代是一个特别富有重要发现的时代。然而，当我说到科学革命的时候，我想到的却是另一些东西，也许是更难捉摸的一些东西。自从西方科学兴起以来，我们一直相信所谓微观世界——分子、原子、基本粒子的"简单性"。于是，不可逆性和进化就表现为一些幻象，这些幻象与自身简单的客体的集体行为所具有的复杂性联系在一起。这种简单性的概念在历史上曾经是西方科学的一个推动力，然而今天却很难再维持下去了。我们所熟悉的基本粒子，就是一些复杂的客体，它们既可产生，也会衰变。如果说物理学和化学中还存在简单性的话，那它不会存在于微观模型之中。它倒是可能存在于理想化的宏观模型中，如谐振子或二体问题的简单运动模型。但是，如果我们用这些模型去描述大系统或非常小的系统的行为，这个简单性就会消失。只要我们不再相信微观世界的简单性，就必须重新估价时间所起的作用。于是我们就遇到了本书的主题，这个主题可以表述如下：

第一，不可逆过程和可逆过程一样实在，不可逆过程同我们不得不加在时间可逆定律上的某些附加近似并不相当。

第二，不可逆过程在物质世界中起着基本的建设性的作用；它们是一些重要的相干过程的基础，这些相干过程在生物学的水准上显现得特别清晰。

第三，不可逆性深深扎根于动力学中。人们可以说，在不可逆性开始的地方经典力学和量子力学的基本概念（如轨道或波函数）不再是可观察量。不可逆性并不相当于在动力学定律中引进某种附加的近似，而是相当于把动力学纳入更为广泛的形式体系中去。因此，如我们将要指出的，存在一个微观表述，它超出经典力学和量子力学的传统表述，明显地表示出不可逆过程的作用。

这种表述导致一个统一的图景，使得我们可以在许多方面把从物理系统观察到的和从生物系统所观察到的联系起来。这并非意味着要把物理学和生物学都"约化"为一种单纯的格式，而是要清晰地规定不同级别的描述，并为从一种描述过渡到另一种描述提供条件。

经典物理学中，几何表象的作用是众所周知的。经典物理学以欧几里得几何为基础，相对论及其他领域的现代发展，则与几何概念的扩展紧密相连。但是，我们这里考察的是另一个极端：场论已被胚胎学家用来描述有关形态发生学的复杂现象。观看描写诸如小鸡胚胎发育过程之类电影的经验是令人难忘的，尤其对于不是研究生物学的人更是如此。我们看到一个逐渐组织起来的生物空间，每个事件都在某个瞬时和某个区域进行，从而使过程的整体协调成为可能。这种生物空间是具有机能的空间，而不是一个几何空间。标准的几何空间，即欧几里得空间，对于平移或旋转是不变的。生物空间就不是这样。在生物空间里，事件是局域于空间和时间的过程。而不是仅仅局域于轨道。我们很接近亚里士多德（Aristotle）的宇宙观（参见 Sambursky，1963）。我们知道，亚里士多德认为，神圣和永恒的轨道的世界同所谓“月下世界”[1]完全不同，月下世界的描述显然受到了生物学观察结果的影响。他写道：

天体的壮观，比起我们去观察这些低矮之物，无疑使我们得到更多的快乐；因为太阳和星辰不生也不灭，而是永恒的和神圣的。但是天国高远，我们的感官所赋予我们的有关天国事物的知识，贫乏而模糊。另一方面，活的生物就在我们门前，只要我们愿意，我们可以得到它们每个以及全体的广泛而确定的知识。我们在雕像的美中得到喜悦，难道活的东西就不会使我们得到快乐吗？并且，假使我们在哲学精神中能够寻找出原因，能够认出设计的证据，情况就越发如此。于是，自然界的目的和她那深藏的法则，必将在各处被揭露出来，一切都在她的各式各样的工作中达到这种形式或那种形式的美。（参见Haraway 所引 Aristotle 的话，1976）

虽然，把亚里士多德的生物学观点应用到物理学中，曾经造成过灾难。但是，通过现代的分支理论和不稳定性理论，我们开始看到，这两个概念，也就是几何的世界和有组织、有机能的世界，并非是不相容的。正是这个进展将会产生深远的影响。

相信微观范围的“简单性”已经成为过去的事。但是，使我确信我们正处在科学革命之中，还有第二个原因。经典的科学观常称“伽利略”（Galilei）科学观。它试图把物质世界描述成一个我们不属其中的分析对象。按照这种观点，世界成了一个好像是被从世界之外看到的对象。这种看问题的方法在过去已经获得了巨大成功，但是，现在我们遇到了这个伽利略观点的局限性（Koyré，1968）。为了继续前进，必须更好地认识我们的地位，认识我们开始描述物质世界的着眼点。这并不是说，我们必须恢复主观主义的科学观；而是说，在某种意义上，我们必须把认识与生命的特征联系起来。雅克·莫诺（Jacques Monod）曾把活的系统叫做“这些陌生的对象”，它们和“无生命”的世界相比，的确是陌生的（Monod，1970）。因此，我的目标之一，就是试图使这些对象的某些一般特性从混乱中摆脱出来。在分子生物学中已经有了十分重要的进展，没有这个进展，我们的讨论就是不可能的。但是，我想强调一下其他方面：活的有机体是远离平衡的对象，它是以其不稳定性与平衡世界相区别的；活的有机体必然是包含物质相干态的“大”的宏观对象，这物质的相干态则是产生复杂生物分子以使生命能够永存所必不可少的。

这些一般特点应体现在下面问题的答案之中：我们描述物质世界的意义是什么？我们从什么观点出发去描述物质世界？答案只能是：我们从一个宏观级别的描述开始，而我们测量的一切结果，甚至微观世界的测量结果，都在某点反过来影响这个宏观级别的描述。正如玻尔曾强调过的，存在着一些*原始概念*，这些概念并不能认为是先验的，但是每种描述都必须被表明是和这些原始概念的存在相容的（Bohr，1948）。这就为我们描述物质世界引入了*自洽性要素*。例如，生命系统具有对时间方向性的感觉。实验表明，即使最简单的单细胞生物也有这种感觉。这个时间的方向性就是上述“原始概念”中的一种。没有它，任何科学，不论是关于动力学中可逆时间行为的科学，还是关于不可逆过程

---

① 亚里士多德把世界分为“月上世界”和“月下世界”，前者是高尚神明的世界，后者是庸俗万籁的世界。——译者注。

的科学，都是不可能的。因此，耗散结构理论（关于耗散结构，我们将在第 4 章和第 5 章研究）最使人感兴趣的一个方面就是：我们现在能在物理学和化学的基础上发现这个时间方向性的根源。这个发现反过来又以自洽的方式证明我们认为自己所具有的对时间的感觉是合理的。时间的概念比我们所想的要复杂得多。与运动联在一起的时间只是时间的第一个方面，它可以协调地纳入如经典力学或量子力学这样的理论结构框架中。

我们还可以更进一步。在本书的叙述中，最引人注意的新成果之一是出现了一个所谓的“第二时间”，这个时间深深扎根于微观的动力学级别上的涨落现象之中。这个新的时间不再如经典力学或量子力学中的时间那样是一个简单的参数，而是有点像量子力学中用来表征物理量的一个算符！为什么我们需要用算符来描述微观级别的料想不到的复杂性，这是我们将在本书研讨的最有兴趣的方面之一。

近来科学的发展，可能会使科学观点更好地结合在西方文化的框架之中。姑且不谈科学的全部成就，科学的发展无疑也导致了某种形式的文化压力（Snow，1964）。“两种文化”之所以存在，不仅是由于彼此间的求知欲不够，而且也至少部分原因是因为如下事实，即对于时间及其变化这类与文学和艺术有关的问题，科学上探讨得实在太少了。在本书中，我们将不讨论这种涉及哲学和人类科学的一般问题，对这些问题我和我的同事伊萨贝尔·斯唐热（Isabelle Stengers）将在另一本书《新的同盟》（*La nouvelle alliance*，Gallimard，1979 年版，已有英译本，英译本书名为 *Order out of Chaos*，即《从混沌到有序》）里讨论。不过，无论在欧洲还是在美国，现在有一股很强的潮流，要把哲学论题和科学论题更紧密地连在一起，注意到这一点是很有意思的。我们援引几个例子：在法国，有塞里斯（Serres）、莫斯柯维西（Moscovici）、莫林（Morin）以及其他人的著作；在美国，有罗伯特·布鲁斯坦（Robert Brustein）新近引起争论的文章《爱因斯坦时代的戏剧》，这篇发表在 1977 年 8 月 7 日《纽约时报》上的文章重新估价了因果性在文学中的作用。

西方文明是以时间为中心的，这个提法大概不算夸大。这也许是与《旧约全书》和《新约全书》观点的基本特色有关吧！

无论如何，经典物理学的“没有时间的”（timeless）概念与西方世界的形而上学的概念的冲突是不可避免的。从康德（Kant）到怀特海（Whitehead）的整个哲学史，要么企图为消除这个困难而引入另一个实在性（如康德的实体世界），要么与决定论相反采用时间和自由起着基本作用的新的描述方式，这绝非出于偶然。尽管这样，在生物学问题和社会文化发展中时间和变化仍是关键性的。事实上，与生物进化相比而言，文化和社会变革的一个迷人的方面就是它们发生在比较短的时间内。因此，在某种意义上，凡是对文化和社会方面感兴趣的人，都必须以这种或那种方式考虑时间问题和变化规律。反过来说大概也对，凡是对时间问题感兴趣的人，也都不可避免地对我们时代的文化和社会变革发生某种兴趣。

经典物理学，甚至是由量子力学和相对论所扩展了的物理学也只为我们提供了一些关于时间进化的相当贫乏的模型。物理学的决定论法则在某种意义上是唯一可接受的法则，它对于进化的描述今天看起来好像是粗线条的简单勾画，近乎于一幅进化的漫画。无论在经典力学还是在量子力学中，好像只要我们足够精确地“知道”了系统在给定时刻的状态，那么将来（以及过去）就至少在原则上可以预言了。当然，我们这里所说的是纯概念的问题。大家知道,实际上连一个月内是否有雨这样的问题,我们也预言不了。尽管如此,这种理论框架好像还是指出,在某种意义上,现在已经"包括"了过去和将来。我们将看到,情况并非如此。将来并没有包括在过去之中。即使在物理学里,也像在社会学里的情形一样,我们只能预言各种可能实现的"方案"。但正是基于这个原因,我们参加了一场惊人的冒险。用玻尔的名言来说,在这场冒险中,我们"既是观众又是演员。"

本书在一个中等水平上写成,因此要求读者熟悉理论物理学和化学的基本工具。不过,我希望,通过采用这种中等水平的表达方式,我可以为大量读者提供一个简捷的介绍,把他们引到这样的一个知识领域,它对我来说,具有十分广泛的内容。

本书的结构如下:在绪论之后,我给出了可以称为"存在"的物理学(如经典力学和量子力学)的一个简述,主要强调经典力学和量子力学的局限性,以便向读者传达我的信念:这些领域远远没有终结,而是处于迅速的发展之中。实事求是地讲,只是在考虑最简单的问题时,我们的认识才是令人满意的。可惜的是,关于科学结构的许多流行的概念,往往基于从这些简单情况的过分外推之上。然后,我们转向"演化"的物理学,转向现代热力学,转向自组织,以及涨落的作用。有三章专门论述方法,这些方法使我们现在能架起一座从存在过渡到演化的桥梁;这些涉及动力论及其最近的发展。只有第 8 章涉及一些比较技术性的问题。不具备必要的背景知识的读者,可以直接转向第 9 章,那里概括了第 8 章所得到的主要结论[①]。也许最为重要的结论就是:不可逆性正是从经典力学或量子力学的终结之处开始的。这并不是说,经典力学或量子力学变成错误的了;确切地说是指它们所适合的理想化超出了概念的可观察范围。轨道或波函数这类概念仅当被置于可观察的前后关系之中时才具有物理含义,而当不可逆性变为物理图景的一部分时,就不再能赋予轨道或波函数以可观察的前后关系。这样,本书给出了有关问题的全景,可以作为更深入地认识时间及变化的一个前导。

在本书末尾,我们列出了所有的参考文献。有一部分是关键性参考材料,有兴趣的读者可以从中找到进一步的发展;其余的是本书行文中特别感兴趣的原始出版物。坦白地讲,这种选择是相当任意的,并且,如果有遗漏的话,我应当向读者表示歉意。与本书所论问题特别有关的书是尼科利斯(G. Nicolis)和本书作者合写的《非平衡系统中的自组织作用》(*Self-Organization in Nonequilibrium System*, Wiley-Interscience, 1977)

卡尔·波普(Karl Popper)在他的《科学发现的逻辑》(*Logic of Scientific Discovery*)一书 1959 年版的序言中写道:"至少有一个哲学问题,凡是有头脑的人都会对它感兴趣。这就是宇宙学的问题,也就是对世界(作为这个世界的一部分,也包括我们自己以及我们的知识)的认识问题。"本书的目的是要证明物理学和化学的最近发展已为波普如此出色揭示过的问题作出了贡献。

像在一切有意义的科学发展中的情况一样,这里有一个令人诧异的因素。我们总是指望新的见解主要来自于研究基本粒子和解决宇宙学问题。这个新的令人惊奇的特点是:在居于微观与宇观之间的宏观水平上的不可逆性概念导致了对物理学和化学的基本

① 在本书英文版第二版中,作者又增加了新的内容(第 10 章),我们据作者所赠打字稿译出,加在第 9 章的后面,这样全书共有十章。——译者注。

工具(如经典力学和量子力学)的修正。不可逆性引入了一些料想不到的特点,只要正确理解它们,就能得到从存在过渡到演化的线索。

自有西方科学以来,时间问题一直是一个挑战,它曾与牛顿时代的变革密切相连,它曾促成了玻耳兹曼的工作,现在,它依然伴随着我们。不过,我们现在也许离一个更加综合的观点越发接近了,像是会在将来再次产生新的发展。

我深深感谢我在布鲁塞尔和奥斯汀的合作者们,他们在帮助表述和发展本书所依据的思想方面,起了重要的作用。在此,我无法对他们一位一位地致谢,但我想对格雷科斯(A. Crecos)博士,赫尔曼(R. Herman)博士和斯唐热小姐表达我的谢意,感谢他们的建设性的批评意见。我还要对西奥多索普卢(M. Theodosopulu),梅拉(J. Mehra) 和尼科利斯博士在准备本书手稿中所给予的不断帮助表示特殊的谢意。

中译本序

· Chinese Version ·

伊·普里戈金

(一)

为我的《从存在到演化》一书的中文译本增加这个简短的序言是一件非常荣幸的事。尽管当代科学所提出的问题和方法的范围极其广泛，但是有些问题是贯穿这整个领域的，如时间的问题和观察者所起的作用问题。有人会想，我们所观察到的生物进化或社会发展应当看做是嵌在一个不变化的广袤的宇宙之中的。但情况并非如此，现代宇宙学表明，整个宇宙也是在演化的。还有，在物理学的经典概念中，对于观察者所处理的自然界没有任何理论上的限制。我们现在开始看到了这个概念的局限性，而这些局限性又和时间及不可逆性的问题有密切的关系。

这个异乎寻常的发展带来了西方科学的基本概念和中国古典的自然观的更紧密的结合。正如李约瑟(Joseph Needham)在他论述中国科学和文明的基本著作中经常强调的，经典的西方科学和中国的自然观长期以来是格格不入的。西方科学向来是强调实体(如原子、分子、基本粒子、生物分子等)，而中国的自然观则以“关系”为基础，因而是以关于物理世界的更为“有组织的”观点为基础。

这个差别在今天即使和几年前的想法相比，其重要性也显得小得多了。

我相信我们已经走向一个新的综合，一个新的归纳，它将把强调实验及定量表述的西方传统和以“自发的自组织世界”这一观点为中心的中国传统结合起来。

西方科学诞生在17世纪的欧洲，一个特殊的承前启后的社会和宗教环境之中。我相信在20世纪末的今天，科学将会给世界带来更为普适的信息。

1979年我有幸到西安参加了一个“非平衡态物理”的专题讨论会[①]。这个学科在中国所引起的兴趣给了我非常深刻的印象，我期望这本书的翻译将使这个兴趣保持下去，因为我确信，这个领域仅仅处于它的幼年时期，而年轻一代的中国科学家一定会作出重要的贡献。当我在中华人民共和国停留的时候，他们的才智和热情更加深了我的这个信念。

最后，我愿趁此机会向钱三强教授和郝柏林教授表示感谢，感谢他们给予我的友谊。

(二)

我非常高兴这本专著的中文译本即将出版。自从这本专著发表以来，人们对不可逆过程的兴趣正在按指数比例增加。不可逆过程在许多科学领域中起着决定性的作用，这一点现在已十分明显。有兴趣的读者可以参阅最近的会议文集[②]。按照这本专著中所论述的观点，应当特别强调：不可逆性正在引起空间、时间和动力学概念上的巨大变化。甚至在贝纳尔(Bénard)不稳定性之类最简单的情形中，我们可能已注意到不可逆性带来的空间对称性的破缺，与此类似，化学钟导致了时间对称性的破缺，因为两个不同的时刻不再起同样的作用。此外，自然界本身变为由逐次分支而形成的一个历史的对象。

用这种新的眼光来看，越来越难以接受那种传统的观点：不可逆性出现在宏观水平上，而在作为基础的“单元”水平上却用时间可逆的定律来描述。这个问题已在本书的第一版中加以讨论，不过讨论得相当粗略。因此，我决定增加新的一章：不可逆性与时空结构，它可以作为一个有益的导论。它包括一些在本书第一版出版以后才研究出来的新成果。

简而言之，我们的方法如下：我们把熵增加定律以及隐存的“时间之矢”看做自然界的基本事实。于是，我们的任务便是研究由于把第二定律作为一个基本假定引入所带来的空间、时间和动力学概念结构的变化。认为这种观点正确，其原因是注意到：出现在我们周围的自然界是时间上不对称的。我们大家都在变老！谁也没见过哪一位明星遵从

---

① 1979年8月，普里戈金教授应中国科学院副院长钱三强的邀请来华讲学，在西安参加了中国物理学会召开的第一届全国非平衡态统计物理(耗散结构专题)学术会议并在会上作了学术报告。——译者注。

② 即G. Nicolis，F. Baras编的《化学不稳定性：在化学、工程、地质和材料科学中的应用》(*Chemical Instabilities: Application in the Chemistry, Engineering, Gcology and Material Science*, Beidel, Dordrect, 1984)；以及L. E. Reichl, W. C. Schieve编的《化学系统中的不稳定性、分支和涨落》(*Instabilities, Bifurcations, and Fluctuations in Chemical Systems*, University of Texas Press, Austin, 1982)。

相反的顺序。正是这个经验事实引导我们去研究这样的可能性：把所允许的态映射到一个收缩半群中去，而这个收缩半群描述的是未来向平衡态的趋近。简单地说，这种观点把第二定律看做从动力学定律生出的一个选择原则。总之，这个选择原则告诉我们：在不稳定的动力学系统中，对所涉及的一切自由度来说，我们不能规定一个通向共同未来的初始条件。由于这个原因，我们在量子散射中观察到出射的球面波不是通过散射和同一量子态相联系的会聚波。还和我们在本书第一版中提到的一样，仅对那些高度不稳定的经典系统或量子系统，这样的选择原则才成立。没有人想要理想化的无摩擦的谐振子去遵守热力学第二定律。

在我看来十分了不起的是：这个方案现在已能在一类重要的动力学系统中严格地得以实现。这类重要的动力学系统就是所谓 K 流（字母 K 取自 Kolmogoroff，科尔莫戈罗夫），第 10 章的绝大部分篇幅都是研究 K 流的。通过一种特殊形式的非局域变换（它包含破缺的时间对称）作中介，能够从动力学时间可逆的机械论的描述过渡到概率论的描述。

在这个过渡中起着根本作用的是一个新的时间概念，即内部时间，它和天文学时间根本不同。虽然仍能用钟表或其他动力学装置去测量它，但它具有完全不同的含义，因为它得自不稳定动力学系统中存在的轨道的随机性。这个变换在空间中同时也在时间中导致一种非局域性的描述。其特征标度由运动不稳定性的量度（如第 10 章引入的李雅普诺夫指数）所提供。正是这个非局域性允许我们避开在动力学描述中固有的不稳定性，并导致一种使脆弱的平衡（delicato balancing）成为可能的描述，而我们在自然科学的如此多的部分中都观察到这种脆弱的平衡。

特别值得注意的是，沿着这条道路，我们被引到“空间的时间作用”（timing of space），它由在时空连续统内发生的不可逆过程来决定。我们远远离开了传统的时空静止观。

当然，我们意识到在我们自己的生命中存在着时间之矢。此外，生物学还使我们通晓了进化的范例。按照这本专著的看法，现在这个进化的范例正被扩充，以便组成包括第二定律在内的一切过程的基础。简言之，时间和不可逆性一样不再把我们和自然界分开。正好相反，热力学第二定律表达出我们属于一个进化着的宇宙。

我们的计划是把第二定律合并成一个基本的动力学原理。这个计划是新近才提出的，许多地方还需要补充研究和说明。在第二定律作为一个基本原理的蕴含被更完全地披露之前，还需做大量的工作。这个问题无论是对我们理解动力学的原理，还是对我们认识概率论以及时空结构，都是如此重要，因此在这第二版中给出一个“进展报告”是有价值的。这个进展报告希望引起读者对这样一个领域的兴趣，该领域以诱人的方式把对非平衡态热力学的新见解与动力学系统理论结合起来。

我要感谢我的同行刘若庄、严士健、方福康、马本堃、沈小峰诸教授和曾庆宏工程师，感谢他们在翻译中所做的工作。我觉得从本书得出的对自然界的描述非常接近中国的关于自然界中的自组织与谐和的传统观点。因此我真诚地希望这本专著在中国的出版将使在中国和在西方世界发展起来的文化传统间的创造性的对话保持下去。

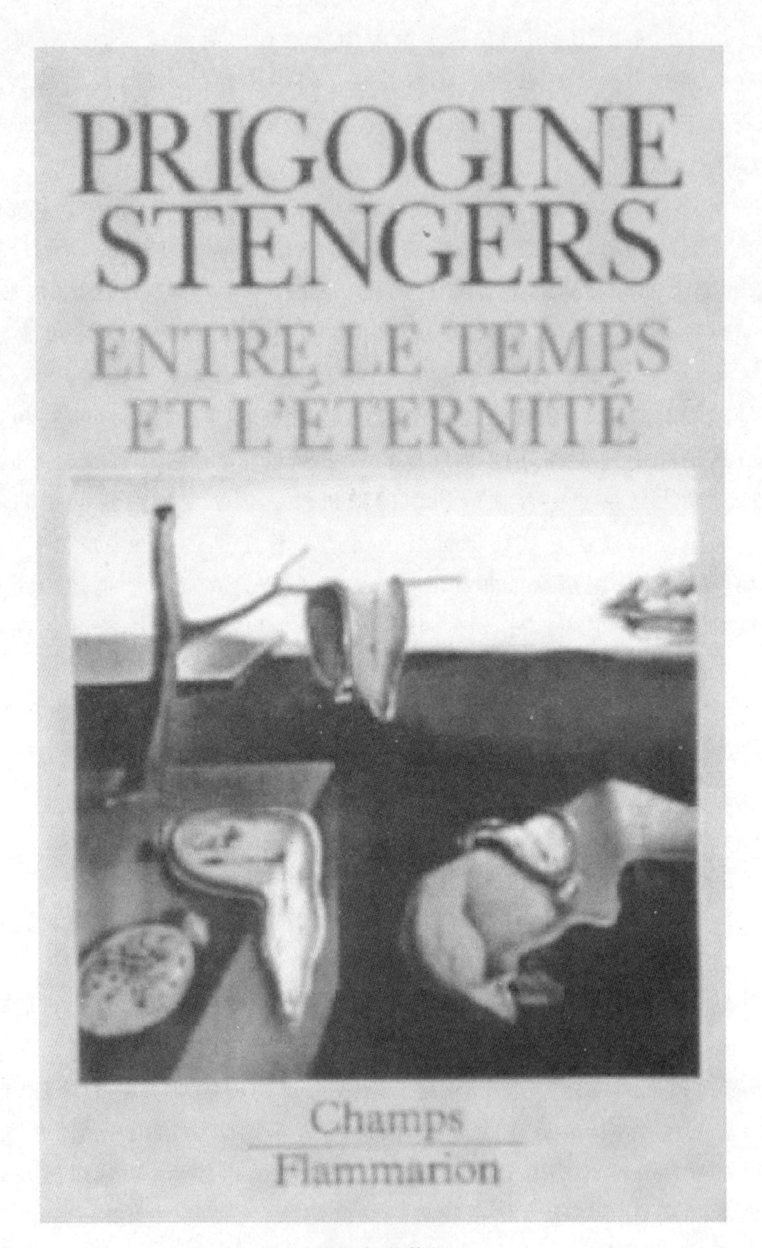
PRIGOGINE
STENGERS
ENTRE LE TEMPS
ET L'ÉTERNITÉ
Champs
Flammarion

普里戈金著作

绪　论
物理学中的时间

·Introduction Time in Physics·

我们想讨论中心问题：存在与演化之间的过渡。我们对物质世界所作的描述，虽然必定是不完全的，但在逻辑上是相关的。今天，这种描述能提供到什么程度呢？我们已经达到了知识的某种统一，还是科学基于互相矛盾的前提而被拆散成几部分？这样的问题将使我们对时间的作用有一个更加深刻的理解。科学的统一问题与时间的问题是如此紧密相连，以至我们无法抛开一个去研究另一个。

第 1 章

物理学中的时间

动力学描述及其局限性

在我们的纪元,已经取得了自然科学知识的巨大进展。我们所能探讨的物理世界,其尺度已经扩展到确实难以想象的程度。在微观范围内,例如在基本粒子物理学中,我们有数量级为 10^{-22} 秒和 10^{-15} 厘米的尺度。而在宏观方面,例如在宇宙学中,时间可能具有 10^{10} 年(即宇宙的年龄)的数量级,距离具有 10^{28} 厘米(即视界的距离,也就是能够收到物理信号的最远距离)的数量级。也许更为重要的还不是我们能借以描述物理世界的这个巨大的尺度范围,而是最近所发现的物理世界行为中的变化。

20 世纪初,物理学似乎接近于把物质的基本结构归结为少数几个稳定的"基本粒子",诸如电子和质子。可是现在,我们却和这种简单描述离得很远。无论理论物理学的未来是怎样的,看来"基本"粒子总是具有如此巨大的复杂性,以至关于"微观世界简单性"的古老格言再也不能适用了。

我们观点的变化,在天体物理学中也同样得到证实。尽管西方天文学的奠基者强调天体运动的规则性和永恒性,这样一种描述现在充其量也只适合于像行星运动这样很有限的场合。无论往哪里看,我们所发现的都不是稳定性和谐和性,而是演化的过程,由此而来的是多样性和不断增加的复杂性。我们对物质世界看法上的这个变化,引导我们去研究那些看来与这种新的思考脉络有关的数学分支和理论物理学分支。

在亚里士多德看来,物理学是研究在自然界中发生的"过程"或"变化"的科学(Ross, 1955)。可是,在伽利略及近代物理学的其他奠基者看来,能够用精确的数学语言来表达的唯一"变化"就是加速度,即运动状态的改变。这种看法最后导致了把加速度和力 **F** 关联起来的经典力学基本方程:

◀普里戈金与夫人玛琳娜在家中(普里戈金夫人提供)。

$$m\frac{d^2\boldsymbol{r}}{dt^2}=\boldsymbol{F}。\tag{1.1}$$

从这时起,物理的“时间”就等同于在经典运动方程中出现的“时间”t。我们可以把物理世界看做是一个轨道的集合,如图 1.1 所示的“一维”世界的情形。

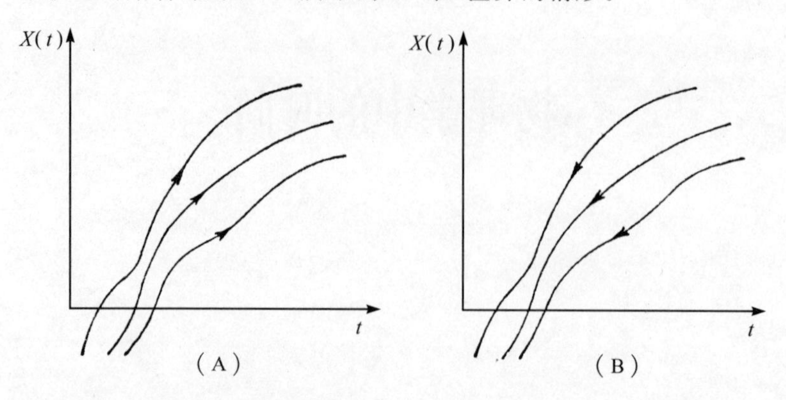

图 1.1 世界线

这些世界线示出坐标 $x(t)$ 随时间的演化,它们对应于不同初始状态:
(A)表示对于时间来说向前的演化;(B) 表示对于时间来说向后的演化。

被测质点的位置 $x(t)$ 作为时间的函数,用一条轨道表示。重要的特点在于,动力学对将来和过去是不加区分的。方程 1.1 对于时间的反演 $t\to-t$ 来说是不变的。无论是在时间上“向前”的运动 A,还是在时间上“向后”的运动 B,都是允许的。可是,不引进时间的方向,我们就无法用任何非平凡的方式描述演化的过程。因此,毫不奇怪,科伊雷(Koyré, 1968)把力学的运动称为“与时间无关的运动,或者说得更离奇一些,在没有时间的时间中进行的运动——和那种没有变化的变化的说法一样,是一种佯谬的说法。”

再说,“运动”就是经典物理学从自然界发生的变化里所保留下来的一切。结果,正如柏格森[*Evolution Créatice*, 1907(参见 Bergson, 1963)]等人强调的那样,一切都已在经典物理中给出了:变化不是别的,而是对演化的一种否认,时间仅是一个不受它所描述的变换影响的参数。这个稳定的世界(即一个摆脱了演化过程的世界)的图像迄今仍然是理论物理思想的真谛。牛顿(Newton)的动力学由其伟大的继承者拉普拉斯(Laplace)、拉格朗日和哈密顿(Hamilton)等人所完善,它好像组成了一个封闭的宇宙系统,能够回答任何问题。根据定义几乎就可把动力学没有给出答案的问题都当做伪问题摒弃。于是,动力学似乎能使人类得以达到最终的现实。在这种看法下,其余的东西(包括人)都只不过是一种缺乏基本意义的幻象而已。

这样,物理学的主要目标就是去识别我们能够应用动力学的微观级别的世界,这个微观王国,可以成为对一切可观察到的现象作出解释的基础。这里,经典物理学符合了希腊原子论者的纲领,如德谟克里特(Democritus)所说的:“只有原子和虚空。”

今天我们知道,牛顿动力学只是描述了我们物理经验的一部分,它适用于和我们自己的尺度差不多的对象,其质量是用克或吨量度的,其速度远小于光速。我们知道,经典力学的有效性受到普适常数的限制。最重要的普适常数有两个:一个是普朗克常数 h,

其值在厘米·克·秒单位制中(即以尔格·秒为单位时)数量级为 6×10^{-27};另一个是光速 c,其值约为 3×10^{10} 厘米/秒。当人们探讨尺寸非常小的对象(如原子、"基本"粒子)或超密对象(如中子星或黑洞)时,新的现象发生了。为了处理这些新现象,牛顿动力学被量子力学(它考虑了 h 的有限值)和相对论动力学(它包括了 c)所代替。但是,这些新形式的动力学,尽管它们自身相当革命,却仍因袭了牛顿物理学的思想:一个静止的宇宙,即一个存在着的、没有演化的宇宙。

在进一步讨论这些概念之前,我们要问,物理学真能等同于某种形式的动力学吗?这个问题当然是有限制的。科学并不是已经结束了的论题。近来在基本粒子领域内的一些发现就是例证。这些发现说明我们理论上的认识是多么落后于现有的实验数据。不过,让我们先来说明一下经典力学和量子力学在分子物理学中的作用,这是最容易理解的。仅仅借助于经典力学或量子力学,我们能够哪怕是定性地描述物质的主要特性吗?让我们相继考虑物质的某些典型特性:关于光谱特性,例如光的发射或吸收,量子力学在对吸收谱线和发射谱线位置的预言上无疑获得了巨大的成功。但是考虑物质的其他特性(例如比热),则我们就不得不越出动力学自身的范围。比如说,把 1 摩尔的气态氢从 0℃加热到 100℃,如果过程中体积恒定(或压强恒定),那么我们总是需要提供同样数量的能,怎么会是这样呢?要回答这个问题,不仅需要分子结构(可以用经典力学或量子力学来描述)方面的知识,还需作下述假设:任意两个氢的试样,不管它们的历史怎样,在一定时间之后,总要达到同一个"宏观"态。这样,我们就觉察到与热力学第二定律的联系。我们将在下一节里对热力学第二定律作概括性介绍。这个定律是贯穿全书的一条基线。

当非平衡态下的性质如黏滞性和扩散等被包括进来时,非动力学因素的作用就越发的大。为了计算这些系数,我们需要引进某些形式的动力论或包含"主方程"的形式体系(参见第 7 章)。计算细节并不重要,重要的是,除了经典力学或量子力学所提供的以外,我们还需要补充的工具。我们先简要地叙述一下这些补充的工具,然后研究一下它们相对于动力学的地位。这里我们便遇到了本书的主题:时间在描述物理世界中的作用。

热力学第二定律

我们已经提到,在力学所描述的过程中时间的方向是无关紧要的。显然,还有另外一些情况,其中这种方向性确实起着本质的作用。如果我们加热一个宏观物体的一部分,然后对这个物体进行热的隔离,我们就会观察到温度逐渐均匀起来。在这样的过程中,时间明显地表现出具有"单向性"。从 18 世纪末开始,工程师和物理化学家们就广泛地研究它们了。克劳修斯(Clausius)所表述的热力学第二定律(Planck, 1930),突出地概括了这些过程的特点。克劳修斯考虑的是孤立系统,与外界既无能量交流也无物质交换。这时热力学第二定律指出了熵函数 S 的存在,熵单调地增加,直到热力学平衡时达到其最大值

$$\frac{\mathrm{d}S}{\mathrm{d}t}\geqslant 0。\tag{1.2}$$

可以容易地把这个公式推广到与外界有能量和物质交换的系统(见图 1.2)。

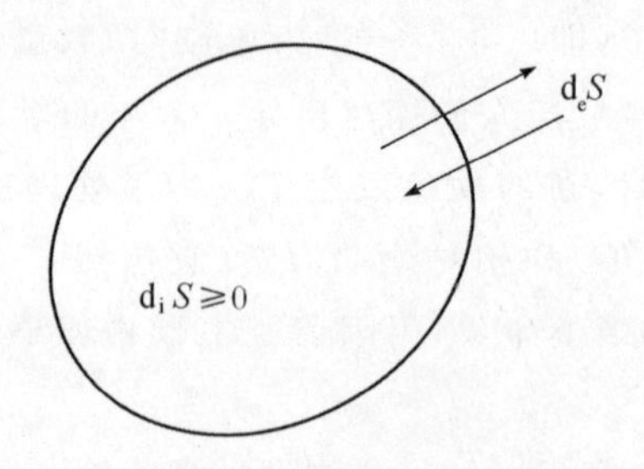

图 1.2 开放系统

d_iS 代表熵产生，d_eS 代表系统和外界的熵交换。

我们必须对熵的变化 dS 中的两项加以区分：第一项 d_eS 是熵通过系统边界的传输，第二项 d_iS 是系统内部所产生的熵。按照热力学第二定律，系统内的熵产生是正的，

$$dS = d_eS + d_iS,\ d_iS \geqslant 0。\tag{1.3}$$

在这个公式里，可逆过程与不可逆过程之间的区别成了根本的区别。仅仅在不可逆过程中，熵产生才不为零。不可逆过程的例子有化学反应、热传导和扩散等。另一方面，在忽略波的吸收这种极端的情况下，波的传播可以看做是可逆过程。因此，热力学第二定律表达了这样一个事实，即不可逆过程导致一种时间的单向性。正的时间方向对应于熵的增加。让我们强调一下这个时间单向性在第二定律中表现得多么强烈和确定。它假设存在一个函数，这个函数具有十分特殊的性质，即对于一个孤立系统，该函数仅随时间而增加。这样的函数在由李雅普诺夫(Lyapounov)的经典性工作所创始的现代稳定性理论中起着重要的作用(参考文献可查 Nicolis，Prigogine，1977)。

时间的单向性还有其他例子。比如在超弱相互作用中，动力学方程不允许 $t\rightarrow -t$ 的反演。不过，这些还是单向性的比较“弱”的形式，可以容纳在动力学描述的框架中，而且它们并不相当于热力学第二定律所引入的不可逆过程。

由于我们将把注意力集中到导致李雅普诺夫函数的那些过程，因此必须更为详细地考查一下这个概念。考虑一个系统，其变化是由某些变量 X_i 描述的，比如 X_i 或许代表着各种化学物质的浓度。这个系统的变化可以由如下形式的速率方程给出：

$$\frac{dX_i}{dt} = F_i(\{X_i\}),\tag{1.4}$$

其中 F_i 是组分 X_i 的总产生率，每个组分有一个方程(例子将在第 4 章和第 5 章中给出)。假设对于 $X_i=0$，一切反应速率均为 0，那么这将是系统的一个平衡点。现在我们可能要问，如果我们从浓度 X_i 的非零值开始，系统是否会向平衡点 $X_i=0$ 变化？用现代的术语来说，$X_i=0$ 的态是不是一个吸引中心？李雅普诺夫函数使我们能够解决这一问题。考虑浓度的某个函数 $\mathcal{V}=\mathcal{V}(X_1,\cdots,X_n)$，而且假定在浓度有意义的整个区间函数值为正，而在 $X=0$ 时函数值为零①，然后，我们考虑 $\mathcal{V}(X_1,\cdots,X_n)$ 如何随浓度 X_i 的变化而改变。按照速率方程 1.4，当浓度变化时，该函数对时间的导数为：

① 一般地说，李雅普诺夫函数也可以是负定的，但其一次导数必须是正定的(例如，参见方程 4.28)。

$$\frac{\mathrm{d}\mathscr{V}}{\mathrm{d}t}=\sum_i \frac{\partial \mathscr{V}}{\partial X_i}\cdot\frac{\mathrm{d}X_i}{\mathrm{d}t}。\tag{1.5}$$

李雅普诺夫定理断言，如果 $\mathscr{V}$ 对于时间的导数 $\frac{\mathrm{d}\mathscr{V}}{\mathrm{d}t}$ 与 $\mathscr{V}$ 反号，也就是说，在我们的例子中 $\frac{\mathrm{d}\mathscr{V}}{\mathrm{d}t}$ 是负的，则平衡态将是一个吸引中心。这个条件的几何意义是明显的，示于图 1.3 中。对于孤立系统而言，热力学第二定律指出，有一个李雅普诺夫函数存在，而且对于这样的系统，热力学平衡态是非平衡态的吸引中心。这个重要的结论可以用一个简单的热传导问题来说明。温度 T 对于时间的改变由经典的傅里叶(Fourier)方程描述：

$$\frac{\partial T}{\partial^2 t}=\boldsymbol{\varkappa}\frac{\partial^2 T}{\partial x^2},\tag{1.6}$$

其中 $\boldsymbol{\varkappa}$ 是热导率($\boldsymbol{\varkappa}>0$)。可以很容易地找到有关这个问题的一个李雅普诺夫函数，例如我们可以取

$$\Theta(T)=\int\left(\frac{\partial T}{\partial x}\right)^2\mathrm{d}x\geqslant 0。\tag{1.7}$$

可以直接证明，对于固定的边界条件，

$$\frac{\mathrm{d}\Theta}{\mathrm{d}t}=-2\,\boldsymbol{\varkappa}\int\left(\frac{\partial^2 T}{\partial x^2}\right)^2\mathrm{d}x\leqslant 0。\tag{1.8}$$

当达到热平衡态时，李雅普诺夫函数 $\Theta(T)$ 确实减少到其最小值。反过来说，均匀的温度分布对于初始的非均匀分布来说是一个吸引中心。

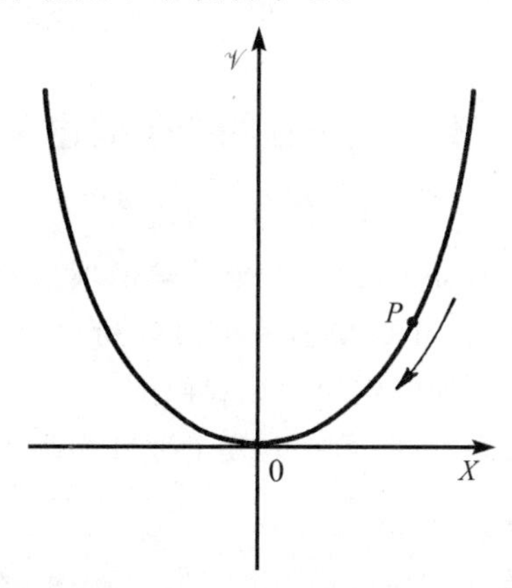

图 1.3　渐近稳定性概念

如果有一个扰动导致点 P，系统将会响应，通过变化回到平衡点 0。

普朗克十分正确地强调指出，热力学第二定律区分了自然界中各种类型的状态之间的差别，一些状态是另一些状态的吸引中心。不可逆性就是对这个吸引的表达(Planck, 1930)。

显然，对自然的这样一种描述是与动力学的描述很不相同的：从两个不同的初始温度分布出发，最终总会达到同一个均匀的分布(见图 1.4)。系统具有一个内禀的“遗忘”机制。这和力学的“世界线”的观点是多么不同啊！在世界线观点里，系统永远遵循一条给定的轨道。力学里有一个定理证明了两条轨道永远不会相交；至多只能渐近地(对于 $t\to\pm\infty$)在奇异点相遇。

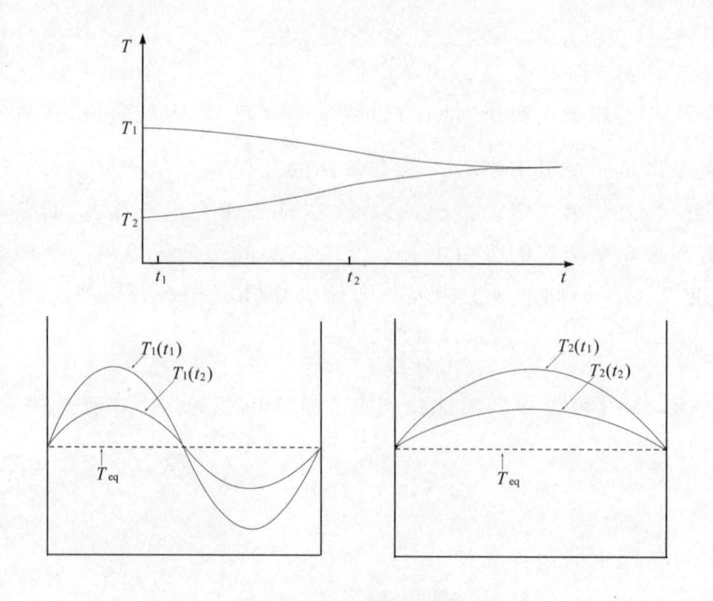

图 1.4　趋向热平衡

不同的初始分布如 T_1, T_2 导致同一温度分布。

现在让我们简要地考虑，怎么才能用分子事件来描述不可逆过程。

不可逆过程的分子描述

首先我们要问，从所涉及的分子的角度来说，熵的增加意味着什么？为了作出回答，我们必须探讨熵的微观意义。玻耳兹曼第一个注意到，熵是分子无序性的量度，他的结论是，熵增加定律就是无序性增加的定律。让我们举一个简单的例子：考虑一个容器，被分为体积相等的两个部分(见图 1.5)。N 个分子被分为两组 N_1 和 N_2 可能的分配方式

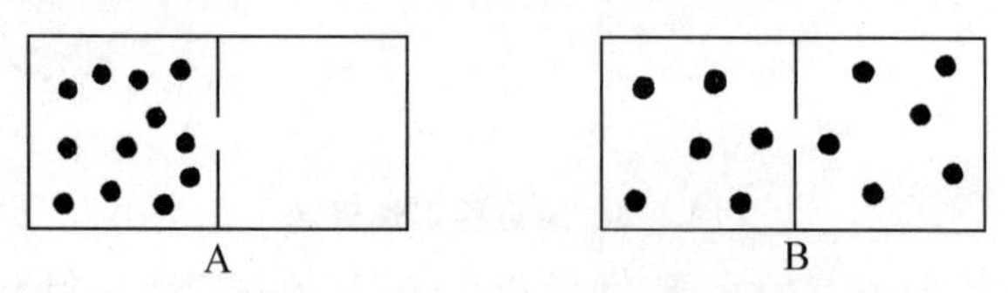

图 1.5　分子在两室中的不同分布

(A) $N=N_1=12$, $N_2=0$;(B) $N_1=N_2=6$. 经过足够长的时间之后，分布 B 代表最大概率的组态，类似于热力学平衡态。

的数目 P 由简单的组成公式给出。

$$P=\frac{N!}{N_1!N_2!}, \tag{1.9}$$

其中 $N!=N(N-1)(N-2)\cdots 3\cdot 2\cdot 1$。量 P 叫做配容数(Landau, Lifschitz, 1968)。

从 N_1 和 N_2 的任意初值开始，我们可以进行一个简单的实验，这就是埃伦费斯特夫妇(Paul and Tatiana, Ehrenfest)为了说明玻耳兹曼思想而提出的“游戏”(详见 Eigen 和

Winkler, 1975)。我们随机地选择粒子，并且约定被选中的粒子要改换它的居室。可以预期，在足够长的时间之后就会达到一个平衡的状况，这时除了小的涨落之外，两室中的分子数相等($N_1 \approx N_2 \approx N/2$)。

显而易见，这种状况对应于 P 的最大值，而且在变化过程中 P 不断增加。因此，玻耳兹曼通过下面的关系式把配容数 P 和熵等同起来：

$$S = k\log P, \tag{1.10}$$

其中 k 是玻耳兹曼普适常数。这个关系式清楚地表明，熵的增加表达了分子无序性的增长，而分子无序性的增长是由配容数的增加来刻画的。在这样的变化过程中，初始条件“被忘记”了。如果在初态时一个室中的粒子数比另一室中的多，这个不对称性终将会被破坏。

如果我们把 P 和用配容数量度的一个态的“概率”结合起来，则熵的增加对应于趋向“最大概率”态的变化。稍后，我们还要回到这种解释上来。正是通过了不可逆性的分子解释，概率的概念才首次进入了理论物理学。这乃是现代物理史中决定性的一步。

我们还可以把这种概率的论点更推进一步，得出不可逆过程随时间而演化的定量表述。作为一个例子，让我们考虑著名的“随机游动”问题，它为布朗运动提供了一个理想化的但仍十分成功的模型。最简单的例子是一维的随机游动：一个分子，在固定的时间间隔迁移一步(见图 1.6)。分子从原点出发，我们要求 N 步以后在点 m 处找到这个分子的概率。如果我们假定，分子向前走或向后走，其概率各为 1/2，我们得到

$$W(m,N) = \left(\frac{1}{2}\right)\frac{N!}{\left[\frac{1}{2}(N+m)\right]!\left[\frac{1}{2}(N-m)\right]!}。\tag{1.11}$$

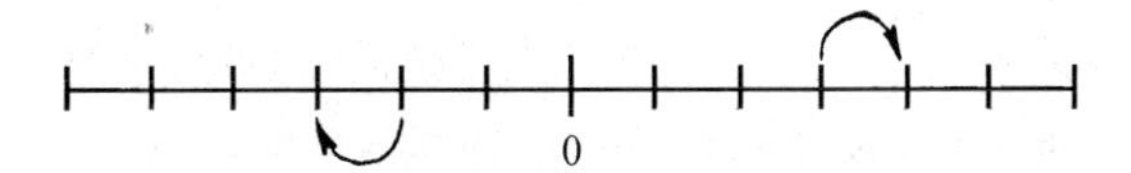

图 1.6　一维随机游动

就是说，要在 N 步后到达点 m，必须有 $\frac{1}{2}(N+m)$ 步向右，$\frac{1}{2}(N-m)$ 步向左。公式 1.11 给出这 N 步的不同走法序列的数目乘以 N 步的一个任意序列的总概率(详见 Chandrasekhar, 1943)。

把阶乘展开，我们得到与高斯分布相应的渐近公式

$$W(m,N) = \left(\frac{2}{\pi N}\right)^{1/2} e^{-m^2/2N}。\tag{1.12}$$

采用这样的记法：$D=\frac{1}{2}nl^2$，其中 l 是两个位置之间的距离，n 是每单位时间的位移数。则这个结果可以写成

$$W(x,t) = \frac{1}{2(\pi Dt)^{1/2}} e^{-x^2/4Dt}, \tag{1.13}$$

其中 $x=ml$。这就是与傅里叶方程(式 1.6)在形式上全等(只是将$\varkappa$换成了 D)的一维扩散方程的解。显然，这只是一个非常简单的例子。在第 7 章里，我们将考虑更为精巧的技术，以便从动力论中导出不可逆过程。不过在这里，我们可以提出一些基本的问题：在我们对物质世界描述的框架中，不可逆过程处在什么地位？它们和力学的关系是什么？

时间和动力学

经典的或量子的动力学所表达的基本物理定律，在时间上是对称的。热力学不可逆性只是附加在动力学上的某种近似。常常引用吉布斯给出的一个例子(Gibbs，1920)：如果我们把一滴黑墨水放到水里并搅拌一下，它就会呈灰色。这个过程好像是不可逆的，但是假使我们能跟随每个分子的话，我们就会看出，在微观世界里，系统保留了不均一性。不可逆性成了由观察者感官的不完善而造成的一种错觉。系统的确保留了不均一性，但是不均匀的规模却已经从初态的宏观尺度变到了终态的微观尺度。不可逆性是一种错觉的观点曾是很有影响的，许多科学家试图把这种错觉和数学方法(例如会导致不可逆过程的"粗粒"法)联系起来。另一些人怀着同样的目的，尝试过得出宏观观察的条件。但是，直到现在，所有这些企图都没有得出明确的结果。

很难想象，我们所观察到的不可逆过程，诸如黏滞、不稳定粒子的衰变等等，会是简单地由于知识的缺乏或观察的不周所造成的错觉。因为即使在简单的力学运动中，我们所知道的初始条件也带有某种近似性，随着时间的增长，对运动未来状态的预言就变得越来越困难。把热力学第二定律用于这样的系统，似乎没有什么意义。与热力学第二定律紧密相关的一些特性，如比热和可压缩性，对于由许多相互作用着的粒子所组成的气体来说是有意义的。但是，当用于简单的力学系统如行星系统时，便无意义了。因此，不可逆性和系统的动力学性质一定有某些本质的联系。

也考虑过一个相反的概念：力学也许就是不完善的；也许应该把它推广，以便包括不可逆过程。这种想法也很难维持，因为对于简单的动力学系统，无论是经典力学的预言，还是量子力学的预言，都已被非常好地证实了。只要提一下空间飞行的成功就够了，空间飞行要求非常精确地计算动力学的轨道。

近来，与所谓的测量问题(我们将在第 7 章再谈这个问题)有关的量子力学是否完备的问题一再被提出。甚至曾建议，为把测量的不可逆特点包括进来，必须给表达量子系统动力学的薛定谔方程加上一些新的项(见第 3 章)。

这里，我们恰好得到了对本书主题的明确表达。用哲学的语汇，我们可以把"静止"的动力学描述与存在联系起来；而把热力学的描述，以及它对不可逆性的强调，与演化联系起来。于是，本书的目的就是讨论存在的物理学和演化的物理学这两者之间的关系。

而在讨论这个关系之前，还是应该先叙述一下存在的物理学。为此，我们对经典力学和量子力学作了一个简短的概述，着重强调它们的基本概念以及它们当前的局限性。接着，我们讨论演化的物理学，其中有对包括自组织基本问题在内的现代热力学的一个简短介绍。

然后，我们想讨论中心问题：存在与演化之间的过渡。我们对物质世界所作的描述，虽然必定是不完全的，但在逻辑上是相关的。今天，这种描述能提供到什么程度呢？我们已经达到了知识的某种统一，还是科学基于互相矛盾的前提而被拆散成几部分？这样的问题将使我们对时间的作用有一个更加深刻的理解。科学的统一问题与时间的问题是如此紧密相连，以至我们无法抛开一个去研究另一个。

上　篇

存在的物理学

· Part I　The Physics of Being ·

本书描述了时间演化的历史。

自有西方科学以来，时间问题一直是一个挑战，它曾与牛顿时代的变革密切相连……现在，它依然伴随着我们。

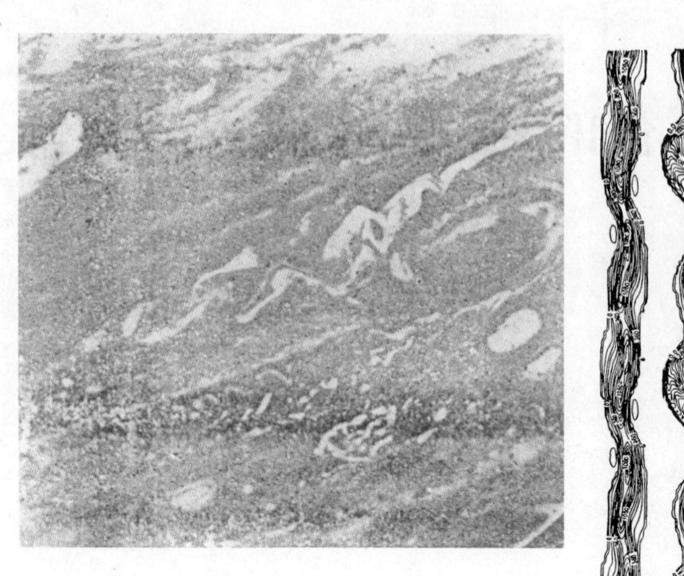

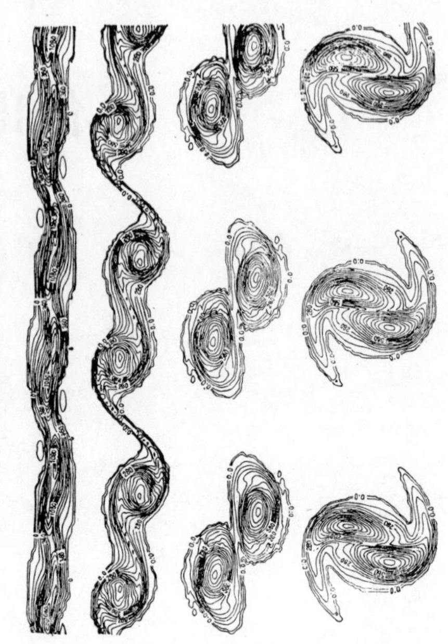

流体系统出现有序结构

在远离平衡态的流体系统中，复杂的非线性相互作用产生出有序的风暴结构。左图的照片是木星大气层中的大规模旋风。

在以不同速度流动的两层流体的界面上，非线性相互作用也会产生出成对的涡旋。右图所示的是计算机绘出的涡旋图形，图中画出了等速线。

起初，混合层有湍流，并且只是小规模的结构。拉尔夫·梅特卡夫(Ralph Metcalf)和詹姆斯·赖利(James Riley)用计算机仿真的方法说明，混合层的小扰动怎样发展成为各种类型的大规模涡流。这些仿真与混合层上的实验工作相当吻合。流动是在湍流的混沌中耗散，还是引出大规模有序结构，取决于系统中是否存在不稳定性以及不稳定性的性质如何。

第 2 章

经典力学

引　言

经典力学是当代理论物理学中最古老的部分，甚至可以说，现代科学就是从伽利略和牛顿对力学的表述开始的。西方文明中的一些最伟大的科学家如拉格朗日、哈密顿和庞加莱(Poincaré)等，都为经典力学作出过有决定意义的贡献。不仅如此，经典力学还是20世纪的科学革命如相对论和量子理论的起点。

不幸的是，多数的大学课本却把经典力学当做一门封闭的学科。我们将看到，经典力学并非一门封闭的学科，实际上，它是一门迅速进化着的学科。过去的20年间，科尔莫戈罗夫(Andrei Kolmogoroff)、阿诺德(Vladimir Arnold)、莫泽(Jürgen Moser)以及其他人介绍了一些重要的新发现，而在最近的将来，还可望有更重大的进展(Moser，1972)。

经典动力学已成为科学方法的范例。在法文中，人们常用"理性"力学这个词，意思是经典力学的定律正是理性的定律。经典动力学的属性之一是严格的决定论。在动力学中要基本上分清可任意给定的初始条件和用来计算系统以后(或以前)的动力学态的运动方程。如我们将要看到的那样，只有当一个完全确定的初始态的概念并不意味着过分理想化时，经典动力学的这个严格决定论的信念才是正确的。现代动力学是和开普勒的行星运动定律以及牛顿对"二体问题"的解一起诞生的。但是，只要我们一考虑第三个物体，比如说第二个行星，问题就变得惊人的复杂。只要系统足够复杂(例如在"三体问题"中)，我们就会看到，关于系统初始状态的知识，无论具有怎样的有限精度，也无法使我们预言该系统在过了一段长时间后的行为。即使确定这个初始状态时精度变得任意大，这个预言的不确定性也还是存在。甚至从原则上也不可能知

◀左图：木星大气层中的大规模旋风；右图：计算机绘出的涡旋图形。

道，比如我们所居住的太阳系在整个未来是否稳定。这样的考虑极大地限制了轨道或世界线概念的可用性。所以，我们不得不去考虑和我们测量结果相容的那些世界线的系综（见图2.1）。但是，只要我们一离开对单个轨道的考虑，我们便离开了严格决定论的模型，我们就只能作出统计的预言，预报平均的结果。

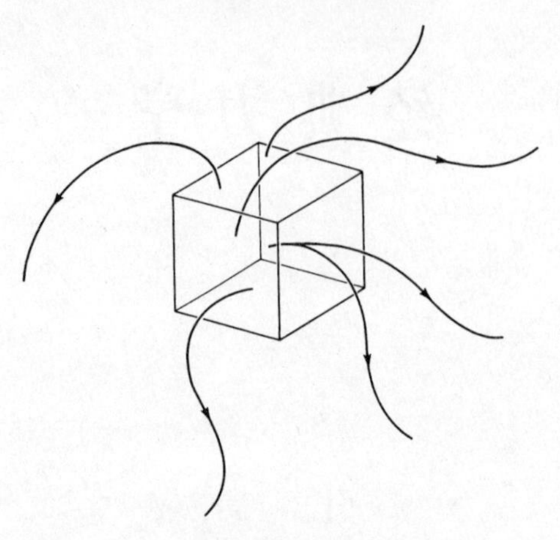

图2.1　由与系统初始状态相对应的相空间中的一个有限区域发出的各种轨道

事情的变化往往是奇妙的。多年来，经典正统观念的支持者力图把统计的观点赶出量子力学（参见第3章）。爱因斯坦有一句名言："上帝是不掷骰子的。"但我们现在看到，只要一考虑比较长的时间，就连经典动力学本身也需要统计的方法。还有更为重要的，那就是我们必须承认这样的事实：尽管经典动力学在一切理论科学中也许是最精致的，但它也不是一个所谓"封闭"的科学。我们可以对它提出一些有意义的问题，而它对此却给不出回答。

因为经典动力学在一切理论科学中是最古老的，所以它的发展在许多方面揭示了科学进化的内在动力。我们可以看到一些*范例*的产生、发展和衰亡。*可积*的动力学系统和*遍历*的动力学系统等概念就是这样的范例，我们将在本章的下面几节中叙述。当然，在本章里我们不能系统地叙述经典动力学的理论基础；只能着重提到和本书主题有直接关系的那些特性。

哈密顿运动方程和系综理论

在经典力学里，用坐标 $q_1,\cdots,q_s$ 和动量 $p_1,\cdots,p_s$ 来描述点粒子系统的状态较为便利。用上述变量表出的系统的能量，具有头等的重要性，它通常取如下形式：

$$H = E_{\mathrm{kln}}(p_1,\cdots,p_s) + V_{\mathrm{pot}}(q_1,\cdots,q_s), \tag{2.1}$$

其中第一项只取决于动量，是动能；而第二项只依赖于坐标，是势能（详见 Goldstein，1950）。用这些变量所表达的能量就是*哈密顿量*，它在经典动力学中起着核心的作用。我们将只考虑所谓"保守系统"，即 H 不明显地依赖于时间的系统。一个简单的例子是一

维谐振子，其哈密顿量是

$$H = \frac{p^2}{2m} + k\frac{q^2}{2}, \tag{2.2}$$

其中 m 是质量，k 是弹性常数，其值与谐振子的频率 v（或角速度 ω）有如下关系：

$$v = \frac{1}{2\pi}\left(\frac{k}{m}\right)^{1/2} \text{或} \omega = 2\pi\nu = \left(\frac{k}{m}\right)^{1/2}。 \tag{2.3}$$

在多体系统中，势能通常是二体相互作用的总和，象在引力系统或静电系统中那样。

对我们来说，问题的要点是，只要知道了哈密顿量 H，该系统的运动就决定了。的确，经典动力学的定律可以用下面的哈密顿方程来表达：

$$\frac{\mathrm{d}q_i}{\mathrm{d}t} = \frac{\partial H}{\partial p_i}, \quad \frac{\mathrm{d}p_i}{\mathrm{d}t} = -\frac{\partial H}{\partial q_i} \ (i = 1, 2, \cdots, s)。 \tag{2.4}$$

经典动力学能够用一个量——哈密顿量来表达自己的定律是它的一大成就。

现在，我们可以想象一个 $2s$ 维的空间，其中的点由坐标 $q_1, \cdots, p_s$ 确定。这个空间叫做相空间。每个力学态对应着这个空间的一个点 p_t。有了在时间 t_0 时起始点 p 的位置，再加上哈密顿量，就完全决定了该系统的变化。

考虑 $q_1, \cdots, p_s$ 的一个任意函数，利用哈密顿方程 2.4，该函数对于时间的变化由下式给出

$$\begin{aligned}\frac{\mathrm{d}f}{\mathrm{d}t} &= \sum_{i=1}^{s}\left[\frac{\partial f}{\partial q_i}\frac{\mathrm{d}q_i}{\mathrm{d}t} + \frac{\partial f}{\partial p_i}\frac{\mathrm{d}p_i}{\mathrm{d}t}\right] \\ &= \sum_{i=1}^{s}\left[\frac{\partial f}{\partial q_i}\frac{\partial H}{\partial p_i} - \frac{\partial f}{\partial p_i}\frac{\partial H}{\partial q_i}\right] \equiv [f, H],\end{aligned} \tag{2.5}$$

这里的 $[f, H]$ 是所谓 f 与 H 的泊松括号。因此，f 不变的条件是

$$[f, H] = 0。 \tag{2.6}$$

显然，

$$[H, H] = \sum_{i=1}^{s}\left[\frac{\partial H}{\partial p_i}\frac{\partial H}{\partial q_i} - \frac{\partial H}{\partial q_i}\frac{\partial H}{\partial p_i}\right] = 0。 \tag{2.7}$$

这个关系式简单地表示出能量的守恒。

为了实现动力学与热力学之间的连接，如吉布斯和爱因斯坦所作的那样，引入表象系综的概念是很有用的（Tolman, 1938）。吉布斯对系综作了如下定义："我们可以想象大量具有相同性质的系统，但它们在给定瞬时的组态和速度是不同的，而且这个不同还不仅是无穷小的。之所以如此，是为了体现各种组态和速度的一切可能的组合……"。

因此，基本的思想在于：我们考虑的不是一个单个的动力学系统，而是一个系统的集合，其中每一个系统都对应着同一个哈密顿量。这个集合或系综的选择，取决于加在系统上的条件（例如我们可以考虑孤立系统或者与热源接触的系统），同时也取决于对初始条件的了解程度。对于十分确定的初始条件，其相应的系综将很鲜明地集中于相空间的某个区域内；而对于不够确定的初始条件，则其相应的系综分布在相空间中一个很宽的区域上。

对于吉布斯和爱因斯坦来说，系综的观点不过只是一个方便的计算工具，以便在没有给出精确初始条件的情况下，用来计算平均值。但是，正如我们在本章及第 7

章中将看到的，系综观点的重要意义，比吉布斯和爱因斯坦当初所想象的要深远的多。

一个系统的吉布斯系综，在相空间中由一个"云"状的点集来代表(见图 2.2)。

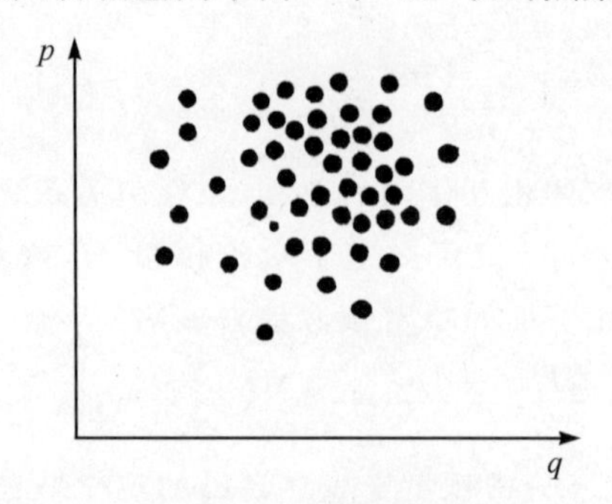

图 2.2　吉布斯系综

这些系统(其状态由不同的点所描述)具有相同的哈密顿量和相同的约束，但它们的初始条件不同。

在每个区域都包含着大量点的极限情况下，这个"云"可以描述成连续的流体，它在相空间中的密度为：

$$\rho(q_1, \cdots, q_s, p_1, \cdots, p_s, t)。\tag{2.8}$$

因为系综中点的数目是任意的，所以我们可以把 ρ 归一化，就是

$$\int \rho(q_1, \cdots, q_s, p_1, \cdots, p_s, t)\ \mathrm{d}q_1 \cdots \mathrm{d}p_s = 1,\tag{2.9}$$

因此，

$$\rho \mathrm{d}q_1 \cdots \mathrm{d}p_s。\tag{2.10}$$

就代表了在时刻 t，在相空间的体元 $\mathrm{d}q_1, \cdots, \mathrm{d}p_s$ 中找到代表点的概率。

相空间的每个体元中密度的改变，是由于通过其边界的流动差。显著的特点是，相空间中的流动是"不可压缩"的。换句话说，流动的散度为零。的确，利用哈密顿方程 2.4，我们有

$$\sum_{i=1}^{s} \left[\frac{\partial}{\partial q_i} \left(\frac{\mathrm{d}q_i}{\mathrm{d}t} \right) + \frac{\partial}{\partial p_i} \left(\frac{\mathrm{d}p_i}{\mathrm{d}t} \right) \right] = 0。\tag{2.11}$$

结果得到，相空间的体积对于时间是守恒的(见图 2.3)。

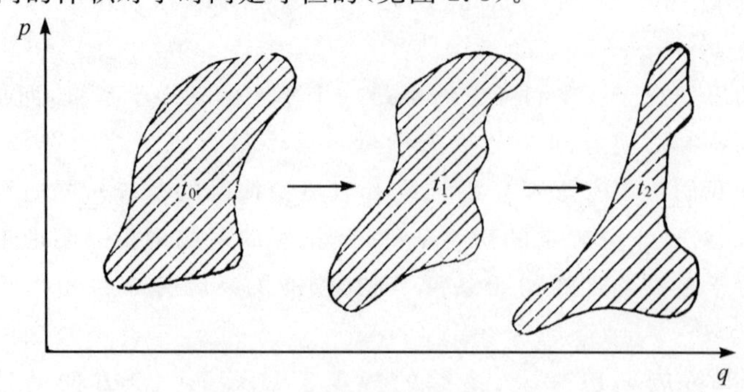

图 2.3　相空间中体积的守恒

利用方程 2.11 我们得到一个对于相空间密度 ρ 的简单的运动方程。如所有教科书中所示(Tolman, 1938),这就是著名的刘维方程,可写成如下形式:

$$\frac{\partial \rho}{\partial t} = -\sum_{i=1}^{s}\left[\frac{\partial H}{\partial p_i}\frac{\partial \rho}{\partial q_i} - \frac{\partial H}{\partial q_i}\frac{\partial \rho}{\partial p_i}\right] = [H, \rho], \qquad (2.11')$$

这里的括号,和方程 2.5 中的一样,是 H 与 ρ 的泊松括号。使用算符表述常常是很方便的,我们简单地用 $\mathrm{i}=\sqrt{-1}$乘以方程(2.11′)并写作

$$\mathrm{i}\frac{\partial \rho}{\partial t} = L\rho \qquad (2.12)$$

这里的 L 就是线性算符:

$$L = -\mathrm{i}\frac{\partial H}{\partial p}\frac{\partial}{\partial q} + \mathrm{i}\frac{\partial H}{\partial q}\frac{\partial}{\partial p} \qquad (2.13)$$

下一节我们再详细讨论算符的概念。为了简化符号,我们只考虑一个自由度的情况。引入与 i 的乘积是为了把 L 作成一个厄米算符,如第 3 章中所研究的量子力学的许多算符那样。每本教科书里都有关于厄米算符的正式的定义;量子力学系统中算符的定义,我们将在第 3 章关于算符和并协性的一节里说明。它们之间的区别是,它们所作用的空间不同。经典力学中 L 作用于相空间,而量子力学中的算符是作用于“坐标”空间或动量空间的(见第 3 章)。近来,在统计力学中,刘维算符得到广泛的应用(Prigogine, 1962)。

我们对系综理论的兴趣是显然的。即使我们不知道精确的初始条件,也可以考虑吉布斯密度,并利用系综平均的方法来计算任一力学性质 $A(p,q)$的平均值

$$\langle A\rangle = \int A(p,q)\rho\,\mathrm{d}q\,\mathrm{d}p \qquad (2.14)$$

我们还要说明,很容易求出刘维方程(2.12)的如下的形式解:

$$\rho(t) = \mathrm{e}^{-\mathrm{i}Lt}\rho(0)。 \qquad (2.12')$$

这个表达式可以用直接求导的方法来验证,在这里提一句还是有必要的。吉布斯的系综方法,通过相空间的密度函数 ρ,引入了概率的概念。用这个方法,我们既可以研究“纯”的情况,其中初始条件是事先给定的;也可以研究“混合”的情况,它相当于各种可能的初始条件。不过,密度函数的时间进化仍然具有严格决定论的动力学特色。它和概率过程或随机过程(比如第 1 章中叙述过的布朗运动)没有任何简单的联系。在这里,没有出现如转移概率那样的概念。一个最显著的差别是时间所起的作用。解 2.12′对于所有的 t 值,无论正负,都是有效的;而解 1.13 却是仅对正 t 而言的。用数学语言说,解 2.12′对应于一个群,解 1.13 对应于一个半群。

算　符

一般地说,算符的引入是和量子力学有关的。我们将在第 3 章研究量子力学的观念。现在我们只强调,在采用系综观点时,经典动力学里也出现了算符。我们确实已在方程2.13中引入了刘维算符的概念。

算符通常具有本征函数和本征值。一个算符作用于它的某个本征函数时,得到的是

这个函数乘以与之相应的本征值。例如算符 A 代表二阶导数：

$$A \equiv \frac{\mathrm{d}^2}{\mathrm{d}x^2}。\tag{2.15}$$

显然，当它作用于一个任意函数(比如说 x^2)时，它将把这个函数变成另一个函数。但是有些函数却保持不变，例如考虑“本征值问题”

$$\frac{\mathrm{d}^2 u}{\mathrm{d}x^2} = \lambda u \tag{2.16}$$

具有解

$$u = \sin kx, \tag{2.17}$$

且

$$\lambda = -k^2, \tag{2.18}$$

其中 k 为一实数。这些就是分别与该算符对应的本征函数和本征值。

本征值既可以是分立的，也可以是连续的。为了理解这个区别，我们再考虑本征值问题 2.16。到目前为止我们还没有引入边界条件，现在我们加上这样的条件，就是在对应于 $x=0$ 和 $x=L$ 的域的边界处，本征函数为零。这些就是边界条件，它们在量子力学中的出现是自然而然的，其物理意义是粒子陷于该域中。这些边界条件很容易得到满足。的确，由条件

$$\sin kx = 0 \ (x = 0, L) \tag{2.19}$$

可导出

$$kL = n\pi \tag{2.20}$$

其中 n 是整数，且

$$k^2 = \frac{n^2\pi^2}{L^2} \tag{2.21}$$

于是我们看到，两个允许态之间的间隔与域的大小有关。由于这个间隔与 L^2 成反比，所以在大系统的极限情况下，我们得到所谓连续谱。相反，在有限系统的情况下，我们得到分立谱。

常常需要考虑一个稍复杂的极限，其中系统的体积 V 和粒子数 N 都趋于无穷，但它们的比却保持为常数，即

$$N \to \infty, V \to \infty, \frac{N}{V} = 常量。\tag{2.22}$$

这就是所谓热力学极限，它在对多体系统的热力学行为的研究中起着重要作用。

区别分立谱和连续谱，这对描述相空间密度 ρ 的时间进化来说，是十分重要的。如果 L 具有分立谱，则刘维方程2.11′将导致周期运动。但是，如果 L 具有连续谱，运动的性质就会发生剧烈的变化。

我们将在第 3 章关于不稳定粒子衰变的一节回到这个问题上来。不过此处我们要注意：与量子力学中发生的现象相反，即使是一个有限的经典系统，也会具有连续谱。

平衡系综

我们在第 1 章中已经看到，趋近热力学平衡态，就是向一个终态的进化。对于初始

条件来说，终态的作用就像是个吸引中心。不难猜想，用相空间中的吉布斯分布函数来说，这意味着什么。让我们考虑一个系综，它的所有成员都具有相同的能量 E。吉布斯密度仅在由

$$H(p,q)=E \tag{2.23}$$

所定义的能量面上不为零。

最初，我们自然会考虑这个能量面上的一个任意的分布。于是，这个分布就会按照刘维方程随时间而进化。关于热力学平衡态意味着什么这个问题，最简单的看法就是假定：在热力学平衡态，能量面上的分布 ρ 会趋向于一个常数。这就是吉布斯的基本思想，相应的分布被他称为*微正则系综*(Gibbs，1902)．吉布斯可以证明，这个假设导出了平衡态热力学的定律(亦见第 4 章)。除了微正则系综外，他还引入了别的系综，比如*正则系综*，对应于和一个在均匀温度 T 下的大能源接触的系统。这个系综也得出了平衡态热力学的定律，并能使人们对于像平衡熵这样的热力学性质，作出非常简单的分子解释。但是这里我们不再细谈这些问题了，而是把注意力集中于一个基本问题，必须给系统的动力学加上什么样的条件，才能保证分布函数趋向微正则的或正则的系综?

可积系统

在几乎整个 19 世纪内，*可积系统*的思想统治了经典动力学的发展(Goldstein，1950)。这个思想很容易通过谐振子的情况来说明。代替正则变量 q 和 p，我们引入新变量 J 和 α，其定义如下：

$$q=\left(\frac{2J}{m\omega}\right)^{1/2}\sin\alpha,\qquad p=(2m\omega J)^{1/2}\cos\alpha。 \tag{2.24}$$

这个变换很像从笛卡儿坐标到极坐标的变换。α 又叫角变量，J 是相应的动量，称为作用变量(见图 2.4)。利用这两个变量，方程 2.2 取简单的形式：

$$H=\omega J \tag{2.25}$$

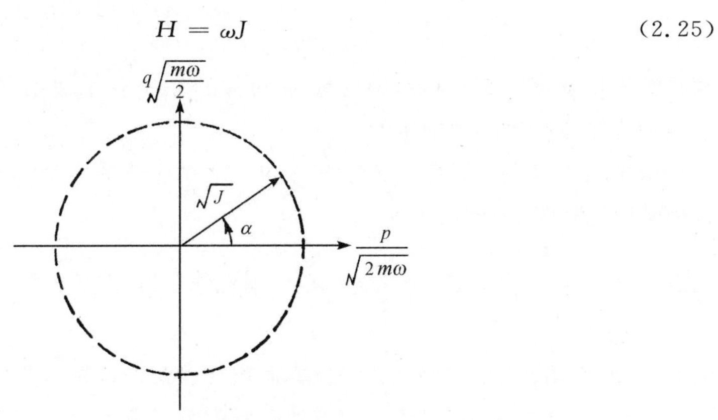

图 2.4　谐振子从笛卡儿坐标 p、q 到作用变量 J、角变量 α 的变换

我们实行了一个正则变换，它使哈密顿量从一种形式 2.2 变到了另一种形式 2.25。我们得到了什么呢？在新的形式下，能量不再被分成动能和势能。方程 2.25 直接给出总能量。我们立即看到这个变换对更为复杂的问题所带来的好处。只要我们还有势能，我们就无法真正把一个能量赋予组成该系统的各个物体，因为有一部分能量是在各个物体“之间”的。通过这个正则变换，我们得到了一个新的表象，这个表象使我们可以谈到完全确定的物体或粒子，因为势能已被消掉。于是我们得到一个哈密顿量

$$H = H(J_1, \cdots, J_s) \tag{2.26}$$

而且它只和作用变量有关。对于一些系统，我们可以通过适当的变量代换，从方程 2.1 得到方程 2.14 以及从方程 2.23 得到方程 2.26。按定义，这样的系统就是动力学的可积系统。于是，对于这些系统，我们可以如图 2.5 中所示的那样把势能“变换掉”。

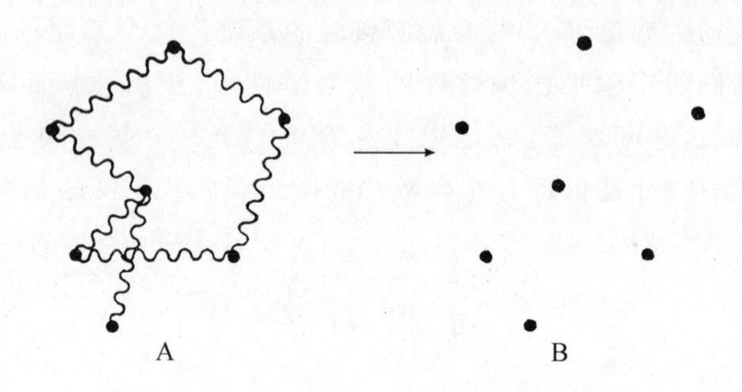

图 2.5　可积系统势能的消失

在 A 中用波纹线代表势能。

物理世界，比如说由基本粒子及其相互作用所代表的物理世界，符合于一个可积系统吗？我们将在第 3 章回到这个基本问题上来。

到作用变量和角变量的变换，还有另一个显著特性，就是在方程 2.25 中，谐振子的频率 ω 可用哈密顿量直接表达出来（而不用通过运动方程的积分导出）。与之类似，在一般情况下，我们有 s 个频率 $\omega_1, \cdots, \omega_s$，每个频率都通过

$$\omega_i = \frac{\partial H}{\partial J_i} \tag{2.27}$$

和哈密顿量发生关系。和作用变量 J_i 对应的那些坐标，按定义就是角变量 $\alpha_1, \cdots, \alpha_s$。物理量是这些角变量的周期函数。

用作用变量表达的形式为方程 2.26 的哈密顿量导致一些重要的结果。现在，正则方程是（见方程 2.4 和2.27）：

$$\frac{\mathrm{d}\alpha_i}{\mathrm{d}t} = \frac{\partial H}{\partial J_i}, \quad \frac{\mathrm{d}J_i}{\mathrm{d}t} = 0$$
$$\alpha_i = \omega_i t + \delta_i。 \tag{2.28}$$

因此，每个作用变量是一个运动常数，而角变量是时间的线性函数。

在整个 19 世纪，研究经典动力学问题的数学家和物理学家都在寻找可积系统，因为一旦找到了变成哈密顿量形式的变换——方程 2.26，积分问题（即运动方程的求解）就变得平庸了。因此，当布伦斯（Heinrich Bruns）首先证明（庞加莱又在更加一般的情况下证

明)，从包括太阳、地球、月球的三体问题开始，经典动力学中最令人感兴趣的问题并不能导致可积系统的时候(Poincaré，1889)科学界大为震惊。换句话说，我们不可能找到一个导致方程 2.26 形式的正则变换，因而也就不能借助于正则变换找到如作用变量 J_i 那样的不变量。在某种意义上说，这乃是经典动力学整个前期发展的一个终点。

我们将在本章题为"既非可积又非遍历的动力学系统"的一节中讨论庞加莱的基本定理。让我们先简单提一下，从动力学与热力学的关系这个角度上看，庞加莱定理是最成功的。一般说来，假如有某些物理系统是属于可积系统这一类的，它们就不会忘掉它们的初始条件。假如开始时作用变量 $J_1, \cdots, J_s$ 已具有给定的值，那么这些值就会一直保持下去，而分布函数就不会在与给定能量值 E 相应的微正则面上变得均匀起来。十分清楚，终态就会极大地依赖于系统的制备，而如趋于平衡这样的概念就会失去其意义了。

遍历系统

鉴于使用可积系统难于体现趋于平衡的问题，麦克斯韦和玻耳兹曼把注意力转向了另一类动力学系统。他们引入的学说，现在一般称为"遍历假说"。用麦克斯韦的话来说，"为直接证明热力学平衡问题所必需的唯一假定是，当系统处于实际的运动状态时，它将或迟或早地遍历满足能量方程的各个相点"。不过，一些数学家已经指出，一条轨道显然不能占满"一个面"，因此这个论点就不得不改变为，按照所谓"准遍历假说"，系统将或迟或早地遍历能量面上任意靠近的各个点(Farquhar，1964)。

值得注意的是，我们正在处理动力学系统的一个范例，它和在研究可积系统时所用的观点正好相反。在这个范例中，实质上只有一条"覆盖"着能量面的轨道。遍历系统只有一个不变量，而不是像可积系统那样，具有 s 个不变量 $J_1, J_2, \cdots, J_s$。如果我们记得我们感兴趣的通常是多体系统，而对于这个多体系统来说，s 具有阿伏伽德罗常数的数量级(约为 10^{23})，就会发现差别确实是惊人的。

毫无疑问，存在着遍历的动力学系统，尽管它的类型是很简单的。作为遍历的时间进化的一个例子，我们可以给出在二维单位方格上的运动，相应的方程如下：

$$\frac{\mathrm{d}p}{\mathrm{d}t} = \alpha, \quad \frac{\mathrm{d}q}{\mathrm{d}t} = 1。 \tag{2.29}$$

在周期边界条件

$$\begin{aligned} p(t) &= p_0 + \alpha t, \\ q(t) &= q_0 + t, \end{aligned} \quad (\text{mod } 1) \tag{2.30}$$

之下，这些方程很容易求解，因此，相轨道是

$$p = p_0 + \alpha(q - q_0)。 \tag{2.31}$$

轨道的基本特点取决于 α 值。有两种情况必须分清：如果 α 是有理数，比方说 $\alpha = m/n$，那么轨道就是周期性的，经过周期 $T = n$ 之后又重复，这样一来，系统就不是遍历的。另一方面，如果 α 是无理数，那么轨道将满足准遍历假说的条件。它就可以任意接近单位方格上的各个点。它将"填满"这个方格(图 2.6)。

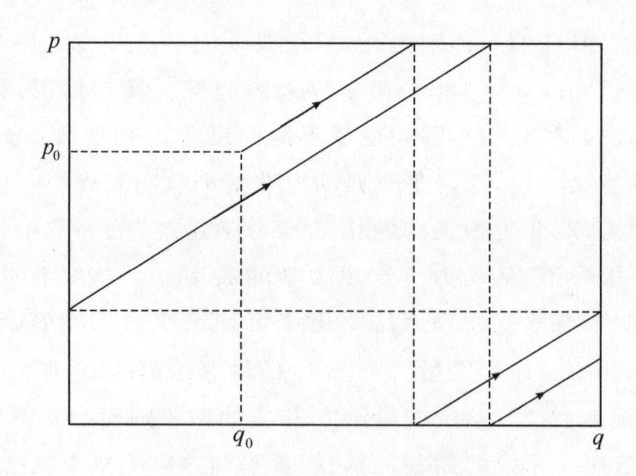

图 2.6　方程 2.31 给出的相轨道

α是无理数时,轨道密集在单位方格上。

为以后参考起见,必须指出,尽管运动具有遍历性,相流体的每个小区域在运动中是没有形变的,因为小矩形 $\Delta p\ \Delta q$ 不仅保持其大小,而且保持其形状。作为方程 2.29 的结果,有 $\mathrm{d}\Delta p/\mathrm{d}t=\mathrm{d}\Delta q/\mathrm{d}t=0$。这和另一类运动是相反的(见第 7 章和附录 A),在那里,相流体的运动引起强烈的扰动。

运动方程 2.29 中的数 α 和 1 是两个特征频率(ω_1 和 ω_2);一个和 p 对应,另一个和 q 对应。可以写成

$$\omega_1=\alpha,\ \omega_2=1,$$

两个都是常数,这就是谐振子的频率,见方程 2.25。

如果在一个动力学问题里含有一个以上的频率,那么有一个基本问题就是所谓频率的线性无关性。如果 α 是有理数,我们可以找到两个不全为零的数 m_1 和 m_2,使得

$$m_1\omega_1+m_2\omega_2=0, \tag{2.32}$$

因此这两个频率是线性相关的。另一方面,如果 α 是无理数,等式 2.24 对于非零的数 m_1 和 m_2 不可能成立,于是这两个频率就是线性无关的。

约在 1930 年,伯克霍夫(George Birkhoff)、冯·诺伊曼(Von Neumann)和霍普夫(Heinz Hopf)等人的工作对经典力学中的遍历问题给出了一个确定的数学形式(Farguhar, 1964; Balescu, 1975)。我们已看到,相空间中的流动是体积(或"测度")守恒的。但是这仍留下多种未解决的可能性。在一个遍历系统的情况下,"相流体"扫过微正则面上的整个有效空间,但如所见,它可以基本上不用改变其形状而作到这一点。然而还有更复杂得多的流动也是可能的:即不但相流体扫过整个相体积,而且体元的初始形状发生严重的畸变。初始块向四面八方伸出变形虫式的手臂,这样就使得无论初始组态如何,分布总会在一段较长的时间之后变成均匀的。这种首先被霍普夫考查过的系统叫做混合系统(mixing system)。无法画出一个简单的图来表明这个流动,因为两个相邻的点无论多么靠近,也是会发散的。即使我们从一个形状简单的分布出发,最后我们得到的也是一个"怪物"。曼德布洛特就是这样正确地称呼具有这种复杂性的客体的(Mandelbrot, 1977)。也许,和生物学的情形类比,可以阐明这个复杂性的程度:例如我们可以想

一下肺叶以及它所包含的肺泡的多层组织多么复杂。

甚至还有比混合流动性质更强的流动，已被科尔莫戈罗夫和西奈(Ya. Sinai)特别加以研究(Balescu, 1975)。使人特别感兴趣的是所谓"K 流动"(K-flow)，其特性更加接近随机系统的特性。

实际上，当我们从遍历流动进到混合流动，然后又进到 K 流动的时候，相空间中的运动就变得越来越不可预言了。我们也就越来越远离了决定论的思想，而这种思想在如此漫长的时间内一直是经典力学的特征(使用所谓面包师的变换的一个例子将在附录 A 中讨论。)

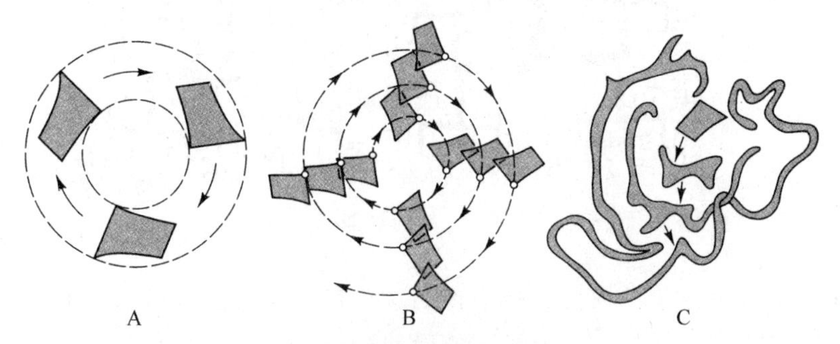

图 2.7　相空间中各种类型的流动

(A) 非遍历的；(B) 遍历的但不是混合的；(C) 混合的。

从 L 的谱特性来看，这些不同类型的流动之间的差别是十分简单的。比如，遍历系统意味着方程

$$L\phi = 0 \tag{2.33}$$

有唯一的解，即

$$\phi = \phi(H)。 \tag{2.34}$$

因此它对应于微正则面上的一个常数。

参照一下方程 2.13，我们会看到方程 2.34 的确是方程 2.33 的解，但遍历系统的特点在于这个解是唯一的。同样(例如参见 Lebowitz, 1972)，混合系统含有更强的性质，即 L 没有非零的分立本征值。最后，K 流动意味着除了混合系统的性质外，其解的多重度(即对于给定本征值的解的个数)是常数。

遍历理论的一个意外的结果就是，运动的"不可预言性"或"随机性"与刘维算符 L 的如此简单的性质有关。在一系列值得注意的论文里，西奈(例如参见 Balescu, 1975)可以证明，一个盒子里有多于两个硬球的系统是一个 K 流动(因而也是混合系统和遍历系统)。可惜，不知道对于别的(特殊性更少一点的)相互作用定律，它是否仍能成立。不过绝大多数物理学家仍然持这样的观点，即认为这仅仅是形式上的困难，而且在物理系统里观察到的趋向平衡的现象的力学基础，一定能在遍历系统的理论中找到。

科尔莫戈罗夫在一篇重要的文章中首次提出了这样的看法：动力学系统一般地说应当是遍历系统(Kolmogoroff, 1954)。他指出，对于多数种类的相互作用动力学系统，可以在限于遍历面上的一个子空间(不变环)内建立周期轨道。另一些研究也在减弱我们对遍历系统普遍性的信任。例如，一组重要的工作是由费米(Enrico Fermi)、帕斯塔(John Pasta)和乌拉姆(Stanislaw Ulam)实现的(Balescu, 1975)。他们对非谐振子的耦

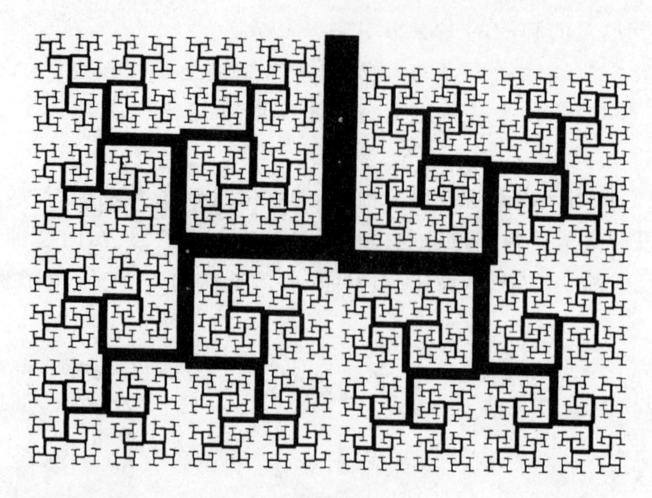

肺的模型

合链的行为作了数字上的研究。他们预期这个系统应很快地达到热平衡态。然而他们发现的却是在各种简正模式的能量下的周期振荡。科尔莫戈罗夫的工作由阿诺德和莫泽发展成为所谓 KAM 理论。也许这个新理论的最使人感兴趣的方面就是：动力学系统可以导致随机运动，即有点类似在混合系统或 K 流动中发生的那种类型的运动，而并不取决于遍历性。让我们更详细地考虑一下这个重要的观点。

既非可积又非遍历的动力学系统

为了使我们对动力学系统的行为有一个清晰的概念，最有效的方法就是转到数字的计算上去。这方面的创始工作是埃农(Michel Henon)和海勒斯(Carl Heiles)在 1964 年作出的(见参考文献)，自那以后又由许多人如约翰·福特(John Ford)和他的同事们进一步发展了(Balescu, 1975). 计算通常是对两个自由度的系统，并且是对给定的能量值进行的。这样就剩下三个独立变量(因为给定总能量，就是给出了一个包括两个动量 p_1，p_2 和两个坐标 q_1，q_2 的条件)。于是编出了一个计算机程序来解运动方程，并把轨道与 q_1p_2 平面的交点画出图来。为了进一步简化，只画出这些交点的一半，就是说轨道向“上”走的那一半，即 $q_1>0$(见图 2.8)。

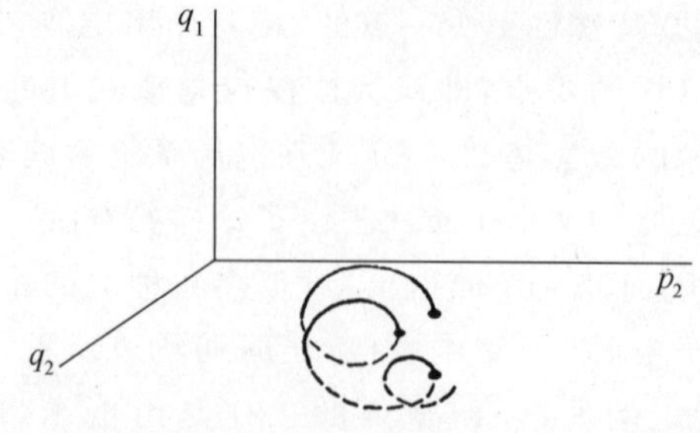

图 2.8 埃农-海勒斯系统的一个三维轨道

在这种曾被庞加莱使用过的图上,可以清楚地看出该系统的动力学行为。如果运动是周期性的,交点干脆就是一个点。如果轨道是有条件的周期轨道,即如果轨道被限制在一个环上,则相继的交点将在 q_2p_2 平面上画出一条封闭曲线。最后,如果轨道是"随机"的,就是说轨道在相空间中无规则地乱跑,则交点也在 q_2p_2 平面上无规则地乱跑。这三种情况示于图 2.9 中。

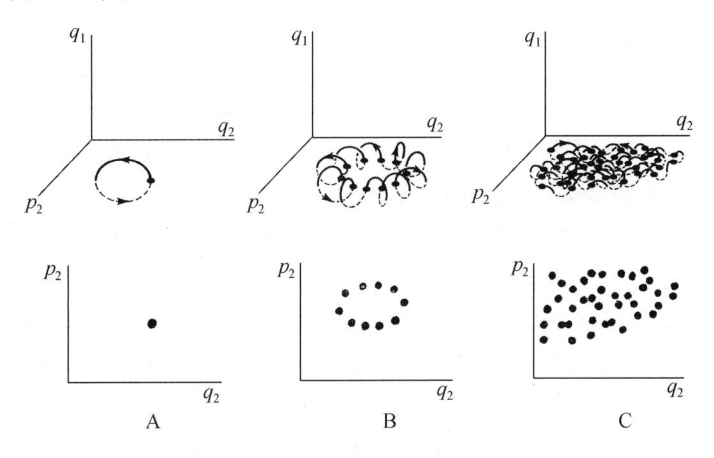

图 2.9　各种类型的轨道

(A) 周期的;(B) 有条件的周期的;(C) 随机的。

福特以及其他人所做的一个有趣的观察是,一个动力学系统在一定环境下,可能会从有条件的周期运动过渡到"随机"运动。为了分析这个发现,让我们从下面的哈密顿量出发,它由两项组成,一项是只与正则动量有关的未微扰哈密顿量 H_0,另一项是既与正则动量有关,又与正则坐标有关的微扰。

$$H = H_0(J_1, J_2) + V(J_1, J_2, \alpha_1, \alpha_2)。\tag{2.35}$$

假如没有微扰,则 J_1 和 J_2 就应是与问题相应的作用变量,我们就会有与哈密顿量 H_0 有关的两个"无微扰"频率,并如方程 2.27 给出的那样为

$$\omega_1 = \frac{\partial H_0}{\partial J_1},\ \omega_2 = \frac{\partial H_0}{\partial J_2}。\tag{2.36}$$

注意与谐振子情况的一个主要区别是:H_0 通常不是 J_1、J_2 的线性函数,这两个频率是作用相关的。

现在我们看一下哈密顿量 2.35 中微扰 V 的作用。因为一般地说这是一个角变量 α_1,α_2 的周期函数,所以我们可以把它写成傅里叶级数的一般形式。典型地,我们考虑如下形式的微扰:

$$V = \sum_{n_1, n_2} V_{n_1 n_2}(J_1, J_2)\mathrm{e}^{\mathrm{i}(n_1\alpha_1 + n_2\alpha_2)}。\tag{2.37}$$

令人感兴趣的是,通过微扰理论,运动方程的解总要含有下列项:

$$\frac{V_{n_1 n_2}}{n_1\omega_1 + n_2\omega_2}。\tag{2.38}$$

它相当于势能除以无微扰系统的频率总和所得到的比。如果傅里叶系数 $V_{n_1 n_2}$ 在共振时

不为零的话，这将导致“危险”的行为。因为对于共振，有

$$n_1\omega_1 + n_2\omega_2 = 0。\tag{2.39}$$

表达式2.38是不确定的，于是异常的行为就在意料之中了。

正如数字实验所指出的那样，正是由于共振的发生，使得从周期或准周期的行为导向随机的行为(见图2.9)。共振破坏了动力学运动的简单性。共振相当于能量或动量从一个自由度到另一个自由度的大规模转移。在数字计算中，通常只考虑有限数目的共振，比如两个共振。但重要的是要研究，如果共振的数目趋于无穷，即若在J_1J_2平面的每个任意小的区域中都有共振的话，将会发生什么？这种情况相当于以前提过的关于可积系统不存在的庞加莱定理。共振导致了如此不规则的运动，以至运动的不变量，不同于哈密顿量，已不再是作用变量的解析函数了。我们称之为“庞加莱突变”，它将在本书的后面章节中起重要作用。庞加莱突变流行的程度是很惊人的，它出现于从著名的三体问题开始的大多数动力学问题之中。

惠塔克的“adelphic积分”理论(Edmund Wittaker，1937)为庞加莱基本定理的物理意义提供了一个很好的说明。让我们考虑图2.10的作用空间J_1，J_2中从某点A开始的一条轨道，并考虑该点上的频率ω_1，ω_2。对于一大类哈密顿量，惠塔克可以通过级数展开从形式上解决运动的问题。但是根据频率ω_1，ω_2是不是有理独立的(或可通约的)，级数展开的类型会是很不相同的。因为ω_1，ω_2通常是作用变量的连续函数，所以每当它们的比是m/n形式的有理数时，它们就是有理相关的；而如果这个比不是有理数，则它们是有理独立的。因此即使对于两个非常靠近的点A、B，由于每个有理数都夹在无理数之间，反过来每个无理数也都夹在有理数之间，所以运动的类型也是不同的。这就是我们以前已经提到的弱稳定性概念的基本内容。十分清楚，庞加莱突变可以导致“随机”运动。对于可积系统，轨道可以看做是运动不变量的“交线”。例如在两个自由度的情况下，一条轨道对应于两个面$J_1=\delta_1$和$J_2=\delta_2$的交线，这里δ_1和δ_2是给定的常数(见方程2.26)。但只要我们有庞加莱突变，这个运动不变量就变为非解析的、“病态”的函数，它们的交线也是如此(见图2.11)。

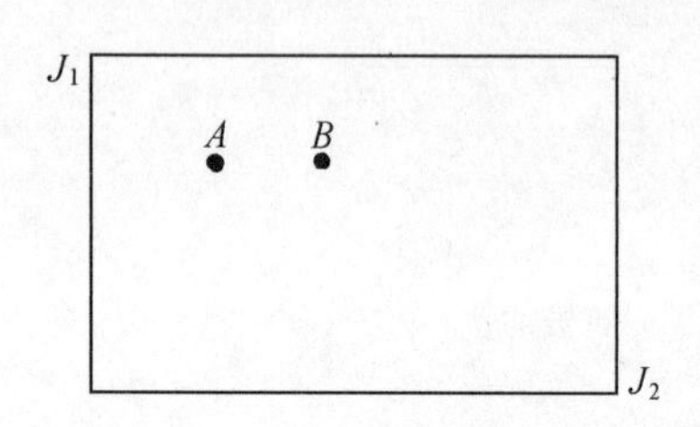

图2.10 惠塔克理论的图示

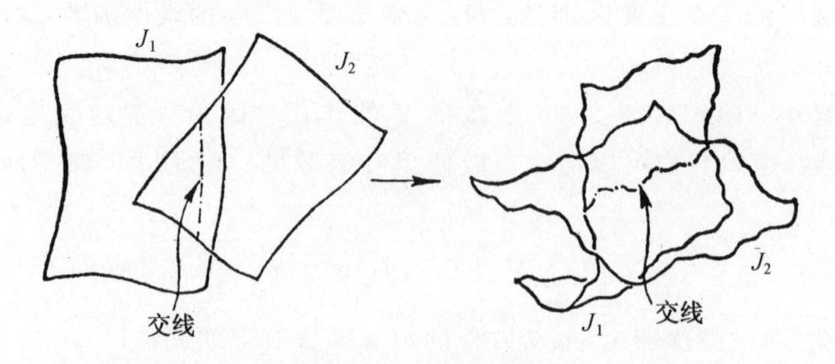

图2.11 相空间中的轨道作为两个不变量面的交线

应当注意，产生庞加莱突变的不可积系统比起遍历系统(或混合系统)来，情况要更

加复杂。在不可积系统的情况，我们知道，作为 KAM 理论的结果，一般地说既存在着局限于有效相空间的某部分上的周期运动，也存在着“覆盖”整个相空间的随机运动。两种类型的运动都可以有正的测度。与此相反，对于遍历（或混合）系统，局限运动的测度是零。我们在下节中分析这种情况的后果。

弱稳定性

我们已经看到，至少有两种情况，动力学运动引入了随机因素。一种情况是混合流动（或满足更强条件的流动，如 K 流动）；另一种情况，我们称之为庞加莱突变，其中当引入相互作用时，共振会阻止无微扰运动不变量的“连续性”。这两种情况是很不相同的：在第一种情况，动力学系统的特点在于，刘维算符带有十分确定的谱特性（例如连续谱）。而在第二种情况，H 分解为两部分 H_0 和 V（见方程 2.35），这是主要的。但是，无论哪种情况，运动的特点都是这样，即从任意靠近的点发出的两条轨道，随着时间的推移都会变得强烈发散。这相当于通常所说的运动的不稳定性，它对于动力学系统在较长期间内的行为具有明显的重要性。为了把这个行为和在简单系统中发现的行为作一对比，我们考虑一个单摆，其哈密顿量为

$$H = \frac{p^2}{2ml^2} - mgl\cos\theta, \tag{2.40}$$

其中，第一项是动能，第二项是重力场中的势能。坐标 q 在这里换成了 θ，即偏角。

这个摆可以作两种运动：或者在其平衡位置左右振荡，或者绕其悬点旋转。只有当摆的能量足够大时，才有可能旋转。我们可以在相空间中表示出可能发生一种运动或另一种运动的区域，如图 2.12 所示。对于我们来说，重要之点在于，对应于振动或旋转的相空间中的相邻点，都属于同一区域。因此，甚至在对系统初态的了解很有限的情况下，我们也能确定系统将是旋转还是振动。

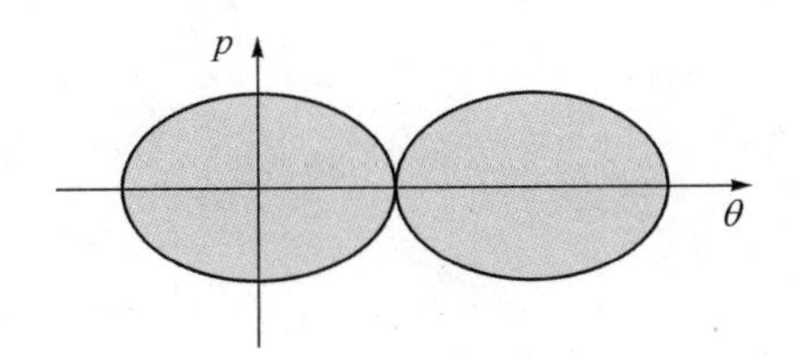

图 2.12　旋转器的相空间

阴影区对应于振动，阴影外的区域对应于旋转。

对于只具有弱稳定性的系统，这个性质失掉了。在这样的系统里，我们可以在一种运动的邻域里找到另一种运动（见图 2.13）。因为这个性质是始终保持着的，所以不存在要求我们提高观测精度的观点。于是相空间的微观结构就具有极端的复杂性。这就是为什么统计的观点进入到每一个长期预报中去的原因。

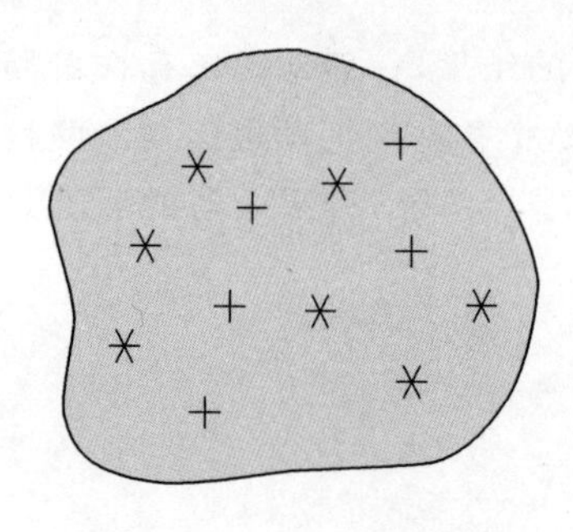

图 2.13 弱稳定性系统的示意

在星号所示运动的邻域里我们可找到加号所示的运动。

在这样的情况下我们必须考虑统计系综。我们不能把“混合”情况还原到和一条单一轨道相应的“纯”的情况(单一轨道在相空间中表示为一个 δ 函数)。这是一个实践性困难还是一个理论性困难呢?我支持这样的观点:这个结果具有重要的理论和概念上的意义,因为它迫使我们越过纯动力学描述的极限。一个类似的问题——光速对信号传播的极限是一个实践问题还是一个理论问题呢?——已由相对论作出了回答。相对论指出,由于这个极限,我们对于空间和时间的概念必须改变。

试图这样地去描述物质世界,仿佛我们并不是这个世界的一部分,这种作法总是很吸引人的。于是我们可以设想任意的、甚至是无限的传播速度,并确定具有无限精度的初始条件。但是从外面观察世界并不是物理学的目的。物理学是要通过我们的测量,描述在我们面前出现的、我们所从属的物质世界。按照相对论所开创的、量子力学所遵循的思维线索,理论物理学的基本目的就是阐明由测量过程而引入的一般极度。

但是,弱稳定性仅仅是为把时间和不可逆性纳入动力学的形式结构而迈出的一步而已。我们将看到,熵的引入,或一般地说,李雅普诺夫函数的引入,使这个形式结构的整体发生了深刻变化(见第 3 章和第 7 章)。这是一个最意想不到的进展。我们原来期望从基本粒子领域里的新发现或是从宇宙进化方面的新见识中,看到新的理论结构的诞生。但最使人惊奇的是,这个和我们已相处了 150 年之久的热力学不可逆性的概念,要迫使我们去发现新的理论结构。

我们还要强调一下,这个不可逆性问题在经典动力学历史上已经起到了创造性的作用,并且在量子力学中甚至更是如此(见第 3 章)。热力学的挑战导致了遍历理论和系综理论,并成为一些十分重大进展的起点。这个存在的物理学与演化的物理学之间的富有成果的对话,一直延续到今天。这我们将在第 7 章和第 8 章里看到。

第 3 章

量子力学

引　言

如我们在第 2 章中已说明的那样，只是在最近，我们才开始了解动力学描述的复杂性(即使是在经典动力学框架中的)。尽管如此，经典动力学还是企图表现某种与描述方式无关的内在的现实性。正是量子力学动摇了伽利略奠定的物理学基础。它打破了这样的信念：从朴素的意义上说，物理描述乃是现实主义的。物理学的语言表现了系统与实验和测量条件无关的性质。

量子力学有一个十分有趣的历史(Jammer，1966；Mehra，1976，1979)。量子力学是从普朗克试图调和动力学与热力学第二定律而开始的。玻耳兹曼曾经对相互作用的粒子考虑过这个问题(我们将在第 7 章论述)，普朗克当时想，研究物质和辐射的相互作用应该是比较容易的，可是他的这个目的没有达到。然而他却在他的尝试中发现了那个以他的名字命名的普适常数 h。

有一段时间，量子论和热力学在黑体辐射理论和比热理论上保持着联系。当哈斯(Arthur Haas)1908 年在维也纳，作为他学位论文的一部分提出了那个可以看成是玻尔电子轨道理论的先声的方法时，遭到了拒绝，理由是：量子论和动力学没有关系。

当玻尔-索末菲的原子模型获得非常成功的时候，情况发生了急剧的变化。这件事清楚地表明，有必要建立一个新的力学，普朗克常数能相应地被结合进去。这个工作是德布罗意(de Broglie)、海森伯(Heisenberg)、玻恩(Born)、狄拉克(Dirac)等人完成的。

由于本书的范围所限，不可能详细讨论量子力学，下面只集中讨论某些概念，即对于我们的问题——物理学中时间的作用和不可逆性——来说是必不可少的那些概念。

在 20 世纪 20 年代中期形成的"经典"量子论受到了我们在第 2 章中概括的哈密顿理论的启发。正如哈密顿理论一样，经典量子论在转子、谐振子或氢原子等简单的系统中获得了巨大的成功。也正如在经典动力学的情况一样，当考虑复杂一些的情况时，便发生了问题。

能把基本粒子的概念协调地纳入量子力学吗？量子力学能描述衰变过程吗？这些就是我们目前要强调的问题。我们将在本书的第三部分，在讨论从存在到演化的桥梁的时候，回到这些问题上来。

引入量子力学的目的是为了描述原子和分子的行为，从这个意义上说，它是个微观理论。因此，当它引出了我们所要观察的微观世界同我们自身以及测量设备所属的宏观世界之间的关系问题时，是令人惊奇的。人们的确可以说，量子力学把动力学描述和测量过程之间的矛盾变得明显了，这个矛盾在量子力学出现之前，曾是隐含着的（d'Espagnat，1976；Jammer，1974）。在经典物理学中，人们常使用刚性杆和时钟作为理想测量的模型。它们曾是爱因斯坦在他的"思想实验"中所用的主要工具。但是玻尔强调了在测量中有一个附加的因素。每个测量，从内在的意义上说，都是不可逆的。测量中所进行的记录和放大，总是和光的吸收或发射这样一些不可逆事件相关连的（Rosenfeld，1965；George，Prigogine，Rosenfeld，1973）。

动力学把时间当做不选择方向的参数来处理，怎么能引出与测量分不开的不可逆性的因素呢？这个问题现在正吸引着大家的注意力。也许，科学与哲学在其中互相渗透的当代最热门的问题之一是：我们能否在"孤立"之中认识微观世界？事实上，我们认识物质，尤其是它的微观性质，仅仅是依靠测量设备才能进行的，而这些测量设备本身是由大量的原子或分子组成的宏观客体。在某种意义上说，这些设备扩展了我们的感官，各种仪器无非是我们所要探讨的世界与我们自身之间的媒介。

我们将看到，量子系统的状态是由*波函数*决定的。这个波函数满足一个动力学方程，这个方程就像经典动力学方程一样，对于时间来说是可逆的。因此这个方程本身不能描述测量的不可逆性。

量子力学的新特点是，我们既需要可逆性，也需要不可逆性。当然，在某种意义上说，经典物理学中早已如此了。在那里我们使用了两类方程，比如对于时间可逆的哈密顿动力学方程和描述不可逆过程的傅里叶温度变化方程。不过，这个问题可以通过把热学方程限定为没有任何基本意义的唯象方程而消除。但是，怎样消除测量的问题呢？测量是我们和物质世界之间的唯一联系。

算符及并协性

观察到锐的吸收谱线或发射谱线，这是在量子力学的形成中最为重要的事。看来唯一可能的解释是，像原子或分子那样的系统具有分立的能级。为了使这一点和经典的观念一致，必须迈出极为重要的一步。显然，我们在第 2 章中介绍过的哈密顿量可以依其自变量即坐标和动量的值而取一组连续的值。因此必须把当做连续函数的哈密顿量 H，用一个新的东西即被当做算符的哈密顿量来代替，我们可以记作 H_{op}（关于量子力学的导论，参见 Landau 和 Lifschitz，1960）。

我们已经简要地讨论过与经典力学有关的算符的概念（见第 2 章），不过在量子力学中情况是十分不同的。在考虑经典力学中的轨道时，我们仅需要作为坐标和动量函数的哈密顿量(见方程 2.4)。可是,就连量子力学的最简单的情况,如对氢原子性质的解释中,我们也需要哈密顿算符,因为我们现在要把能级解释为和这个算符有关的本征值(见方程2.16)。因此,我们必须建立和求解这个本征值问题,即

$$H_{op}u_n = E_n u_n, \tag{3.1}$$

这里,数 $E_1, E_2, \cdots, E_n$ 是系统的能级。当然我们还必须给出怎样从经典变量转变成量子算符的规则。规则之一就是:

$$q \to q_{op},\ p \to p_{op} = \frac{h}{i}\frac{\partial}{\partial q}, \tag{3.2}$$

不拘细节,这就是说:"坐标保持原样,而动量用对坐标的导数代替。"[①]

从某种意义上说,从函数转变到算符,这是揭露出能级存在的光谱实验所强加给我们的。这个转变是很自然的一步。然而我们仍禁不住钦佩玻尔、约旦(Jordan)、海森伯、薛定谔(Schrödinger)和狄拉克等人,他们敢于跨出了这一步。算符的引入从根本上改变了我们对自然的描述,因此把它说成"量子革命"是很恰当的。

为了给出这些新特点的一个例子,我们必须引入的算符一般说来是不可对易的。由此得出下面的推论:一个算符的本征函数用来描述系统的状态,其中该算符所代表的物理量具有确定的值(即本征值)。因此用物理学的术语来说,不可对易性意味着,不可能存在这样的状态,在其中,比如说坐标 q 和动量 p 同时具有确定的值。这就是著名的海森伯测不准关系的内容。

量子力学的这个结论是完全出乎意料的,因为它迫使我们放弃经典物理学的朴素的现实主义。我们能够测量粒子的动量和坐标,但我们不能说这个粒子同时具有坐标和动量的确定值。海森伯、玻恩等人在 50 年前就得出了这个结论,然而直到今天,它仍和当时一样是一个革命。实际上,关于测不准关系的意义的讨论,始终没有停止过。我们不能通过引入某些附加的"隐"变量而恢复物理学的"神志"吗? 至今已经证明,即使不是不可能的,也是十分困难的,大多数物理学家已经放弃了这个打算。我们在这里不能叙述这个迷人课题的历史了,这在其他一些专门著作中已得到了很好的论述(Jammer, 1974)。

基于存在着不可对易算符所代表的物理量的事实,玻尔表述了并协性原理(Bohr, 1928)。我希望他以及我已故的朋友罗森菲尔德(Rosenfeld)不会不同意我用这样的方法来描述这个并协性:世界要比用任何单一语言所能表达的更为丰富。音乐并没有被从巴赫(Bach)到勋柏格(Schoenberg)的因袭所汲尽;同样,我们不能把我们的各方面经验集中在一个单一的描述之中。我们必须寻求多种描述,不能把一个归纳为另一个,但能用一些恰当的翻译(技术上称为变换)规则使它们互相联系起来。

科学工作的意义并不在于发现某种实在,而在于有选择的探索,在于选择我们必须探讨的问题。现在让我们继续讨论量子力学,而不过早使用第 9 章中将要提供的一些结论。

---

① 如果不致发生混淆,我们可以省略下标 op,例如把 H_{op} 就写作 H。

量子化规则

本征函数很好地扮演着向量代数中基底向量的角色。从基础数学中我们知道，任意的向量，比如说 l，可以按照一组基底向量分解成它的分量，如图 3.1。类似地，我们可以把量子力学系统的任一状态 Ψ 表示成适当的本征函数的叠加：

$$\Psi = \sum c_n u_n 。\tag{3.3}$$

由于将在下节中说明的理由，Ψ 也叫做波函数。取一组正交归一化的本征函数常常是特别方便的(这相当于基底向量的长度均为 1 且两两正交)：

$$\langle u_i \mid u_j \rangle = \delta_{ij} = \begin{cases} 1, \text{当 } i = j, \\ 0, \text{当 } i \neq j 。\end{cases} \tag{3.4}$$

记号 $\langle u_i \mid u_j \rangle$ 表示标量积：

$$\langle u_i \mid u_j \rangle = \int u_i^* u_j \mathrm{d}x, \tag{3.5}$$

其中 u_i^* 是 u_i 的复共轭。用 u_m^* 乘以式 3.3，并利用式 3.4 给出的正交归一性条件，我们立即看到

$$c_m = \langle u_m \mid \Psi \rangle 。\tag{3.6}$$

初等向量空间(见图 3.1A)和量子力学所使用的空间(见图 3.1B)的主要区别在于它们的维数。在第一种情况下维数是有限的，而在第二种情况下维数是无限的。第二种情况人们称之为希尔伯特空间。函数 u_n 或 Ψ 都是这个希尔伯特空间的元素(或称向量)。每个元素都可以两种方式出现，或者处于标量积(式 3.5)的左边，或者是处于其右边。由于这个原因，狄拉克(Dirac, 1958)引入了一个巧妙的记法：元素 u_n 可以写成为刁矢量

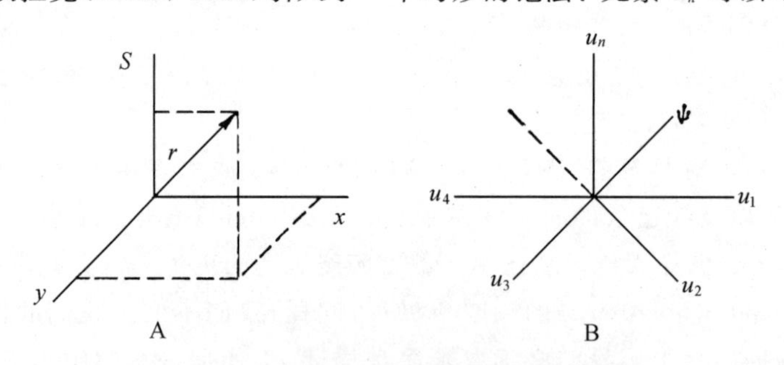

图 3.1 (A) 向量 l 分解为其分量；(B) 波函数 ψ 分解为本征函数 $u_1, u_2, \cdots, u_n$。

$$\langle u_n \mid ,$$

或者是刃矢量

$$\mid u_n \rangle ,$$

于是，标量积就是刁与刃的乘积

$$\langle u_n \mid u_m \rangle 。$$

这个记法使我们能用紧凑的方法表达希尔伯特空间的重要性质。假设展开式 3.3 对一切元素均成立。那么利用刁-刃记法和式 3.6，我们就可以对任一元素 Φ 写出

$$|\Phi\rangle = \sum_n c_n \mid u_n\rangle = \sum_n \mid u_n\rangle\langle u_n \mid \Phi\rangle。$$

由于这个关系对任意的 $|\Phi\rangle$ 都必然成立，因此我们得到我们将要反复用到的完备性关系

$$1 = \sum_n \mid u_n\rangle\langle u_n \mid。\tag{3.7}$$

在这个涉及数学形式的简短插曲之后，让我们再回到物理学上来。

方程 3.3 中出现的展开系数 c_n 有重要的物理意义。如果我们测量本征向量为 u_n 的物理量（比如说能量），那么找到对应于 u_n 的本征值（比如 E_n）的概率就是 $|c_n|^2$。因此，这个给出量子态的函数 Ψ 就称做概率幅（其平方给出真正的概率）。对于 Ψ 的这个重要物理解释是由玻恩作出的（Jammer，1966）。

我们已经注意到，在量子力学中物理量是用算符表示的。显然，这些算符不能是任意的。我们所关心的一类算符，可以用这个算符和它的伴随算符 $A^{\dagger}$ 相联系来定义：

$$\langle v \mid Au\rangle = \langle A^{\dagger}v \mid u\rangle。\tag{3.8}$$

在量子力学中起基本作用的是所谓自伴随算符（或厄米算符）：

$$A = A^{\dagger}。\tag{3.9}$$

它们的重要性来自这样的事实，即自伴随算符或厄米算符的本征值是实数。此外，一个厄米算符可以导出一组满足条件 3.1 的正交归一的本征函数。人们常说，可观察量在量子力学中是由厄米算符表示的。那么一切可观察量都是厄米算符吗？这是个复杂的问题，我们将在第 8 章处理这个问题。

除了厄米算符之外，我们还需要另一类算符，它们和坐标和变换有关。由初等几何学可知，坐标的变换并不改变标量积的值，因此让我们考虑算符 A，使其保持标量积（式 3.5）为不变量。这就有

$$\langle Au \mid Av\rangle = \langle u \mid v\rangle。\tag{3.10}$$

并且，利用式 3.8 得到

$$A^{\dagger}A = 1。\tag{3.11}$$

按定义，满足式 3.11 的算符叫做幺正算符。算符 A 的逆是满足下式的 A^{-1}：

$$AA^{-1} = A^{-1}A = 1。\tag{3.11$'$}$$

因此我们看到，幺正算符具有下述特征：它的逆等于它的伴随算符，即

$$A^{-1} = A^{\dagger}。\tag{3.12}$$

如在初等几何中一样，人们经常可以对算符实行相似变换。一个相似变换 S 通过下面的关系使得从 A 得到 $\widetilde{A}$：

$$\widetilde{A} = S^{-1}AS。\tag{3.13}$$

一个有趣的性质是，这样的相似变换使得一切代数性质保持不变。例如，若

$$C = AB，\quad 则 \quad \widetilde{C} = \widetilde{A}\widetilde{B}。\tag{3.14}$$

因为利用式 3.11′，有

$$\widetilde{C} = S^{-1}ABS = (S^{-1}AS)(S^{-1}BS)。$$

如果 S 是一个幺正算符，那么相似变换（式 3.13）可以看做仅是坐标的变换，现在我们乐

于把量子化问题表述为：寻找一个合适的坐标系，使得哈密顿量在其中取简单的对角形式。这就是玻恩-海森伯-约旦的量子化规则（Dirac，1958）。

我们从哈密顿量出发。如在式 2.1 中，它包括一个动能（或无微扰的）项 H_0，加上势能（或微扰的）V。于是我们可以寻找一个用幺正算符 S 表达的相似变换：

$$\widetilde{H} = S^{-1} HS。 \tag{3.15}$$

这个幺正算符 S 把初始哈密顿量变换为对角形。这就等价于本征值问题即方程 3.1 的解。实际上，我们可以把 H 表示为一个矩阵，且方程 3.1 表明，在使用其本征函数的表象中，H 是由一个对角矩阵来表达的：

$$\langle u_i \mid Hu_j \rangle = E_j \langle u_i \mid u_j \rangle = E_j \delta_{ij}。 \tag{3.16}$$

这和在第 2 章的"可积系统"一节中所考虑的经典力学的变换问题有惊人的相似。

我们将在第 8 章回到玻恩-海森伯-约旦量子化规则上来，在那里，我们将讨论表现为不可逆过程的系统怎样量子化的问题。这里我们只注意：像在经典变换理论中一样，对物理系统的两种可能的描述也都被用于可积系统了。哈密顿量的对角化，确实很像哈密顿量到作用变量的经典变换（方程2.26）。

让我们仅用谐固体的情况说明这一点。谐固体相当于一些互相作用的相邻原子或分子，它们的相对位移是如此之小，以至我们可以用是位移二次函数的势能来描述，像在谐振子的式 2.2 中那样。我们可以用两种方法描述该系统：第一种方法对应于该固体中相邻粒子间的相互作用，这时我们必须同时考虑动能和势能（参见图 2.5A）。第二种方法像第 2 章关于可积系统的一节中那样，需要一个正则变换，以便消掉势能。然后我们就可以把固体看做是独立振子的叠加，并计算每个振子的能级（参见图 2.5B）。我们又有了一个在两种描述中的取舍问题。在其中一种描述中，实体是不十分确定的（因为固体的能量的一部分是在粒子"之间"的）。而在另一种描述中，实体是独立的，即固体的"简正模"。于是我们又回到这样的问题：我们的物理世界是属于这两种高度理想化的描述之一呢？还是需要第三种描述？我们将在本章关于量子力学中的系统理论一节进一步讨论这个问题。

量子力学中的时间变化

上节中我们已经引入了量子系统的态由某个状态向量 Ψ 所描述的概念。

现在我们需要引入一个描述量子系统的态随时间变化的方程。这个方程在量子力学中所起的作用，应当和哈密顿方程 2.4 在经典力学中所起的作用完全一样。和经典光学进行类比，即把本征值对应于波动现象中的特征频率时，导致薛定谔建立了这个新的方程。薛定谔方程是一个含有基本力学量即哈密顿量的波动方程，其显形式是：

$$\mathrm{i}\hbar \frac{\partial \Psi}{\partial t} = H_{\mathrm{op}} \Psi, \tag{3.17}$$

其中符号 i 是 $\sqrt{-1}$，$\hbar$ 是普朗克常数除以 2π（我们经常取 $\hbar$ 等于 1，以避免过繁的记法）。注意，这个方程不是从量子力学中导出的，而是假设的，它的有效性只能来自和实验事实的对比。

让我们对薛定谔方程作些说明。和哈密顿方程 2.4 不同，它是一个偏微分方程（因为 H_{op} 中还出现了对坐标的导数，见下节）。但有一点是共同的，即无论哈密顿方程还是薛定谔方程，对于时间来说都是一阶的。一旦知道了某个时刻 t_0 的 Ψ（加上适当的边界条件，比如在无穷远处 $\Psi \to 0$），我们就可以对任意时刻，无论是将来的还是过去的时刻，求出 Ψ 来。在这个意义上说，我们恢复了经典力学的决定论观点，不过现在是用于波函数，而不是经典力学中的轨道。

我们在第 2 章讨论刘维方程时所作的说明可以直接用在这里。的确，Ψ 代表概率幅（和 ρ 在式 2.12 中代表概率一样），但其时间的演化却具有严格的动力学特点。如刘维方程的情形一样，这里没有任何带有概率过程（如布朗运动）性质的简单条件。

时间演化是由哈密顿量决定的。因此在量子力学中，哈密顿量，更确切地说是哈密顿算符，起着双重作用：一方面，它通过方程 3.1 决定能级，另一方面，它决定系统的时间演化。

还要注意，薛定谔方程是线性的。如果在给定瞬时 t 我们有

$$\Psi(t) = a_1 \Psi(t) + a_2 \Psi(t)。 \tag{3.18}$$

则在另一任意时刻 t'，无论比 t 早还是比 t 迟，我们也有

$$\Psi(t') = a_1 \Psi(t') + a_2 \Psi(t')。 \tag{3.19}$$

我们已看到，Ψ 决定实验结果的可能性（概率），并且可以被恰当地称为概率幅。它也称做波函数，因为方程 3.17 和经典物理学的波动方程具有很强的形式上的相似性。

很容易给出薛定谔方程 3.17 的形式解：

$$\Psi(t) = e^{-iHt} \Psi(t = 0)。 \tag{3.20}$$

这可以用取导数的方法加以验证。

这个形式和式 2.12′ 十分相似，不过现在用哈密顿量 H 代替了刘维算符 L。注意 e^{-iHt}（或 e^{-iLt}）是满足式 3.12 的幺正算符：

$$(e^{-iHt})^{\dagger} = e^{iHt} = (e^{-iHt})^{-1}。$$

这个结果来自 H 是厄米算符的事实。因此，无论在经典力学中还是量子力学中，时间演化都是用幺正变换给出的。时间演化仅仅对应于坐标的变换！

如果我们利用哈密顿算符的本征函数所表达的 Ψ 的展开式 3.3，我们就从式 3.20 得到显式关系：

$$\Psi(t) = \sum_k e^{-iE_k t} c_k u_k。 \tag{3.21}$$

依照我们的规则，发现系统处于 u_k 态的概率将由下式给出：

$$|e^{-i\overline{E}_k t} c_k|^2 = |c_k|^2。 \tag{3.22}$$

重要之点在于，这个概率是与时间无关的。在这个能量取对角形式的表象中，任何事情都没有真正“发生”。波函数不过是在希尔伯特空间中“旋转”，概率对于时间来说是常数。

量子力学可以适用于多粒子组成的系统。这里，不可分辨性的概念起着十分重要的作用。例如我们考虑 N 个电子的集合，现在 Ψ 将依赖于所有 N 个电子。电子的代换，比如说电子 1 和电子 2 的置换，不应改变系统的物理状况。因此我们必须要求下式成立

（记住，Ψ 是概率幅，且概率由 $|\Psi|^2$ 给出）：

$$|\Psi(1,2)|^2 = |\Psi(2,1)|^2。\tag{3.23}$$

我们可以用两种方法来满足这个条件，即

$$\Psi(1,2) = +\Psi(2,1),\tag{3.24}$$

或者

$$\Psi(1,2) = -\Psi(2,1)。\tag{3.24'}$$

这两种方法对应着两种基本的*量子统计法*：玻色统计法和费米统计法。如果波函数在两个粒子的置换下不改变，就是玻色统计法；如果波函数变号，就是费米统计法。统计法的类型似乎成了物质的一个非常基本的属性，因为所有的基本粒子不是遵守这一种就是遵守那一种统计法。质子、电子等等是*费米子*；而光子和一些不稳定粒子如介子等就是*玻色子*。量子力学的重大成就之一就是发现了费米子与玻色子之间的区别，这个区别在物质结构的所有水平上都表现出来。例如，没有适用于电子的费米统计法，就不能理解金属的性质，而液态氦特性的描绘则成为玻色统计法的一个出色的例证。在本章下一节讨论量子态的衰变时，我们还要回到玻色和费米统计的问题上来。

量子力学中的系综理论

利用量子力学的公式，我们可以计算某个力学量 A 的平均值 $\langle A\rangle$，A 的本征值是 a_1，a_2，…。按定义，平均值就是变量所能取的一切值 a_1，a_2，…各自乘以相应的概率的总和。因此利用式 3.6 我们得到

$$\langle A\rangle = \sum_n a_n \mid c_n \mid^2 = \sum_n \langle \Psi \mid u_n\rangle\langle u_n \mid \Psi\rangle。\tag{3.25}$$

根据本征函数 u_n 的定义

$$Au_n = a_n u_n,$$

也可以写为

$$\langle A\rangle = \langle \Psi \mid A\Psi\rangle。\tag{3.26}$$

重要的是，平均值 $\langle A\rangle$ 是概率幅的*二次函数*。这和式 2.14 大不相同，在式 2.14 中，它是吉布斯分布函数 ρ 的*线性函数*。还要注意，在某种意义上说，甚至具有完全确定的波函数 Ψ 的系统，也已是和一个系综相对应的。

的确，如果我们展开 Ψ，例如用哈密顿算符的本征函数来展开 Ψ（见式 3.3），并且测量能量，我们可以找到概率分别为 $|c_1|^2$，$|c_2|^2$，…的本征值 E_1，E_2，…。这似乎是玻恩对量子力学统计解释的不可避免的结果。于是量子力学只能对"重复"的实验作出预言。在这方面，情况和由吉布斯系综所描述的力学系统的经典系综的情况类似。

在量子力学中也仍然有*纯的*情况和*混合的*情况之间的十分鲜明的区别（见第 2 章中"哈密顿运动方程和系综理论"一节）。为了表述这个区别，引入吉布斯分布函数 ρ 的量子模拟是很有用的。为此我们必须首先引入完全正交归一化函数集 n，使得如在式 3.4 和式 3.7 中那样，有

$$\langle n \mid m \rangle = \delta_{mn}, \sum \mid n \rangle \langle n \mid = 1。 \tag{3.27}$$

然后我们用函数 n 把 Ψ 展开，并利用式 3.6，得到

$$\begin{aligned} \langle A \rangle &= \langle \Psi \mid A\Psi \rangle = \sum_n \langle \Psi \mid n \rangle \langle n \mid A\Psi \rangle \\ &= \sum_n \langle n \mid A\Psi \rangle \langle \Psi \mid n \rangle。 \end{aligned} \tag{3.28}$$

在经典力学中，平均运算涉及相空间的积分(见方程2.14)。现在我们引入所谓迹运算，它在量子力学中起着类似的作用：

$$\mathrm{tr}O = \sum_n \langle n \mid On \rangle。 \tag{3.29}$$

并且密度算符 ρ 由下式定义：

$$\rho = \mid \Psi \rangle \langle \Psi \mid。 \tag{3.30}$$

这个定义又一次使用了狄拉克的“括号”记法(见式 3.7)。算符作用到希尔伯特空间的元素上，例如 ρ 作用在 $|\Phi\rangle$ 上，根据式 3.30 的定义，将由下式给出：

$$\rho \mid \Phi \rangle = \mid \Psi \rangle \langle \Psi \mid \Phi \rangle = \langle \Psi \mid \Phi \rangle \mid \Psi \rangle。$$

引入定义 3.30 的原因是，我们现在对式 3.28 所给出的平均 $\langle A \rangle$，可以得到紧凑的表达式

$$\langle A \rangle = \mathrm{tr}(A\Psi)\langle \Psi) = \mathrm{tr}A\rho。 \tag{3.31}$$

它正好和经典形式 2.14 相对应，不过迹算符代替了相空间上的积分。

此外，式 3.31 可以写作

$$\langle A \rangle = \sum_{nn'} \langle n \mid A \mid n' \rangle \langle n' \mid \rho \mid n \rangle。 \tag{3.31′}$$

这里我们使用了如下记法：

$$\langle n \mid A \mid n' \rangle \equiv \langle n \mid An' \rangle。$$

如果可观察量 A 是对角形的(即 $A|n\rangle = a_n|n\rangle$)，则式 3.31′简化为

$$\langle A \rangle = \sum_n \langle n \mid A \mid n \rangle \langle n \mid \rho \mid n \rangle = \sum_n a_n \langle n \mid \rho \mid n \rangle。 \tag{3.31″}$$

因此，ρ 的对角元素可以看做是发现可观察量的值是 a_n 的概率。注意，ρ 的迹是单位 1，因为我们有(参见式 3.27 和式3.30)：

$$\begin{aligned} \mathrm{tr}\rho &= \sum_n \langle n \mid \Psi \rangle \langle \Psi \mid n \rangle = \sum_n \langle \Psi \mid n \rangle \langle n \mid \Psi \rangle \\ &= \langle \Psi \mid \Psi \rangle = 1。 \end{aligned} \tag{3.31‴}$$

这就是式 2.9 的量子力学模拟。

如在经典力学中一样，系综方法的好处是我们可以考虑更一般的情况，例如对于各种波函数的加权的叠加。那时，方程 3.30 变为

$$\rho = \sum p_k \mid \Psi_k \rangle \langle \Psi_k \mid \tag{3.32}$$

且

$$0 \leqslant p_k \leqslant 1, \quad \sum p_k = 1, \tag{3.33}$$

式中 p_k 是和组成系综的各个波函数 Ψ_k 相应的权。

密度算符 ρ 的形式，使我们能清楚地区分对应于简单波函数的纯情况与混合情况。在第一种情况下，ρ 由式 3.30 表示，在第二种情况下，ρ 由式 3.32 表示。这就给出一个简

单的形式上的差别。对于纯情况，

$$\rho^2 = |\ \Psi\rangle\langle\Psi,\Psi\rangle\langle\Psi\ | = |\ \Psi\rangle\langle\Psi\ | = \rho。$$

因此 ρ 是一个幂等算符。这对于混合情况并不成立。

我们将在后面有关测量问题的一节中看到，区分纯情况与混合情况，对于表述测量问题是很必要的。

薛定谔表象和海森伯表象

只要我们通过薛定谔方程的解知道了波函数的时间变化（式 3.20），我们立刻就能（从式 3.30）得到密度 ρ 的时间变化：

$$\rho(t) = \mathrm{e}^{-\mathrm{i}tH}\rho(0)\mathrm{e}^{\mathrm{i}tH}。\tag{3.34}$$

用求导的方法可推出：

$$\mathrm{i}\,\frac{\partial\rho}{\partial t} = H\rho - \rho H。\tag{3.35}$$

这个方程对于纯的和混合的两种情况都是有效的。我们得到了和在经典力学中导出的公式 2.11 丝毫不差的形式。唯一的区别就是我们现在用的不是泊松括号，而是 H 与 ρ 的对易子。

为了强调这两种情况之间的相似，我们用以下形式再次写出进化方程 3.35 及其形式解：

$$\mathrm{i}\,\frac{\partial\rho}{\partial t} = L\rho,\rho(t) = \mathrm{e}^{-\mathrm{i}Lt}\rho(0)。\tag{3.36}$$

式中包含了刘维算符，当然它现在具有新的意义。这将使我们在第 7 章可以用同样的方法去处理经典系统和量子系统。

让我们再看一下力学量及其时间变化的平均值。利用式 3.31 和式 3.34 我们有：

$$\begin{aligned}\langle A(t)\rangle &= \mathrm{tr}A\rho(t) = \mathrm{tr}A\mathrm{e}^{-\mathrm{i}Ht}\rho\mathrm{e}^{-\mathrm{i}Ht}\\ &= \mathrm{tr}(\mathrm{e}^{\mathrm{i}Ht}A\mathrm{e}^{-\mathrm{i}Ht})\rho = \mathrm{tr}A(t)\rho。\end{aligned}\tag{3.37}$$

因为迹算符的定义（式 3.29）隐含着下式（参见式 3.31′）：

$$\mathrm{tr}AB = \mathrm{tr}BA。\tag{3.38}$$

虽然算符通常是不可对易的（见本章“算符及并协性”一节），而当它们隐含在迹运算之中时，它们是可对易的。我们也用 ρ 来代替 $\rho(t=0)$。因此可以用两种等效的方法求出平均值 $\langle A(t)\rangle$。第一种方法中密度随时间变化，A 保持为常数。第二种方法中，我们认为密度保持为常数，但力学量 A 按式3.37变化：

$$A(t) = \mathrm{e}^{\mathrm{i}Ht}A\mathrm{e}^{-\mathrm{i}Ht}。\tag{3.39}$$

这第二种描述称为*海森伯表象*。它和*薛定谔表象*的差别是，在薛定谔表象中，像 A 这样的力学量被看做是与时间无关的。而波函数 Ψ 或 ρ 与时间有关。用对时间取导数的方法，由方程 3.39 可得出如下结果（参见式 3.35 和式 3.36）：

$$\mathrm{i}\,\frac{\partial A}{\partial t} = AH - HA = -LA。\tag{3.40}$$

注意，它的形式同刘维方程 3.36 一样，不过 $-L$ 代替了 L。这将在第 7 章中用到。

类似的差别也在经典动力学中存在。方程 2.5 相应于海森伯方程，方程 2.11 相应于薛定谔方程。这两个方程由式 2.13 所定义的泊松括号算符 L 的符号来区分。

平衡系综

我们在第 2 章里为经典系统引入的平衡系综的概念，可以很容易地扩展到量子系统中来。尽管如此，经典的和量子的动力学系统之间还是存在着相当的差别。例如可以证明，量子遍历系统隐含着它们是非简并的（每个能量本征值与一个本征函数对应）。

这个由冯·诺伊曼所建立的结果（Farquhar，1964）极大地限制了遍历方法的意义，因为我们所关注的绝大多数量子系统都是简并的。例如在多粒子系统中，一个给定的能量可以用多种方式在各种可能的激发态之间分配。由于这个原因，从冯·诺伊曼起有不少物理学家试图定义宏观可观察量，认为它给出了一种动力学的近似描述并且包含了趋近于平衡态。这里，我们又一次遇到趋近于平衡态的思想，更一般地说，不可逆性的概念对应于动力学的一种近似方法。我们在第 7 章里将看到，我们可以用完全不同的方法考虑这个问题：当有可能满足一些附加条件（如经典动力学中的弱稳定性）的时候，不可逆性的确对应于动力学的一个扩展。

测量问题

许多概念性的问题都涉及量子力学的表述。例如，对经典因果律的偏离真是不可避免的吗？我们不能引入一些附加的“隐”变量来使量子力学的形式更类似于经典力学的吗？这些问题在德斯帕格纳特的著作（d'Espagnat，1976）中得到了极好的论述。尽管为解决这些问题付出了大量的努力，至今仍未得到任何显著的成果。我们的态度则不同，我们接受量子力学的形式体系，但我们要问，不加明显的修改，我们究竟能把这个形式体系扩展到多远？

当考虑到我们已在本章前面提到的测量问题的时候，这个问题就发生了。假设我们从波函数 Ψ 以及式 3.30 给出的相应密度 ρ，即

$$\Psi = \sum c_n u_n ,$$

$$\rho = |\Psi\rangle\langle\Psi| = \sum_{nm} c_n c_m^* \, |u_m\rangle\langle u_n| \tag{3.41}$$

出发。通过测量一个力学量，比如说能量，u_n 为基本征函数，我们得到具有概率 $|c_n|^2$ 的各本征值 $E_1, E_2, \cdots$。可是，一旦我们得到某个本征值比如说 E_i，我们就知道系统一定是处于 u_i 态。测量结束时我们得到了一个混合态：

$$\Psi \rightarrow \begin{matrix} u_1 \\ u_2 \\ \vdots \\ u_k \\ \vdots \end{matrix}$$

具有概率$|c_1|^2, |c_2|^2, \cdots, |c_k|^2, \cdots$。按照式3.32,相应的密度$\rho$为

$$\rho = \sum_n |c_n|^2 |u_n\rangle\langle u_n|, \tag{3.42}$$

它和式3.41十分不同。

从式3.41到式3.42的变换,常叫做波包收缩(reduction of wave packet)。显然,它不属于由薛定谔方程的解所描述的幺正变换(式3.20)。冯·诺伊曼(Von Neurmann, 1955)用非常巧妙的方法表达了这个差别,就是表明我们可以定义一个"熵",当我们从一个纯态变到一个混合态时,这个"熵"将增加。这样,不可逆性的问题如今就在物理学的最核心部分出现。

但是这怎么可能呢?我们已经看到薛定谔方程是线性的(见式3.18)。因此,一个纯态就应保持为纯态。如果描述的"基准"真的是薛定谔方程的话,就没有容易的办法。德斯帕格纳特的书(d'Espagnat, 1976)列举了许多建议,没有一个是十分令人信服的。

冯·诺伊曼(Von Neumann, 1955)所提出的,其他一些人包括维格纳(Wigner)所主张的解决办法是:我们必须离开物理学的领域,而去发挥观察者的积极作用。这符合我们已提及的那种一般准则,即不可逆性不在自然界中,而在我们当中。在现在的情况下,正是从事观察动作的感觉的主体决定了从纯态到混合态发生的转变。很容易批判这个观点,然而,我们又怎样在"可逆的"世界中引入不可逆性呢?

另一些人甚至走得更远。他们声称,由于测量之类的相互作用,我们的宇宙正不断地分成数目巨大的分支,以此为代价的波包收缩并不存在!虽然我们不打算讨论这样的极端看法,但仍需注意,正是这些概念的存在证明了物理学家不是实证主义者。他们不以得出某些仅仅能"工作"的规则而满足。

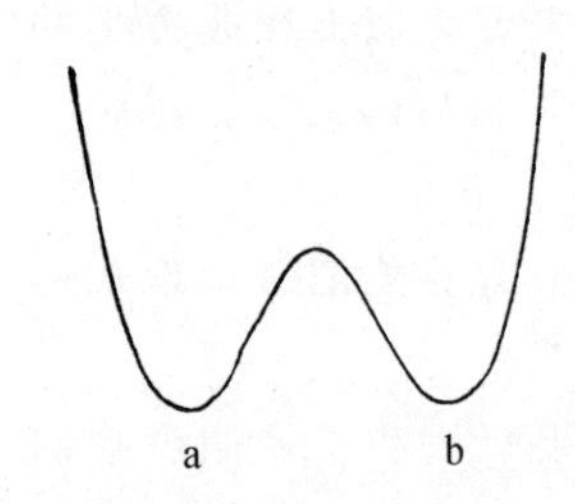

图3.2 对称势

我们将在第8章回到这个问题上来。这里我们只注意,量子力学中在形式上十分明确的纯态与混合态之间的区别,事实上超出了测量的任何有限的精度。作为一个例子,我们考虑一个具有两个极小值的对称势如图3.2所示。

假设$|u_1\rangle$对应于其中心位于区域a的一个波函数,$|u_2\rangle$对应于其中心位于区域b的波函数。纯态与混合态之间的差别由含有积$|u_1\rangle\langle u_2|$的项来区分。不过,当势垒取宏观尺度时这个积可以是非常小的。换句话说,波函数可能变为"不可观察量",这有点像我们在第2章中研究过的包含弱稳定性的问题中的轨道。这个论点,在量子不可逆过程的理论中将起着重要作用。该理论我们将在第7章至第9章中给出。

不稳定粒子的衰变

在讨论这个问题之前，我们先要弄清“小”系统和“大”系统之间的差别。我们已在第2章讲算符时讨论了从分立谱到连续谱的过渡。量子力学中的一个普通定理规定，限定在有限体积内的量子力学系统具有分立谱。因此，为了得到连续谱，我们必须达到一个无限系统的极限。这一点和经典力学系统很不相同。我们在第2章已看到：在经典力学系统中，对于有限系统，刘维算符就已经具有连续谱。这里的区别来自如下事实：经典的刘维算符作用在相空间上，该相空间所包含的速度（或动量）总是连续变量；而哈密顿算符是作用在坐标空间上的（或者是作用在动量空间上，但不是同时作用在两者之上。见式3.1和式3.2）。

对于H，分立谱意味着周期运动。当波谱变成连续的时候，就不再如此了。因此让我们看一下从分立谱到连续谱的过渡怎样改变时间的演化。现在我们必须用积分代替方程3.21中的求和。用能量的本征值作为独立变量，我们可以把这个积分写成如下形式：

$$\Psi(t) = \int_0^\infty d\varepsilon e^{-i\varepsilon t} f(\varepsilon)。 \tag{3.43}$$

重要的是，这个积分必须从有限值（此处我们所取的有限值为零）一直积到无穷。的确，如果哈密顿量可以取任意大的负值，则系统将是不稳定的，因此，一定存在某个下限。

和方程3.21所代表的周期变化不同，我们现在得到了一个傅里叶积分，它可以代表类型更多的时间变化。这一点在原则上是受欢迎的。例如我们可以把这个公式应用于不稳定粒子的衰变或激发的原子能级的去激活。对于概率密度$|\Psi(t)|^2$，人们希望通过引入适当的初始条件以后，找到一个指数衰减规律：

$$|\Psi(t)|^2 \sim e^{-t/\tau}。 \tag{3.44}$$

式中τ是寿命。这个关系式只是近似的而不是精确的。实际上，指数公式3.44永远不可能是准确的。因为有一个著名的佩利-维纳定理（Paley-Wiener，1934），所以形如式3.43的傅里叶积分（从有限值积到无穷大）在长时间的极限下，总是衰减得比指数律要慢。此外，方程3.43也引起了与指数律的短时间偏离。

实际上，大量的理论研究已经证明，与指数律的偏离太小了，以至现在还测量不出来。重要的是，实验研究和理论研究都在继续着。正是由于存在着与指数衰减律的偏离，已经引起了关于不可分辨性的含义的严重争论。假设我们制备了一束不稳定粒子，比如介子，并使其衰变；然后，我们又制备了另一组介子。这两组在不同时间制备的介子，严格地讲应有不同的衰变律，而且我们应能区分这两组介子，就像我们能分清年老妇女和年轻妇女一样。这个问题看来好像有点奇怪。如果必须作出选择的话，我相信，我们应该把不可分辨性作为一个基本原理保留下来。

当然，如果我们像维格纳在许多场合假设的那样，使基本粒子的概念仅限于稳定粒子的范围，这个问题就不会发生。但是，看来很难把基本粒子存在的方式仅仅限制在稳定粒子的范围内。似乎可以公正地说，科学公众越来越感觉到，量子力学的某些通则必须把不稳定粒了包括进去。实际上,这个困难甚至更大一些。我们想把一些确定的性质和基本粒子联系起来,而不管它们的相互作用如何。举一个具体例子,我们考虑物质和光的相互作用,即电子和光子的相互作用。假设我们能把相应的哈密顿量对角化,我们就会得到一些类似于固体简正模的"单元"按定义,简正模就不再相互作用。当然,这些单元不可能是我们周围的物质的电子或光子。这些客体是相互作用的,而且正因为这种相互作用,我们才能研究它们。但是怎样把相互作用着而又确定的客体纳入哈密顿描述之内呢?如前所述,在哈密顿量为对角形的表象中,客体是确定的,但没有相互作用;在其他表象中,则客体是不确定的。

人们感到,出路只能是仔细地看一看,通过适当的变换,我们真正需要消掉什么,保留什么。如我们将在第8章看到的那样,这个问题与可逆过程和不可逆过程之间的基本区别有密切的关系。

量子力学是完备的吗?

鉴于已经给出的讨论,我相信,对这个问题的回答可以有把握地说:"不是"。量子力学曾经受到原子光谱学中事态的直接启发。电子围绕原子核"旋转"的周期①具有 10^{-16} 秒的数量级,典型的寿命是 10^{-9} 秒。因此,一个激发态电子在它落到基态之前要旋转10 000 000次。正如玻尔和海森伯所深为了解的那样,正是由于这个侥幸的机会才使得量子力学如此成功。但是今天我们不能再满足于近似方法了。这种近似把时间演化的非周期部分当做小的不重要的微扰效应来处理。如在测量问题中一样。这里我们又一次面对着不可逆性的概念。爱因斯坦具有惊人的物理识别力,他注意到了(Einstein, 1917)当时所用的量子化的形式(即在玻尔-索末菲理论中的量子化)仅适用于准周期运动(在经典力学中用可积系统描述的运动)。当然,从那以后已经取得了初步进展。尽管如此,这个问题依然存在。

我们所面临的是物理学中理想化的真正含义。我们应该把有限体积系统的量子力学(它因此具有分立的能谱)看做是量子力学的基本形式吗?那样一来,衰变、寿命等问题就必须看做是和附加的"近似"有关,这个附加近似包括为得到一个连续谱而来的无穷大系统的极限。或者反过来说,谁都没见过处于激发态而不衰变的原子,这是无可争议的。那么,物理的"实在"就相当于具有连续谱的一些系统,而标准量子力学就仅仅作为一个有用的理想化情况,一个简化了的极限情况而出现。这就更加和下面这种看法一致了:基本粒子乃是基本场的表现(如光子对于电磁场的情形一样),而场在本质上不是局部的,因为它们遍布在空间和时间的整个宏观区域。

最后,注意到量子力学把统计特性引入到物理学的基本描述中是很有趣的。这一点在海森伯测不准关系中表达得十分清楚。须注意,对于时间和能量(即哈密顿算符),并不存在类似的测不准关系。通过把时间变化与 H_{op} 关联起来的薛定谔方程,这样一个测

---

① 原文为 frequency,此处依上下文改译为周期。——译者注。

不准关系可以理解成时间和变化之间即存在和演化之间的并协性。但是在量子力学中，也和在经典力学中一样，时间只是一个数(而不是算符)。

我们将看到，在隐含着趋向连续谱极限的某些情况下，这个附加的测不准关系甚至在经典力学的刘维算符和时间之间也能建立起来了。如果是这样的话，时间就获得了一个新的附含意——它成为一个和算符有关的量了。在我们着手处理这个迷人的问题之前，让我们先考虑物理学的这个"并协"的部分，即演化的物理学。

普里戈金著作

中　篇
演化的物理学

· Part II　The Physics of Becoming ·

普里戈金对不可逆热力学的研究已从根本上改造了这门科学，使之重新充满活力；他所创立的理论，打破了化学、生物学领域和社会科学领域之间的隔绝，使之建立起了新的联系。他的著作还以优雅明畅而著称，使他获得了“热力学诗人”的美称。

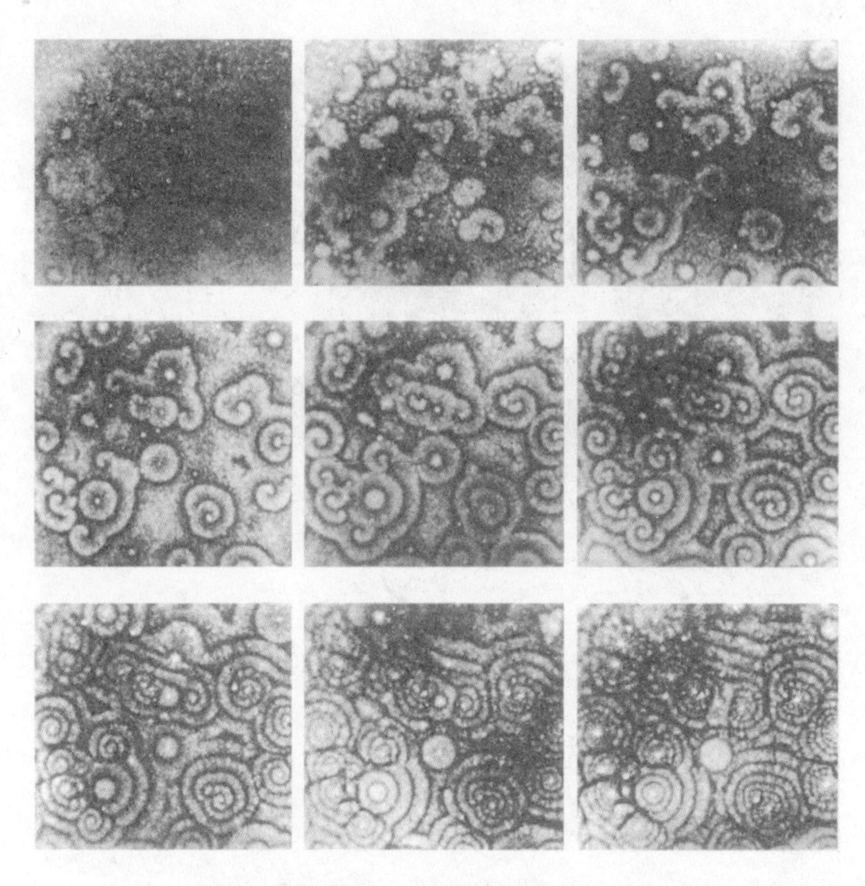

在细胞黏菌盘基网柄菌(Dictyostelium discoideum)

变形虫视场中出现的波结构

当成熟的黏菌变形虫耗尽其食物资源而陷入饥馑时，它们就分泌出环式 AMP(一磷酸腺甙)，使它们聚集起来。起初只有少数变形虫在短脉动中分泌出这种吸收物(AMP)，然后这些变形虫变成吸引其他变形虫的中心。脉动的频率最初是每 5 分钟 1 次，在聚集过程中增加到每 2 分钟 1 次。上图的 9 个画框是在 10 分钟的间隔中拍摄的。初始信号在其产生后的几秒钟内衰减，它们被传到附近的变形虫，而这些变形虫又把信号传给更远一些的变形虫，如此继续下去。脉动自中心向外传递，每 3 分钟约传 1 微米。在传递脉动的同时，每当一个脉动到达时，变形虫还响应这些信号而向信号中心移动一段小距离。这个不连续的移动在照片上可被观察到，因为使用了精心调整的暗视场光学系统，使移动的变形虫(变长了的)成为亮带，而静止的变形虫(呈圆状的)成为暗带。波可能是同心圆，其周期由调整速度的变形虫控制；也可能是螺旋状的，其周期由“不应期”——即变形虫响应一个信号之后不能再响应第二个信号的一段期间的长度——来决定。图中所见到的较大的圆，其直径约为 10 微米。

第4章

热 力 学

熵和玻耳兹曼的有序性原理

本书第2章和第3章所讨论的是和可逆现象相对应的时间的物理学,因为无论是哈密顿方程还是薛定谔方程,对于$t \to -t$的替换都是不变的。这种情况我称之为*存在的物理学*。现在我们转到*演化的物理学*,说得明确一点,转到热力学第二定律所描述的不可逆过程。在本章和随后的两章中,我们将严格地采取唯象的观点。我们将不问可能与动力学有什么关系,但我们要概括出一些方法,这些方法在很宽的范围(从热传导这样的简单不可逆过程直到包含自组织的复杂过程的范围)内,成功地描述了单向的时间现象。

从热力学第二定律的表述开始,它就强调了不可逆过程所起的独特的作用。汤姆孙(William Thomson,又称 Lord Kelvin,即开尔文勋爵)首次给出第二定律一般表述的论文题就是:"论自然界中机械能耗散的普遍倾向"(Thomson, 1852)。克劳修斯还使用了宇宙学的语言:"宇宙的熵趋于最大"(Clausius, 1865)。不过,必须承认,第二定律的表述对于我们今天来说,更像是一个纲领而不像是十分确定的陈述。因为无论汤姆孙还是克劳修斯,都没有给出任何方法,用可观察量来表示熵的变化。这个表述之缺乏明确性,大概就是为什么热力学的应用很快就局限于平衡态即热力学进化终态的原因之一。例如,吉布斯的在热力学史上有过如此影响的经典著作就曾小心地回避了对非平衡过程这个领域的任何干预(Gibbs, 1875)。另一个原因很可能就是,在许多问题中不可逆过程是个很讨厌的东西,例如,它是获得热机最大效率的一个障碍。因此制造热机的工程师们的目标,就是使不可逆过程所带来的损失达到极小。

只是到了最近,才出现了看法上的彻底改变,而且我们开始理解了不可逆过程在物质世界中所起的*建设性*作用。当然,尽管如此,平衡态的情况仍然是最简单的。因为在

◀在细胞黏菌盘基网柄菌变形虫视场中出现的波结构。

这种情况下，与熵有关的变量的数目最少。让我们先简要地回顾一下某些经典的论点。

我们考虑一个只和外界交换能量，不和外界交换物质的系统，这样的系统称为封闭系统。与此相反，和外界既交换能量也交换物质的系统叫作开放系统。假设这个封闭系统处于平衡态，因此熵产生为零。另一方面，宏观熵的改变由从外界所得到的热量来决定。按定义，

$$d_e S = \frac{dQ}{T}, \quad d_i S = 0, \tag{4.1}$$

其中 T 是个正的量，称做绝对温度。

让我们把这个关系式与适合这种简单系统的热力学第一定律结合起来（详见 Prigogine, 1967）：

$$dE = dQ - p dV, \tag{4.2}$$

其中 E 是能量，p 是压强，V 是体积。这个公式表明，在一个小的时间间隔 dt 内，系统与外界交换的能量等于系统所获得的热量加上在其边界上所作的机械功。合并方程 4.1 和方程 4.2，我们得到用变量 E 和 V 表达的熵的全微分

$$dS = \frac{dE}{T} + p\frac{dV}{T}. \tag{4.3}$$

吉布斯把这个公式推广了，使它包括组分的改变量。令 $n_1, n_2, n_3, \cdots$ 是各组分的克分子数，于是我们可以写出

$$\begin{aligned} dS &= \left(\frac{\partial S}{\partial E}\right) dE + \frac{\partial S}{\partial V} dV + \sum_\gamma \left(\frac{\partial S}{\partial n_\gamma}\right) dn_\gamma \\ &= \frac{dE}{T} + \frac{p}{T} dV - \sum \frac{\mu_\gamma}{T} dn_\gamma. \end{aligned} \tag{4.3'}$$

量 μ_γ 按定义是吉布斯所引入的化学势，方程 4.3′称做熵的吉布斯公式。化学势本身是热力学变量如温度、压强、浓度等的函数。对于所谓理想系统①化学势取特别简单的形式，即化学势与组分的克分子数 $N_\gamma = n_\gamma / (\sum n_\gamma)$ 的对数有关系：

$$\mu_\gamma = \zeta_\gamma(p, T) + RT \log N_\gamma, \tag{4.4}$$

其中 R 是气体常数（等于玻耳兹曼常数 k 与阿伏伽德罗数的乘积），$\zeta_\gamma(p, T)$ 是压强和温度的某个函数。

除了熵以外，人们常引入其他的热力学势，比如亥姆霍兹自由能，其定义如下：

$$F = E - TS. \tag{4.5}$$

很容易证明，适用于孤立系统的熵增加定律可以适用于恒温系统的自由能减少定律来代替。

方程 4.5 的结构反映了能量 E 和熵 S 之间的竞争。我们知道，在低温下第二项可以忽略，F 的最小值给出相应于最小能量而且一般也相应于低熵的结构。但随着温度的增加，系统就变到熵越来越高的结构。

经验证明了这些想法，因为在低温下我们看到以低熵有序结构为特点的固态，而在高温时我们看到高熵的气态。物理学中一定类型的有序结构的形成乃是热力学定律应用于热平衡封闭系统的一个结果。

在第 1 章中我们曾给出玻耳兹曼用配容对熵所作的简单解释。让我们把这个公式

① 理想系统的例子是稀溶液或理想气体。

用于能级为 E_1,E_2,E_3 的系统。在总能量和粒子数固定时，通过寻找使配容数(式 1.9)为最大的占据数，我们得到玻耳兹曼基本公式，以求出占据给定能级 E_i 的概率 P_i：

$$P_i = e^{-E_i/kT}, \tag{4.6}$$

其中 k 和式 1.10 中一样，是玻耳兹曼常数，T 是温度，E_i 是所选能级的能量。假设我们考虑一个仅有三个能级的简化系统，那么玻耳兹曼公式即方程 4.6 将告诉我们在平衡时，这三个态中的每一个态中找到分子的概率。在极低的温度下，即 $T\rightarrow 0$，只有对应于最低能级的概率是重要的，因此我们得到图 4.1 的情形，其中所有分子实际上都处在最低的能级 E_1，因为

$$e^{-E_1/kT} \gg e^{-E_2/kT},\ e^{-E_3/kT}。\tag{4.7}$$

但在高温下，三个概率将变得大体上相等，即

$$e^{-E_1/kT} \approx e^{-E_2/kT} \approx e^{-E_3/kT}。\tag{4.8}$$

因此这三个态被近似均等地占据(见图 4.2)。

图 4.1　低温分布

只有最低能级被占据

图 4.2　高温分布

激发态与基态均被占据

玻耳兹曼的概率分布即方程 4.6 为我们提供了支配各种平衡态结构的基本原则。把它称做玻耳兹曼有序性原理可能是恰当的。它具有头等的重要性，因为它能描述多种多样的结构，例如包括像雪花晶体那样复杂、精致、美丽的结构(见图 4.3)。

图 4.3　典型的雪花晶体

玻耳兹曼有序性原理解释了平衡结构的存在,但还可以提出这样的问题:它们是我们周围所见到的唯一类型的结构吗?即使在经典物理学中,也有许多非平衡态导致有序的现象。当对两种不同气体的混合物加上一个热梯度时,我们就会观察到,该混合气体的一种成分将在热壁处增加起来,而另一种成分却在冷壁一端集中起来。这个现象在19世纪就已观察到了称为热扩散。定态中的熵,一般低于均匀结构中所应有的熵。这说明,非平衡态也许是有序的来源。正是这个观察,开拓了布鲁塞尔学派所创始的观点(有关历史概述见 Prigogine, Glansdorff, 1971)。

当我们转向生物学或社会现象时,不可逆过程的作用变得大为显著。即使在最简单的细胞中,新陈代谢的功能也包括几千个耦合的化学反应,并因此而需要一个精巧的机制来加以协调和控制。换句话说,我们需要极其精致的有功能的组织。还有,代谢反应需要特殊的催化剂——酶,酶是具有空间结构的大分子而且有机体必须会合成这些物质。催化剂是一种物质,它能加速一定的化学反应,但在反应中它自己并不被用掉。每种酶或催化剂完成一种特定的工作。如果我们看一下细胞所进行的复杂而有顺序的操作,我们就会发现其操作方式组织得简直就像现代的装配线一样(见图4.4,并参见Welch 1977)。

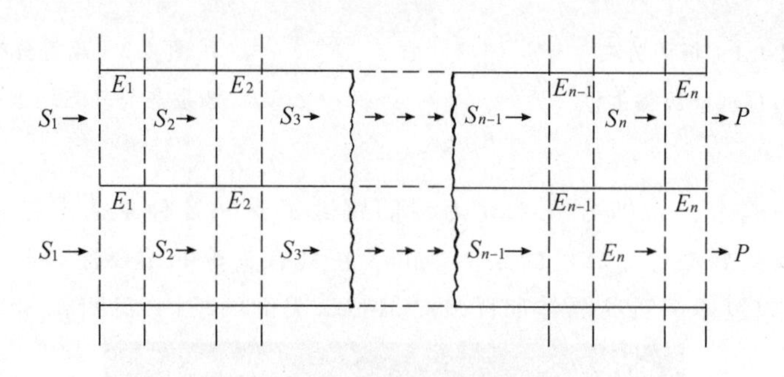

图4.4 多重酶反应的镶嵌模型

底物 S_1 通过一些连续变化在所"俘获"的酶的作用下变为产物 P。

总的化学变化被分为一些连续的基元步骤,每步由一种特定的酶来催化。在图中,初始化合物用 S_1 表示;在每层膜当中有一种"被囚禁"的酶,对物质进行一定的操作,然后把它送到下一阶段。十分清楚,如此有组织的结构决不会是朝着分子无序方向演变的结果!生物学的有序性既是结构上的,也是功能上的,而且,在细胞的或超细胞的水平上,它是通过一系列不断增长复杂性和层次特点的结构和耦合功能表现出来的。这和孤立系统热力学所描述的演化概念正好相反,热力学的演化概念只是导致具有最大配容数的态,因而也就是导致"无序"。于是,我们是否必须像凯卢瓦(Callois, 1976)所作的那样,得出"克劳修斯与达尔文不可能同时都对"的结论;或者我们应该与斯宾塞(Spencer, 1870)一起,引入某个关于自然界的新原理,诸如"均匀的不稳定性"或"变异力——组织作用的创造者"等。

出乎意料的新特点是,如我们将在本章中看到的,非平衡态可以导出新型结构,即耗散结构(dissipative structures),它对于理解相干性和我们所居住的这个非平衡世界的组织作用，是很重要的。

线性非平衡态热力学

为了从平衡态转到非平衡态，我们必须用显函数的形式计算熵产生。我们不能再满足于简单的不等式，因为我们要使熵产生和确定的物理过程关联起来。现在，简单地求出熵产生已经成为可能，只要我们假定，即使在平衡态之外，也像在平衡态时一样，熵同样只与 E, V, n_r 等变量有关(在非均匀系统中，我们需假定熵密度依赖于能密度和区域浓度)。作为一个例子，让我们计算封闭系统中化学反应的熵产生。考虑如下反应：

$$X + Y \rightarrow A + B。\tag{4.9}$$

在时间间隔 dt 中，由组分 X 的反应所引起的克分子数的变化，和由 Y 所引起的相等，而和 A,B 所引起的相反，即

$$dn_X = dn_Y = -dn_A = -dn_B = d\xi。\tag{4.10}$$

化学家通常在化学反应中引入一个整数 ν_γ(正的或负的)，叫做组分 r 的计量系数。ξ 按定义是化学反应的进展度。于是我们可以写出：

$$dn_\gamma = \nu_\gamma d\xi。\tag{4.11}$$

反应速率是

$$v = \frac{d\xi}{dt}。\tag{4.12}$$

考虑这个表达式以及吉布斯公式 4.3′，我们立即得到

$$dS = \frac{dQ}{T} + \frac{Ad\xi}{T},\tag{4.13}$$

其中 A 是由德唐德尔(DeDonder, 1936)首先引入的化学反应的亲和势，它和化学势 μ_γ 有如下关系：

$$A = -\sum \nu_\gamma \mu_\gamma。\tag{4.14}$$

式 4.13 的第一项相当于熵流(见式 4.1)，而第二项相当于熵产生

$$d_iS = A\frac{d\xi}{T} \geqslant 0。\tag{4.15}$$

利用定义 4.12，我们发现单位时间内的熵产生取如下值得注意的形式：

$$\frac{d_iS}{dt} = \frac{A}{T}v \geqslant 0。\tag{4.16}$$

这是不可逆过程(在此处是化学反应)的速率 v 和相应的力(在此处是 A/T)的双线性形式。这类计算可加以推广：从吉布斯公式 4.3′出发，得到

$$\frac{d_iS}{dt} = \sum_j X_j J_j \geqslant 0,\tag{4.17}$$

其中 J_j 代表各种不可逆过程(如化学反应、热流、扩散等)的速率，而 X_j 是相应的广义力(如亲和势、温度梯度、化学势等)。这就是宏观不可逆过程热力学的基本公式。

应该强调指出，为了导出关于熵产生的显函数形式4.17，我们使用了附加的假定。吉布斯公式 4.3′的有效性只能建立在平衡态的某个邻域内，这个邻域规定了"局域"平衡的

范围。

在热力学平衡态，对于一切不可逆过程，我们同时有

$$J_i = 0,\ X_i = 0。\tag{4.18}$$

因此，至少在靠近平衡态时假定流和力之间有线性齐次关系，就是很自然的了。这种设想自然而然地包括了一些经验定律，例如说明热的流动与温度梯度成正比的傅里叶定律；表明扩散流与浓度梯度成正比的斐克扩散定律等。这样，我们得到下式所表达的不可逆过程的线性热力学：

$$J_i = \sum_j L_{ij} X_j。\tag{4.19}$$

不可逆过程的线性热力学受到两个重要结果的支配。第一个就是翁萨格所表达的倒易关系(Onsager, 1931)，这个倒易关系指出：

$$L_{ij} = L_{ji}。\tag{4.20}$$

只要和不可逆过程 i 相应的流 J_i 受到不可逆过程 j 的力 X_j 的影响，那么，流 J_j 也会通过同样的系数 L_{ij} 受到力 X_i 的影响。

翁萨格倒易关系的重要意义在于它们的普适性。它们已受到许多实验的检验。它们的有效第一次表明了，非平衡态热力学也和平衡态热力学一样导出了与任何特定的分子模型无关的普适结果。倒易关系的发现确实成了热力学史上的一个转折点。

翁萨格关系的一个简单应用涉及晶体中的导热性。按照倒易关系，不管晶体的对称性如何，热传导张量应是对称张量。这个重要性质实际上已由福格特(Voigt)在19世纪用实验的方法确立了，它相当于翁萨格关系的一个特殊情况。

翁萨格关系的证明可在一般教科书中找到(Prigogine, 1967)。对于我们来说重要的是，翁萨格关系对应于与任何分子模型无关的普遍性质。正是这个特点使其成为热力学的一个成果。

应用翁萨格定理的另一个例子是两个容器所组成的系统，这两个容器用毛细管或薄膜连接起来，容器之间保持一定的温差。这个系统有两种力，比如说 X_k 和 X_m，分别对应于两个容器间的温差和化学势差。其相应的流是 J_k 和 J_m。当系统达到某个态时，其中的物质传输为零，而在不同温度下的两相之间的能量传输仍继续着，我们就说系统这时达到了一个*非平衡定态*。这样的态和平衡态之间不应有任何混淆，平衡态的特点是熵产生为零。

按照方程4.17，熵产生由

$$\frac{\mathrm{d}_i S}{\mathrm{d}t} = J_k X_k + J_m X_m \tag{4.21}$$

以及线性唯象定律(见式4.19)给出：

$$\begin{aligned} J_k &= L_{11} X_k + L_{12} X_m, \\ J_m &= L_{21} X_k + L_{22} X_m。\end{aligned}\tag{4.22}$$

对于定态，物质流为零：

$$J_m = L_{21} X_k + L_{22} X_m = 0。\tag{4.23}$$

系数 $L_{11}, L_{12}, L_{21}, L_{22}$ 都是可测量的量，因此我们可以证明，确有

$$L_{12} = L_{21}。\tag{4.24}$$

这个例子还能用以说明线性非平衡系统的第二个重要性质：最小熵产生定理(Prigogine，1945；亦见 Glansdorff，Prigogine，1971)。很容易看到，方程 4.23 与 4.24 合在一起等价于下述条件：对于给定的常数 X_k，熵产生(式 4.21)为最小。由方程 4.21、4.22 和 4.24 可得

$$\frac{1}{2}\frac{\partial}{\partial X_m}\left(\frac{\mathrm{d}_i S}{\mathrm{d}t}\right)=(L_{12}X_k+L_{21}X_m)=J_m。\tag{4.25}$$

因此，物质流为零(式 4.23)就等价于极值条件

$$\frac{\partial}{\partial X_m}\left(\frac{\mathrm{d}_i S}{\mathrm{d}t}\right)=0。\tag{4.26}$$

最小熵产生定理表达了非平衡系统的一种"惯性"。当给定的边界条件阻止系统达到热力学平衡态(即零熵产生)时，系统就落入"最小耗散"的态。

建立这个定理的时候我们就清楚，这个特性仅在平衡态的邻域内才是严格有效的。多年来花费了巨大的努力想把这个定理推广，以便能适于远离平衡态的情况。但是令人深感诧异，最后证明的却是：在远离平衡态的系统中，热力学行为与用最小熵产生定理所预言的行为相比，可以颇为不同，甚至实际上完全相反。

值得注意的是，这种意外的行为在经典流体力学所研究的寻常情况中就已经观察到了。第一次用这个观点分析的例子是所谓"贝纳尔不稳定性"(Bénard instability)。(关于这个以及其他流体力学不稳定性的详细讨论，参见 Chandrasekhav，1961)。

考虑一个在恒定重力场中两个无限平行板之间的水平液层，保持下边界的温度为 T_1，上边界的温度为 T_2，且 $T_1>T_2$。对于"逆"梯度$(T_1-T_2)/(T_1+T_2)$的足够大的值，静止的状态变成不稳定状态，对流发生了。于是熵产生就增加，因为对流提供了热传输的一个新的机制(图 4.5)。

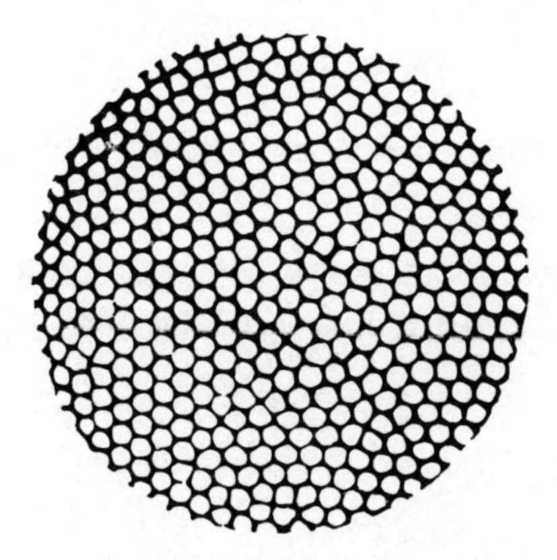

图 4.5　在一个从下面加热的液体中，从上面看到的对流格子的空间花样。

此外，对流形成之后出现的流的运动和静止状态的微观流动相比是一个有高度组织的状态。实际上，为了得到一个可以辨认的流动花样，数目很多的分子要以相干方式在一个足够长的时间内移过可观察的距离。

这里，对于非平衡态可以是有序的起源这一事实，我们有了一个很好的例证。我们

将在本章"化学反应中的应用"一节看到，不光是流体力学系统，对于化学系统只要满足加在动力学定律上的一些确定的条件，这一例证也确是成立的。

按照玻耳兹曼的有序性原理，出现贝纳尔对流的概率几乎为零，注意到这一点是很有趣的。只要新的相干态出现在远离平衡态的地方，包含在配容数计数之中的概率理论就不能应用了。在贝纳尔对流的情况中，我们可以想象总是有一些小的对流作为对平均状态的涨落而出现，但当温度梯度低于一定的临界值时，这些涨落将被阻尼并消失。若超过了这个临界值，则某些涨落被放大，并且出现宏观的流动。新的分子有序性出现了，它基本上相当于因与外界交换能量而稳定化了的巨型涨落。这个有序性的特点就是出现了我们所说的"耗散结构"。

在进一步讨论耗散结构出现的可能性之前，让我们简短地复习一下热力学稳定性理论的一些方面，这些将在有关耗散结构出现的条件方面给我们一些有益的知识。

热力学稳定性理论

热力学的平衡态，或者线性非平衡热力学中对应于最小熵产生的定态，都是能自动稳定的态。在第1章中我们已介绍了李雅普诺夫函数的概念。显然，在线性非平衡态热力学范围内的熵产生是这样的一个李雅普诺夫函数：如果一个系统被微扰，熵产生便将增加，但是系统则要发生反应以回到熵产生最小的态。对于远离平衡系统的讨论，再引入另一个李雅普诺夫函数是有用的。我们知道，孤立系统的平衡态，当对应于熵产生最大值时是稳定的。如果我们微扰一个接近平衡值 S_e 的系统，就得到

$$S = S_e + \delta S + \frac{1}{2}\delta^2 S。\tag{4.27}$$

不过，因为在平衡态 S_e 时，熵函数 S 有最大值，上式的一阶项为零，所以稳定性由二阶项 $\delta^2 S$ 的符号决定。

基础热力学的知识使我们能以显函数形式计算这个重要的表达式。首先考虑只有一个独立变量的微扰即式 4.3′中能量 E 的微扰，则我们有

$$\delta S = \frac{\delta E}{T}$$

和

$$\delta^2 S = \frac{\partial^2 S}{\partial E^2}(\delta E)^2 = \frac{\partial \frac{1}{T}}{\partial E}(\delta E)^2 = -C_v \frac{(\delta T)^2}{T^2} < 0。\tag{4.28}$$

这里我们用到了这样一个事实，即定义比热为

$$C_v = \left(\frac{\mathrm{d}E}{\mathrm{d}T}\right)_v,\tag{4.29}$$

并且比热是正的量。对更为一般的情况，如果我们对式 4.3′中的所有变量都加上微扰，我们就得到一个二次型。这里我们只给出结果（计算过程可以在 Glansdorff，Prigogine，1971 的书里找到）：

$$T\delta^2 S = -\left[\frac{C_v}{T}(\delta T)^2 + \frac{\rho}{X}(\delta v)^2 N_j + \sum_{jj'} \mu_{jj'} \delta N_j \delta N_{j'}\right] < 0, \tag{4.30}$$

式中 ρ 是密度，$v=\dfrac{1}{\rho}$ 是比容（下标 N_j 的意思是，当 N_j 变化时，组分保持不变），X 是等温压缩率，N_j 是组分 j 的克分子数，$\mu_{jj'}$ 是导数，即

$$\mu_{jj'} = \left(\frac{\partial \mu_j}{\partial N_{j'}}\right)_{p,T}。\tag{4.31}$$

经典热力学的基本稳定条件是

$$C_v > 0（热稳定），\tag{4.32}$$

$$X > 0（机械稳定），\tag{4.33}$$

$$\sum_{jj'} \mu_{jj'} \delta N_j \delta N_{j'} > 0（对于扩散的稳定）。\tag{4.34}$$

这些条件的每一个都有简单的物理意义。例如，假若违反了条件 4.32，则小的温度涨落不是被阻尼，而是通过傅里叶方程被放大。

满足这些条件时，$\delta^2 S$ 是一个负定的量。而且可以证明，$\delta^2 S$ 对时间的导数和熵产生 P 之间有如下的关系：

$$\frac{1}{2}\frac{\partial}{\partial t}\delta^2 S = \sum_{\rho} J_{\rho} X_{\rho} = P \geqslant 0, \tag{4.35}$$

其中 P 的定义为

$$P \equiv \frac{\mathrm{d}_i S}{\mathrm{d}t} \geqslant 0。\tag{4.36}$$

由不等式 4.30 和 4.35 得出 $\delta^2 S$ 是一个李雅普诺夫函数，并且由于它的存在保证了对所有涨落的阻尼。这就是为什么在靠近平衡态时对于大系统有一个宏观描述就足够了的原因。涨落只起一个次要的作用，对于大系统来说，它们是定律的一个可以忽略的修正项。

这个稳定性能够外推到远离平衡态的系统吗？当我们考虑对平衡态有较大偏离但仍在宏观描述的框架之内时，$\delta^2 S$ 还起到李雅普诺夫函数的作用吗？为了回答这些问题，要计算微扰 $\delta^2 S$，但现在是处于非平衡态的一个系统。在宏观描述的范围内，不等式 4.30 仍保持有效。然而 $\delta^2 S$ 对时间的导数不再像式 4.35 中那样和总的熵产生有关，而是和这个微扰所引起的熵产生有关。换句话说，如格兰斯多夫和我（Glansdorff, Prigogine, 1971）已经证明过的那样，我们现在有

$$\frac{1}{2}\frac{\partial}{\partial t}\delta^2 S = \sum_{\rho} \delta J_{\rho} \delta X_{\rho}, \tag{4.37}$$

右边就是我们所称谓的剩余熵产生。让我们再次强调，δJ_ρ 和 δX_ρ 是对定态 J_ρ 和 X_ρ 的偏离，而该定态的稳定性是我们正要通过微扰来检验的。和平衡态或近平衡态所发生的情况相反，方程 4.37 的右边（即剩余熵产生）在一般情况下具有不确定的符号。如果对于大于某固定时刻 t_0（这里 t_0 可以是微扰的开始时刻）的所有 t 我们有

$$\sum_{\rho} \delta J_{\rho} \delta X_{\rho} \geqslant 0。\tag{4.38}$$

那么 $\delta^2 S$ 就是李雅普诺夫函数，并且稳定性是可靠的。注意，在线性区，剩余熵产生和熵产生有相同的符号，我们就又得到最小熵产生定理的同一结果。但在远离平衡态的区域中，

情况改变了。在那里,化学动力学的形式起着主要的作用。

下节中我们将举出几个化学动力学效应的例子。对于某些类型的化学动力学,系统可能变为不稳定的。这说明,在平衡态的定律与远离平衡态的定律之间有着本质的区别。平衡态的定律是普适的。但远离平衡态时,行为可能变得非常特殊。当然这是一个受欢迎的情况,因为它允许我们引入物理系统行为上的差别,而这种差别在平衡世界中是无法理解的。

假设我们考虑如下类型的化学反应:

$$\{A\} \rightarrow \{X\} \rightarrow \{F\}, \tag{4.39}$$

其中{A}是一组初始反应物,{X}是一组中间产物,{F}是一组最终产物。化学反应方程通常是非线性的。因此对于中间浓度我们将得到许多解(图 4.6)。在这些解当中,有一

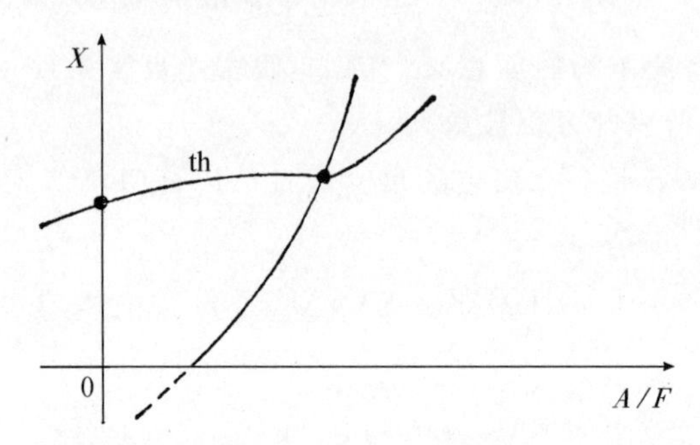

图 4.6 对应于化学反应 4.39 的各种定态解

0 对应于热力学平衡态;"th"是"热力学分支"。

个对应于热力学平衡态,而且可以延长到非平衡区域,我们称之为*热力学分支*。重要的新特点是,这个热力学分支在离平衡态的某个临界距离处可以变得失稳。

化学反应中的应用

让我们把前面所述的形式体系应用到化学反应的情形。李雅普诺夫函数存在的条件 4.38 在这里变成

$$\sum_{\rho} \delta v_{\rho} \delta A_{\rho} \geqslant 0, \tag{4.40}$$

其中 δv_{ρ} 是化学反应速率的微扰,δA_{ρ} 是方程 4.14 中所定义的化学亲和势的微扰。考虑下面的化学反应:

$$X + Y \rightarrow C + D。 \tag{4.41}$$

因为我们所感兴趣的主要是远离平衡态的情况,所以我们忽略逆反应,并对反应速率[①]写出

① 为简化起见,我们取所有的动力学常数和平衡常数以及 RT 都等于单位 1;并且把 X 的浓度 C_X 写作 X 等等。

$$v = XY。\tag{4.42}$$

按照式 4.4 和式 4.14,对于理想系统,亲和势是浓度的对数函数。因此,

$$A = \log \frac{XY}{CD},\tag{4.43}$$

浓度 X 在某个定态值附近的涨落,引起剩余熵产生;

$$\delta v \cdot \delta A = (Y\delta X) \cdot \left(\frac{\delta X}{X}\right) = \frac{Y}{X}(\delta X)^2 > 0。\tag{4.44}$$

因此,这样的涨落不可能违反稳定条件(式 4.40)

我们现在考虑自催化反应(以代替式 4.41):

$$\mathrm{X} + \mathrm{Y} \rightarrow 2\mathrm{X}。\tag{4.45}$$

仍假定反应速率由式 4.42 给出,但现在的亲和势是

$$A = \log \frac{\mathrm{XY}}{\mathrm{X}^2} = \log \frac{\mathrm{Y}}{\mathrm{X}}。\tag{4.46}$$

现在我们得到对剩余熵产生的"危险的"贡献:

$$\delta v \delta A = (Y\delta X)\left(-\frac{\delta X}{X}\right) = -\frac{Y}{X}(\delta X)^2 < 0,\tag{4.47}$$

负号并非意味着微扰了的定态必然失稳,只是意味着有失稳的可能(正号是稳定的充分条件,但不是必要条件)。然而一般的结果是热力学分支的失稳必然引起自催化反应。

人们立刻想起这样的事实,即大多数生物学反应含有反馈机制。比如在第 5 章中我们将说明,对于活系统的新陈代谢来说是不可缺少的富能分子三磷酸腺甙(ATP),就是通过酵解循环中的一系列反应产生的;而这个循环在开始时就已经含有 ATP 了。为了生产 ATP,我们需要 ATP。另一个例子是,为制造细胞,我们必须从细胞开始。

因此,把生物系统中如此典型的结构同热力学分支稳定性的破坏互相关联起来是件非常诱人的事。结构和功能成为密切相关的了。

为了用一种清晰的方法掌握这个要点,让我们考虑催化反应的某些简单模式。例如

$$\mathrm{A} + \mathrm{X} \xrightarrow{k_1} 2\mathrm{X},$$

$$\mathrm{X} + \mathrm{Y} \xrightarrow{k_2} 2\mathrm{Y},$$

$$\mathrm{Y} \xrightarrow{k_3} \mathrm{E}。\tag{4.48}$$

初始反应物 A 和最终产物 E 的值对于时间保持不变,所以只剩下两个独立变量 X 和 Y。为简化起见,我们忽略逆反应。这是一个自催化反应的模式。X 的浓度增长与 X 的浓度有关,Y 也是一样。

这个模型广泛地应用于生态学模拟中,因为 X 可以代表使用 A 的草食动物,而 Y 可以代表以牺牲草食动物为代价而繁殖的肉食动物。这个模型在文献中是和洛特卡(Lotka)和沃尔特拉(Volterra)的名字连在一起的(May, 1974)。

我们写出相应的动力学定律:

$$\frac{\mathrm{d}X}{\mathrm{d}t} = k_1 AX - k_2 XY,\tag{4.49}$$

$$\frac{\mathrm{d}Y}{\mathrm{d}t} = k_2 XY - k_3 Y。\tag{4.50}$$

它们容许一个单一非零定态解：

$$X_0 = \frac{k_3}{k_2},\ Y_0 = \frac{k_1}{k_2}A。\tag{4.51}$$

为了研究在这种情况下和热力学稳定性相应的定态的稳定性，我们将要用正则模进行分析。我们写出：

$$\begin{aligned} X(t) &= X_0 + x\mathrm{e}^{\omega t}; \\ Y(t) &= Y_0 + y\mathrm{e}^{\omega t}; \end{aligned}\tag{4.52}$$

以及

$$\left|\frac{x}{X_0}\right| \ll 1;\ \left|\frac{y}{Y_0}\right| \ll 1。\tag{4.53}$$

把方程式 4.52 代入动力学方程 4.49 和 4.50，并略去 x, y 的高次项，我们就得到了对于 ω 的色散方程(色散方程表明齐次线性方程组的行列式为零)。因为我们这里有两个组分 X 和 Y，所以色散方程是二次的，它们的显函数形式是

$$\omega^2 + k_1k_3A = 0。\tag{4.54}$$

显然，稳定性和色散方程根的实部的符号有关。如果对于色散方程的每个解 ω_n 都有

$$\mathrm{re}\,\omega < 0,\tag{4.55}$$

则始态是稳定的。在洛特卡-沃尔特拉情况中，实部为零，我们得到

$$\mathrm{re}\,\omega_n = 0,\ \mathrm{im}\,\omega_n = \pm(k_1k_3A)^{1/2}。\tag{4.56}$$

这就是说，我们得到所谓临界稳定。系统将围绕定态(式 4.51)旋转。旋转的频率(式 4.56)对应于小微扰的极限。振荡的频率和振幅有关，并且存在无穷多个围绕定态的周期轨道(图 4.7)。

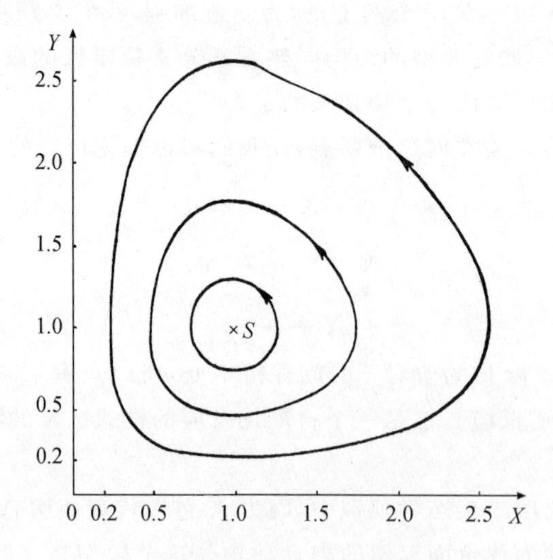

图 4.7 对不同初始条件值所得到的洛特卡-沃尔特拉模型的周期解

现在我们考虑另一个例子，它近来已被广泛使用，因为它具有令人注目的特点，使我们能模拟广泛的宏观行为。这就是所谓布鲁塞尔器(Brusselator)，它对应于如下反应模式(详见 Nicolis, Prigogine, 1977)：

$$A \longrightarrow X, \quad (a)$$
$$2X + Y \longrightarrow 3X, \quad (b)$$
$$B + X \longrightarrow Y + D, \quad (c)$$
$$X \longrightarrow E. \quad (d) \tag{4.57}$$

初始反应物和最终产物(A,B,C,D 和 E)仍保持不变,而两种中间组分(X 和 Y)可以有随时间变化的浓度。令动力学常数等于 1,我们得到方程组:

$$\frac{dX}{dt} = A + X^2Y - BX - X, \tag{4.58}$$

$$\frac{dY}{dt} = BX - X^2Y。 \tag{4.59}$$

它们容许有下面的定态:

$$X_0 = A,\ Y_0 = \frac{B}{A}。 \tag{4.60}$$

应用正则模分析,像在洛特卡-沃尔特拉的例子中一样,我们得到方程

$$\omega^2 + (A^2 - B + 1)\omega + A^2 = 0。 \tag{4.61}$$

它应和方程 4.54 相对照。

我们立即发现,当

$$B > 1 + A^2 \tag{4.62}$$

成立时,一个根的实部变为正数。因此,和洛特卡-沃尔特拉方程所发生的情况相反,这个反应模式给出一个真正的失稳。对大于临界值的 B 值所进行的数字计算以及分析工作得出了图 4.8 所示的行为。现在得到了一个极限环,就是说 XY 空间中的任何初始点都迟早要趋于同一周期轨道。重要的是要注意这个结果的非常意外的特点。现在振荡的频率变成了系统的物理化学态的一个十分确定的函数。而在洛特卡-沃尔特拉情况,我们已经看到,频率基本上是任意的(因为它和振幅有关)。

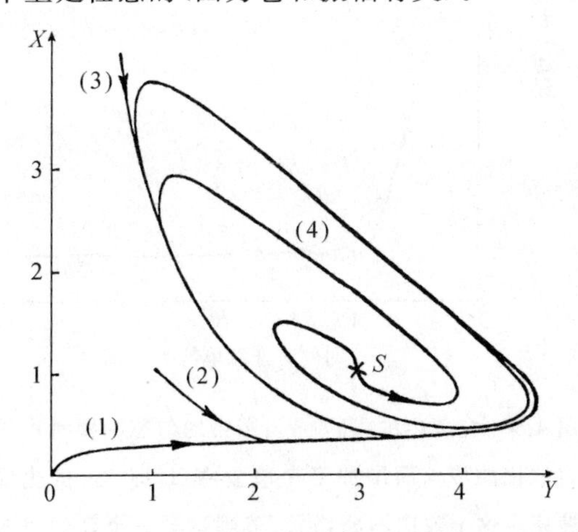

图 4.8 布鲁塞尔器的极限环行为

不同的初始条件得出同一周期性轨道。S 代表非稳的定态。

今天,已经知道了许多振荡系统的例子,尤其是在生物学系统中。而且重要的特点

在于：一旦系统的态被给定，它们的振荡频率就是确定的。这说明，这些系统已超出热力学分支的稳定性。这类化学振荡就是所谓超临界现象。分子机制导出了十分引人而又困难的问题，我们将在第 6 章再回到这个问题上来。

极限环并不是超临界行为的唯一可能的形式。假设我们考虑两个盒子（盒 1 及盒 2），它们之间有物质交换。代替方程 4.58 和 4.59，我们得到方程组

$$\begin{cases} \dfrac{\mathrm{d}X_1}{\mathrm{d}t} = A + X_1^2 Y_1 - BX_1 - X_1 + D_X(X_2 - X_1), \\ \dfrac{\mathrm{d}Y_1}{\mathrm{d}t} = BX_1 - X_1^2 Y_1 + D_Y(Y_2 - Y_1), \\ \dfrac{\mathrm{d}X_2}{\mathrm{d}t} = A + X_2^2 Y_2 - BX_2 - X_2 + D_X(X_1 - X_2), \\ \dfrac{\mathrm{d}Y_2}{\mathrm{d}t} = BX_2 - X_2^2 Y_2 + D_Y(Y_1 - Y_2). \end{cases} \tag{4.63}$$

前两个方程是对盒 1 而言的，后两个是对盒 2 而言的。数字计算表明，在超过临界值的适当条件下，X 和 Y 的相同浓度所对应的热力学态将变为不稳定的。X，Y 的浓度由下式给出（见式 4.60）：

$$X_i = A,\ Y_i = \frac{B}{A},(i = 1,2) \tag{4.64}$$

由计算机记录下来的这个行为的一个例子，示于图 4.9。

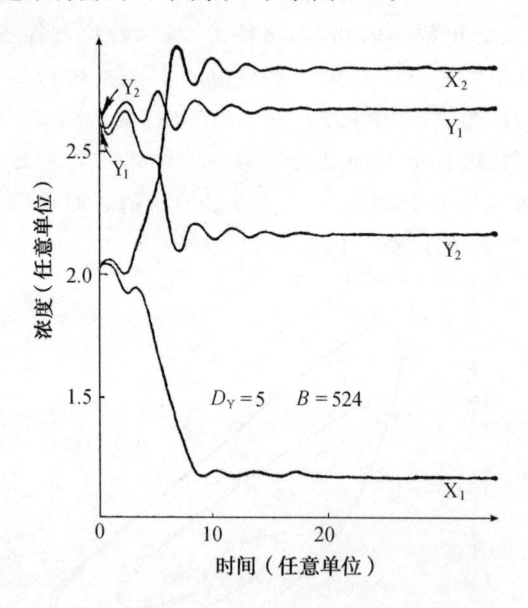

图 4.9　盒 2 中的 Y（即 Y_2）围绕均匀态的微扰由于自催化的步骤而增加了在该盒中 X（即 X_2）的生成速率。这个效应不断增长，直到达到一个新的对应于空间对称破缺的态。

这里我们得到一个对称破缺的耗散结构。如果定态 $X_1 > X_2$ 是可能的，那么相应于 $X_2 > X_1$ 的一个对称的定态当然也是可能的。在宏观方程中无法说明将形成哪个态。

小涨落不再能改变组态，注意到这一点是很重要的。对称破缺系统一旦建立，就是稳定的。我们将在第5章讨论这些重要现象的数学理论。在结束本章的时候，我们要强调指出总是和耗散结构相连的三个方面：用化学方程所表达的功能；不稳定性所产生的时空结构；以及触发这个不稳定性的涨落。这三个方面之间的相互作用

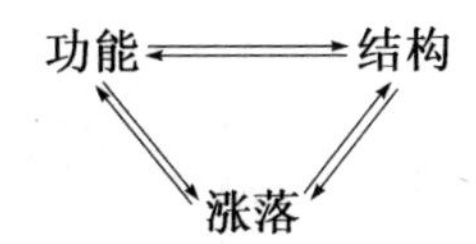

引出许多意想不到的现象，包括通过涨落达到有序，对此我们将在后面两章中加以分析。

第 5 章

自 组 织

稳定性、分支和突变

在上一章里我们已看到,随着偏离平衡态的距离的远近,热力学描述采取不同的形式。对于我们来说特别重要的事实是:在远离平衡态时,含有催化机制的化学系统可以导致耗散结构。如将表明的那样,耗散结构对于诸如这类系统的大小和形状,加在其界面上的边界条件等带全局性的特性特别敏感。所有这些特性对于会导致耗散结构的那类不稳定性有着决定性的影响。在有些情况下,外部条件的作用可能会更强,例如宏观尺度上的涨落可能导致不稳定性的新类型。

因此在远离平衡态时,化学动力学和反应系统的时空结构之间出现了意想不到的关系。虽然,决定有关动力学常数和输运系数值的那些相互作用是短程作用(如价键力、氢键、范德瓦尔斯力)。但是,除此之外,有关方程的解还依赖于全局性的特点。这种对全局特性的依赖在靠近平衡态的热力学分支上是无关紧要的,但在工作于远离平衡态条件下的化学系统中,它就变成决定性的了。例如,耗散结构的发生通常要求系统的大小超过某个临界值,而这个临界值是反应扩散过程各参数的一个复杂函数。因此我们可以说,化学不稳定性包含了长程有序性,通过这种长程有序性,系统作为一个整体起作用。

这种全局性的行为使空间和时间的含义深刻化了。几何学和物理学的许多理论都基于通常与欧几里得和伽利略连在一起的关于空间和时间的简单概念上,在这种简单概念中时间是均匀的。时间的平移变换对于物理事件可以不起任何作用。同样,空间也是均匀的,而且是各向同性的,平移和旋转变换也不改变对物理世界的描述。显然,这个空间和时间的简单概念会因耗散结构的发生而打破。耗散结构一旦形成,时间以及空间的均匀性可能就遭到破坏。我们更加接近于亚里士多德所提出的"生物学"的时空观,这我们在序言中已作了简要的叙述。

如果考虑扩散,这些问题的数学表述将涉及对于偏微分方程的研究。这时组分 X_i 的演化将由如下形式的方程组给出

$$\frac{\partial X_i}{\partial t} = v(X_1, X_2, \cdots) + D_i \frac{\partial^2 X_i}{\partial r^2}, \tag{5.1}$$

这里的第一项来自化学反应，并且通常具有简单多项式的形式（如第 4 章“化学反应中的应用”一节中那样），而第二项表示沿坐标 r 的扩散。为简化记法我们只用了一个坐标 r，而一般说来扩散是发生在三维几何空间中的。这些方程还必须附加边界条件（通常给出在边界上的浓度或流）。

能用这类反应扩散方程描述的现象，其种类之繁多实在令人吃惊。这正是为什么要把对应于热力学分支的那个解看做是“基本解”的原因。其他的解可以由逐级的不稳定性求得，这些逐级的不稳定性是在离平衡态的距离增加的时候发生的。不稳定性的这些类型可以用所谓*分支理论*的方法来研究（Nicolis，Prigogine，1977）。从原则上说，很简单，所谓“分支”就是方程对于某个临界值出现了新的解。例如，假设我们有一个化学反应，对应于如下的速率方程（McNeil，Walls，1974）：

$$\frac{dX}{dt} = \alpha X(X - R)。 \tag{5.2}$$

很清楚，对于 $R<0$，唯一与时间无关的解是 $X=0$。在点$R=0$处，我们有一个新的分支，出现一个新解即 $X=R$（参见图5.1），并且用第 4 章“化学反应中的应用”一节所讲解的线性稳定性的方法可以证明，解 $X=0$ 将变得不稳定，而解$X=R$将是稳定的。通常，在增加某特征参数 p（如布鲁塞尔器模式中的 B）的值时，我们得到逐级分支。在图 5.2 中，对于值 p_1 我们有一个解，而对于值 p_2 有多重解。

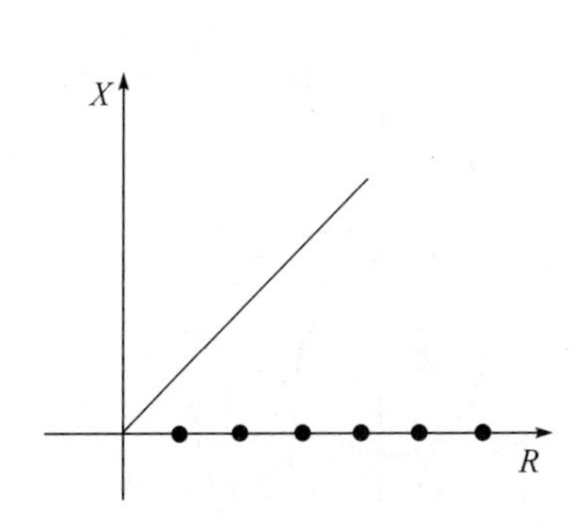

图 5.1　方程 5.2 的分支图

粗实线和点分别表示稳定分支和不稳定分支。

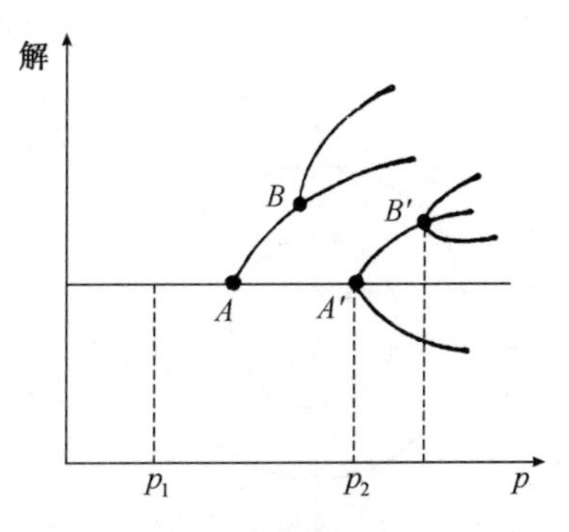

图 5.2　逐级分支

A 和 A' 代表来自热力学分支的一级分支点。B 和 B' 代表二级分支点。

有趣的是，在某种意义上说，分支把*历史*引入到物理学及化学中来，而“历史”这个要素过去似乎只是留给研究生物、社会以及文化现象的学科用的。考虑图 5.2 的分支图所代表的系统，假设由观察所知，该系统处在 C 态，而且是通过 p 值的增加到达这里的，那么对这个 C 态的解释就暗含了对于该系统先前历史的了解，即该系统一定通过了分支点 A 和 B。

对于具有分支的系统的任何描述都同时含有决定论的和概率论的两种因素。系统在两个分支点之间遵守诸如化学动力学定律之类的决定论规律；但在分支点的邻域内，则涨落起着根本的作用，并且决定系统将要遵循的“分支”。对此我们将在第 6 章作详细探讨。分支的数学理论通常是非常复杂的，它常包含十分枯燥的展开式。但也有一些情况，可以使用精确的解。这种系统的一个非常简单的情况是由托姆(René Thom，1975)的突变理论给出的。当在方程5.1中忽略扩散的时候，以及当这些方程是从势函数中导出的时候，可以应用这个突变理论。就是说，方程取如下形式：

$$\frac{\mathrm{d}X_i}{\mathrm{d}t}=-\frac{\partial V}{\partial X_i},\tag{5.3}$$

其中V是一种“势函数”。这是一种很例外的情况。但是只要能满足这个理论的条件，就可以通过寻找使定态的稳定性发生变化的那些点来对方程5.3的解进行一般的分类。托姆把这些点称为“突变的系综”。

稍后，我们将在本章“分支的可解模型”一节中叙述另一类型可以使用精确的分支理论的系统。

最后，在自组织理论中起重要作用的另一个一般的概念是结构稳定性的概念。作为一个简单说明，我们考查和所谓“捕获物-捕获者竞争”相应的洛特卡-沃尔特拉方程的一个简化形式：

$$\frac{\mathrm{d}x}{\mathrm{d}t}=by,\ \frac{\mathrm{d}y}{\mathrm{d}t}=-bx。\tag{5.4}$$

在(x,y)相空间中我们有一个由无穷个闭合轨道所组成的集合包围着原点(图5.3)。现在我们把方程5.4的解和方程

$$\begin{aligned}\frac{\mathrm{d}x}{\mathrm{d}t}&=by+ax,\\ \frac{\mathrm{d}y}{\mathrm{d}t}&=-bx+ay\end{aligned}\tag{5.5}$$

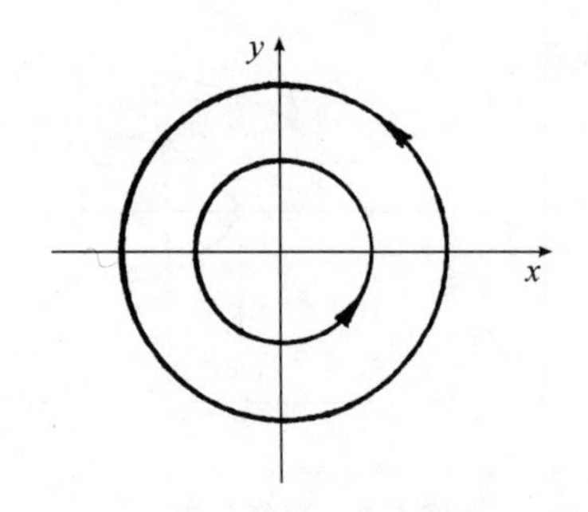

图5.3 方程5.4的轨道

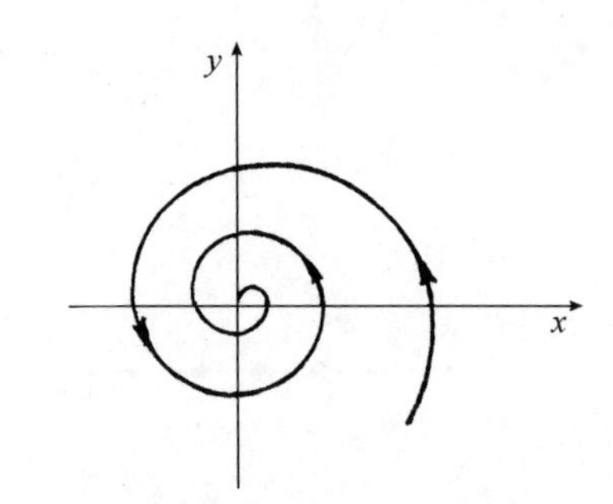

图5.4 方程5.5的轨道

的解对比一下，在后一种情况，甚至对于参数$a(a<0)$的最小值，点$x=0,y=0$，也是渐近稳定的。该点作为相空间中所有轨道收敛的端点，如图5.4所示。按定义，方程5.4叫做对“涨落”是“结构不稳定”的。这个涨落略为改变了x和y之间相互作用的机制，引入了类似出现在方程5.5中的项(不过这些项很小)。

这个例子似乎有点人为的性质，但是用它可以考虑某种聚合过程的化学反应模式，其中聚合物是由泵入系统的分子A和B组成的。假设该聚合物有如下的分子构型：

A B A B A B …

假设产生这种聚合物的反应是自催化的，那么如果发生了错误，并出现了如下的变态聚合物

A B A A B B A B A …

则由于修改了自催化机制,这种变态聚合物就可能在系统中增殖。艾根(Manfred Eigen)提出了包括这种特性的有益的模型,并且证明了在理想情况下,对于聚合物复制时所发生的错误,系统将向着最佳稳定性进化(Eigen, Winkler, 1975)。他的模型基于"交叉催化"的思想。核苷酸产生蛋白质,蛋白质又反过来产生核苷酸。

核苷酸 ⇄ 蛋白质

这种导致生成反应的环状网络被称做*超环*。当这样的网络彼此竞争时,它们显示出通过变异和复制向更大的复杂性进化的能力。艾根和舒斯特在最近的工作中(Eigen, Schuster, 1978)提出了与原始复制和翻译装置的分子组织作用有关的"现实性超环"模型。

结构稳定性的概念看来是用最紧凑的方法表达了*创新的思想*,显示系统出现了原来没有的新机制和新物种。我们将在本章关于生态学的一节中给出一些这方面的简单例子。

分支:布鲁塞尔器

我们已在第 4 章中介绍过这个模型。它的重要性来自这样的事实:它给出各种各样的解(如极限环、非均匀定态、化学波),这些解正具有我们在离平衡足够远的现实世界的系统中所观察到的类型。如果包括扩散,布鲁塞尔器的反应扩散方程取如下形式(见式 4.58 和 4.59,详见 Nicolis, Prigogine, 1977):

$$\begin{aligned}\frac{\partial X}{\partial t} &= A + X^2Y - BX - X + D_X\frac{\partial^2 X}{\partial r^2},\\ \frac{\partial Y}{\partial t} &= BX - X^2Y + D_Y\frac{\partial^2 Y}{\partial r^2}。\end{aligned} \tag{5.6}$$

假如给出边界上的浓度值,然后我们寻找下面形式的解(见式 4.60):

$$\begin{aligned}X &= A + X_0(t)\sin\frac{n\pi r}{L},\\ Y &= \frac{B}{A} + Y_0(t)\sin\frac{n\pi r}{L},\end{aligned} \tag{5.7}$$

其中 n 为整数,且 X_0,Y_0 仍和时间有关。这些解满足边界条件:对于 $r=0$ 和 $r=L$,有 $X=A$,$Y=B/A$。于是我们可以应用线性稳定性分析并得到色散方程,它把 ω 和由式 5.7 中整数 n 所给出的空间相关性关联起来。

结果如下:不稳定性可以用不同的方式出现。两个色散方程可以有两个共轭的复根,并且在某点,这些根的实部为零。这就是引起第 4 章中所研究的极限环的情况,在文献中常称做*霍普夫分支*(Hopf, 1942)。第二种可能性是,我们得到两个实根,其中之一在某临界点处变为正的。这就是引起空间非均匀定态的情况,我们可以称之为*图林分支*,因为是图林第一个在他关于形态发生学的经典论文中(Turing, 1952)注意到这种化学动力学里的分支的可能性。

现象的多样性甚至还要大些,因为极限环还可以是与空间有关的,那样就会引起化学波。图 5.5 中画出了和图林分支对应的化学非均匀定态,而在图 5.6 中示出了化学波

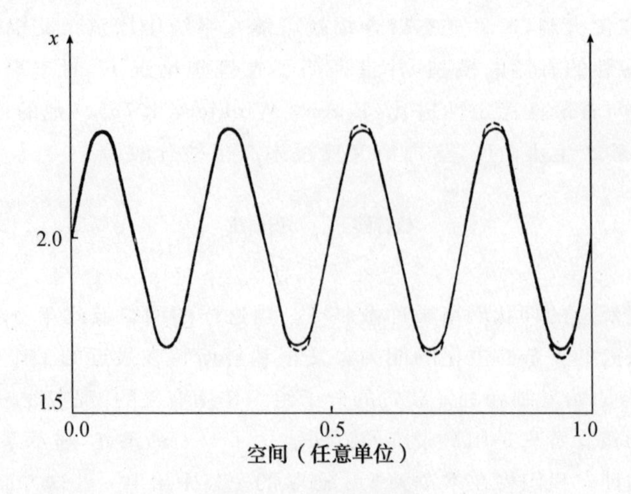

图 5.5　定态耗散结构

实线为计算的结果，虚线为计算机模拟的结果，其参数为：

$D_x=1.6\times10^{-3}$，$D_y=8\times10^{-3}$，$A=2$，$B=4.17$。

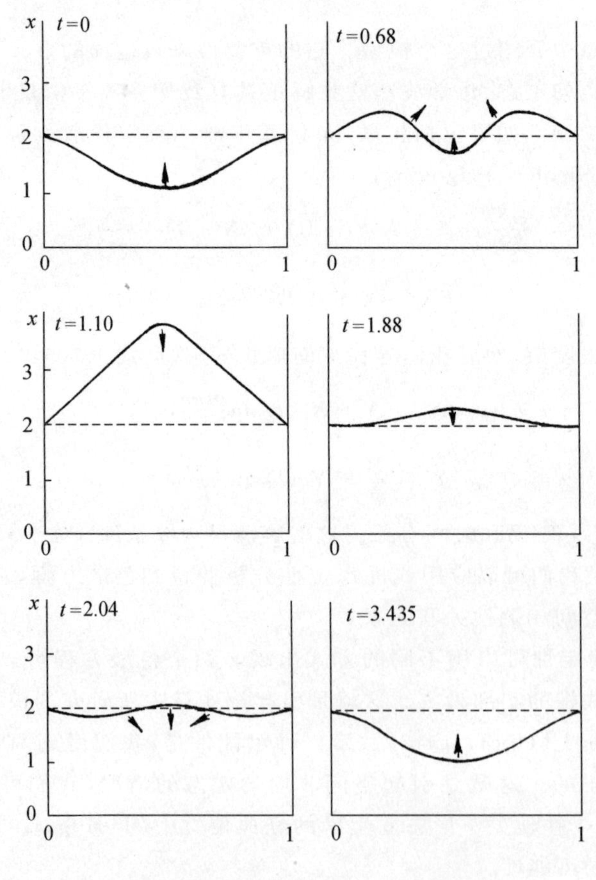

图 5.6　计算机模拟的一个化学波

其参数为：$D_x=8\times10^{-3}$，$D_y=4\times10^{-3}$，$A=2$，$B=5.45$。

的模拟情况。这些相干现象中究竟哪一个能够实现，要取决于扩散系数 D 的值，或者说得更好一点，取决于比值 D/L^2。当这个参数变成零时，我们得到极限环，即"化学钟"，而非均匀定态只能出现在 D/L^2 足够大的时候。

局部化的结构也可以从这个反应的模式得出，只要我们把初始物质 A 和 B（见方程 4.57）通过系统而扩散考虑在内。

当然，如果考虑二维或三维的情况，耗散结构的丰富程度还会极大地增长。例如在至今所讨论的均匀系统中，我们还会看到极性的出现。图 5.7 和图 5.8 示出在具有不同扩散系数值的二维圆系统中的第一分支。在图 5.7 中，浓度保持径向的各向同性。而在图 5.8 中我们看到出现了所谓的优惠增益(Privileged access)。这对于形态学的应用是很有趣的。在那里，第一阶段中的一步对应着在原来处于球对称态的系统中出现了梯度。

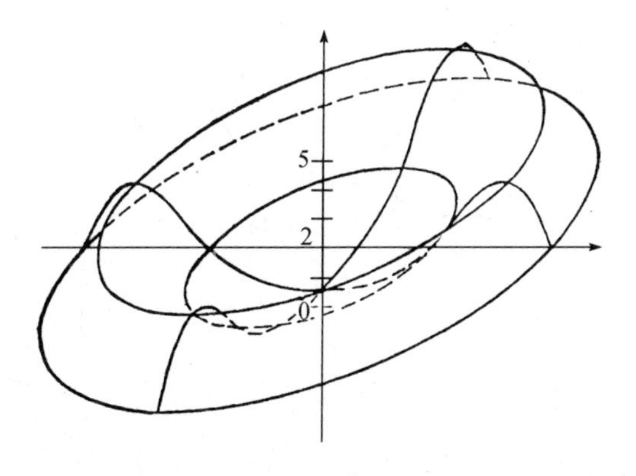

图 5.7　圆柱形对称的二维定态耗散结构(由计算机模拟得出)

其参数为：$D_x=1.6\times10^{-3}$，$D_y=5\times^{-3}$，

$A=2$，$B=4.6$，圆半径 $R=0.2$。

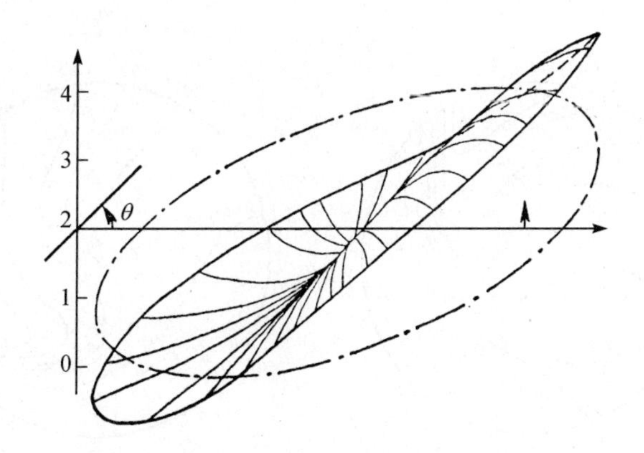

图 5.8　二维极化定态耗散结构(由计算机模拟得出)

其参数为：$D_x=3.25\times10^{-3}$，$D_y=1.62\times10^{-2}$，

$A=2$，$B=4.6$，$R=0.1$。

逐级分支可能也是有趣的，例如图5.9所示。在 B_0 之前我们有热力学分支，而在 B_0 处开始了极限环行为。热力学分支仍是不稳定的，不过在 B_1 点分支为两个新解，它们也是不稳定的，但在点 B_{1a}^*，B_{1b}^* 变为稳定的。这两个新解对应于化学波。

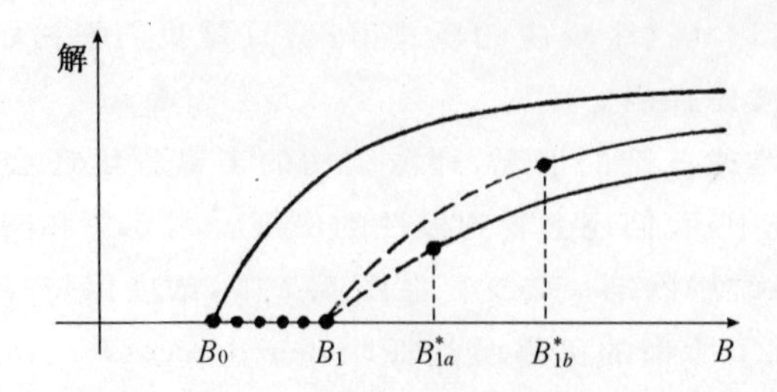

图 5.9　引出各种类型波行为的逐级分支

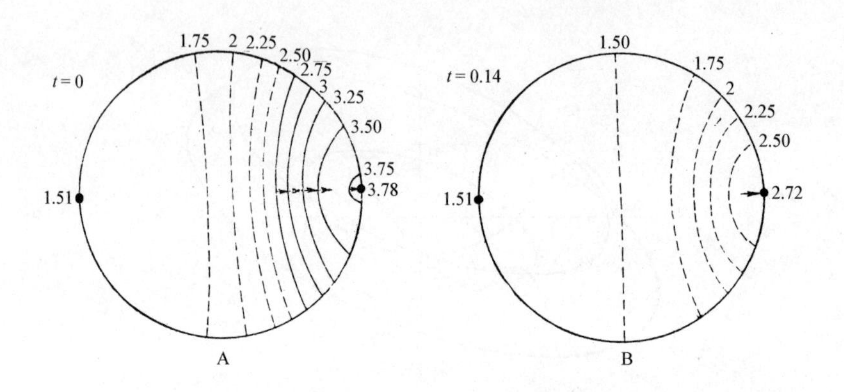

图 5.10　三分子模型中 X 的等浓度曲线

在半径 $R=0.5861$ 的圆内，满足零流的边界条件。实线和虚线分别代表浓度大于或小于(不稳的)定态值 $X_0=2$，$A=2$，$D_1=8\times10^{-3}$，$D_2=4\times10^{-3}$，$B=5.4$。A 和 B 描述周期解的不同阶段上的浓度花纹。

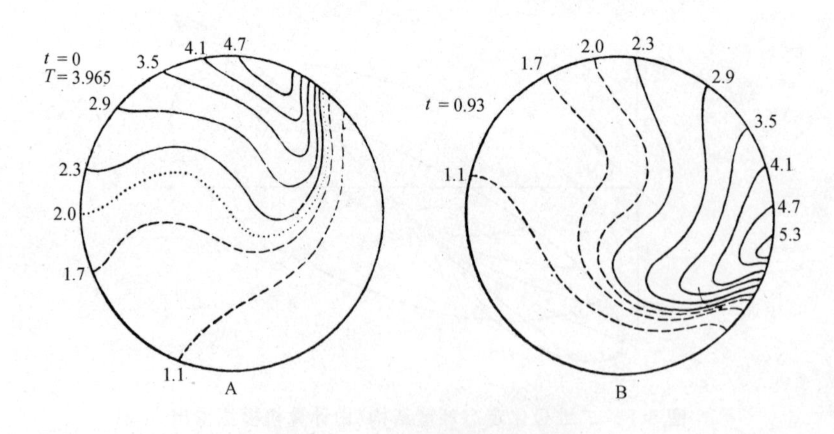

图 5.11　三分子模型的旋转解

条件与图 5.10 相同，但有更大的分支超临界值，即参数 $B=5.8$。

一种类型的波是有一个对称面的波(图 5.10),而另一种类型则对应于旋转波(图 5.11)。特别值得指出的是,这种情况确实已在化学反应的实验中被观察到了(见本章"化学和生物学中的相干结构"一节)。

分支的可解模型

在一个分支之后出现非均匀稳定解的现象是如此出人意料,以至很值得花时间在严格的可解模型中去检验它们的形成(Lefever, Herschkowitz-Kaufman, Turner, 1977)。现在我们考虑一个由如下反应模式描述的化学系统:

$$\begin{aligned}\frac{\partial X}{\partial t} &= v(X,Y) + D_X \frac{\partial^2 X}{\partial z^2},\\ \frac{\partial Y}{\partial t} &= - v(X,Y) + D_Y \frac{\partial^2 Y}{\partial z^2}.\end{aligned} \tag{5.8}$$

作为例子,我们可以考虑

$$v(X,Y) = X^2 Y - BX。 \tag{5.9}$$

这是布鲁塞尔器的简化形式,其中式 4.57 里的反应 A→X 被略去了。这样的描述出现在涉及膜上酶反应的耗散结构理论中,在膜上,组分 X 的存在是由扩散保证的,而不是通过"源"A 保证的。我们还利用固定的边界条件

$$\begin{aligned}X(0) &= X(L) = \xi,\\ Y(0) &= Y(L) = B/\xi。\end{aligned} \tag{5.10}$$

这种反应模式的特别简化的特点是存在着一个"守恒量",这一点可以通过式 5.8 中两个方程的相加而看出。消去其中的一个变量并积分后,我们得到在定态有效的方程

$$\left(\frac{\mathrm{d}\omega}{\mathrm{d}r}\right)^2 = K - \Phi(\omega), \tag{5.11}$$

这里 K 是积分常数,且

$$\omega = x - \xi, \tag{5.12}$$

$\Phi(\omega)$是 ω 的某个多项式。这里对它的确切形式不感兴趣,只注意对于 $\omega=0$,有 $\Phi(\omega)=0$。十分有趣的是,把这个公式和在方程 2.1 或 2.2 中的哈密顿量比较一下,在这里我们把它写成

$$\frac{m}{2}\left(\frac{\mathrm{d}q}{\mathrm{d}t}\right)^2 = H - V(q)。 \tag{5.13}$$

我们看到,为了从式 5.13 中的哈密顿量变到方程 5.11,我们必须用浓度代替坐标 q,而用坐标 r 代替时间。还要注意,在系统的边界处,$\omega=0$。

现在让我们考虑两种情况,分别表示在图 5.12 和图5.13中。如果我们处于图 5.12 的情况,这时对于 $\omega=0$,$\Phi(\omega)$有最大值,只有热力学分支可能稳定。假设我们从$\omega=0$开始向右,$\Phi(\omega)$变为负的,这意味着按照方程 5.11,梯度$(\mathrm{d}\omega/\mathrm{d}r)^2$ 将随离开边界距离的增大而稳定增加。因此我们可以满足第二边界条件。

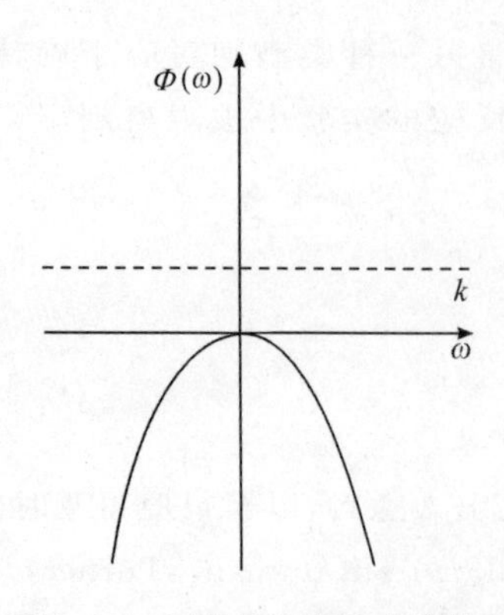

图 5.12　相应于没有分支的情况

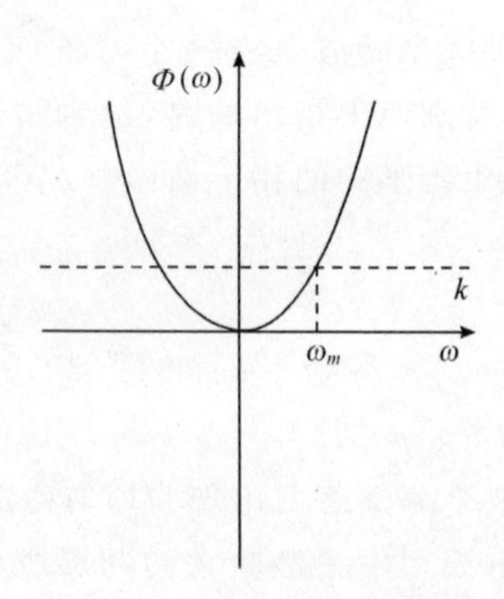

图 5.13　相应于分支的情况

当我们考虑对于 $\omega=0$，$\Phi(\omega)$有最小值的时候，情况就完全变了。这时我们比方说向右走，就可以一直走到和水平线 k 的交点。在这个点 ω_m 处，梯度 $\mathrm{d}\omega/\mathrm{d}r$ 将为零，因此我们可以用返回到原点$\omega=0$的方法达到第二边界。这样我们就得到带有单极值的分支解。

显然，其他的更为复杂的解可以用同样的方法建立。我相信，这样就以最简单的方式为我们提供了有效地建立反应扩散系统分支解的办法。有趣的是，经典摆问题中的时间周期性引出了分支解的空间周期性。

如果选择反应空间的特征长度 L 作为分支参数，就会看到在非线性系统的与时间无关但在空间是非均匀的解同时间周期解之间有着更为引人的类似。结果是，如果 L 足够小，那么对于自然边界条件，只有空间均匀态存在，而且是稳定的。但是在临界值 L_{c1} 以上，就会出现图 5.8 所示的那种稳定的单调梯度，并且一直维持到达到第二临界值 L'_{c1}，于是，这种花样便消失了(Babloyantz，Hiernaux，1975)。对于空间自组织来说，这个有限长度的存在将和一个有限频率的出现相对照，这个有限频率的出现伴随着如极限环这样的时间周期解的分支(参见刚讨论过的可解模型)。如果 L 进一步增加，在某个 L_{c2} 处($L_{c2}>L_{c1}$，但有可能 $<L'_{c1}$)，将得到第二花样，它给出一个非单调的浓度剖面。进一步增长还会出现更复杂的浓度花样。它们的相对稳定性将依赖于第二级和更高级分支的发生。

在这个图景中，生长过程和形态学相联系的事实，使人想起早期胚胎发育中形态生成的某些方面。例如繁殖力很强的果蝇(Drosophila)，在其蛹的早期发育阶段，“成虫盘”一边生长，一边分到由非常尖锐的边界所分开的小间隔中。这个问题最近由考夫曼及其同事(Kauffman，Shymko，Trabert，1978)用如上所述的在更高长度上多次出现分支的方法进行了分析。

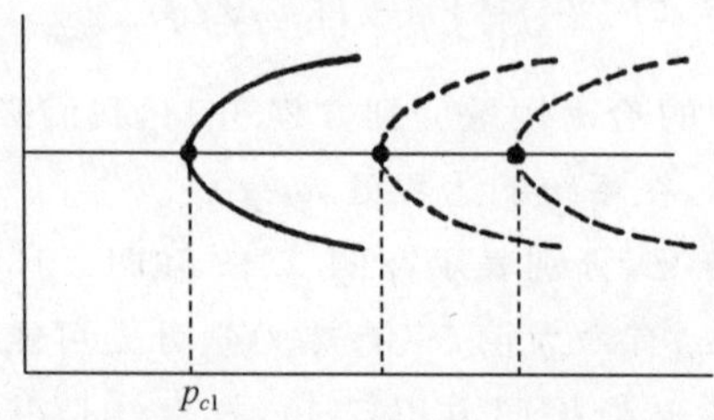

图 5.14　从热力学分支得到的逐次初级分支

实线表示稳定分支；虚线表示不稳定分支。

由于存在着第二分支参数 L,加上在大多数系统中还存在着动力学分支参数 p(图 5.2)或 B(图 5.9),这就使我们能够对空间非均匀耗散结构进行某种系统的(尽管是初步的)分类。如图 5.14,分支现象是以单参数描述的,只示出了初级分支后的那些分支。在分支点附近,它们的行为是已经知道的。具体地说,第一分支是稳定的(如果是超临界的,即如果它在 $p>p_{c1}$ 时出现的话)。其他分支则是不稳定的。更高的分支未示出,因为它们通常在离分支点的有限距离上出现。

如果在 p 和 L 两者的空间中跟踪分支,情况就改变了。对于 p 与 L 的一定组合,可能会在线性化算符的倍本征值处出现简并分支,从而分支合并在一起。相反,如果 p 和 L 对这种简并状态稍有变化,就能把分支劈开,并可能产生第二级和更高级的分支(Golubitsky, Schaeffer, 1979)。问题在于,所有这些可能性都可以进行完全的分类,只要它们仍然靠近简并分支。这种情况开始像突变理论了,虽然一般地说还没有研究从势函数导出的系统。

化学和生物学中的相干结构

1958 年,贝洛索夫(Belousov)提出了一个振荡化学反应的报告,这个反应就是在四价铈-三价铈离子对的催化下,溴酸钾氧化柠檬酸。扎鲍廷斯基(Zhabotinski)继续了这一研究(Noyes, Field, 1974; Nicolis, Prigogine, 1977)。通常,贝洛索夫-扎鲍廷斯基反应需要一个在 25℃左右的反应混合物,由溴酸钾、丙二酸或溴丙二酸,以及溶于柠檬酸的硫酸铈(或硫酸铈的某种等效化合物)所组成。这个反应被许多人从实验上和理论上进行了研究。它在实验研究方面所起的作用正和布鲁塞尔器在理论研究方面所起的作用相同。随着条件的改变,各种现象已在很宽的范围内被研究过。例如,观察过均匀混合物中周期的数量级为分钟的振荡现象,还观察过类似波的活性。这个反应的机制,在很大程度上已由诺伊斯及其同事解释清楚(Noyes, Field, 1974)。令

$$\begin{aligned} X &= [HBrO_2], \\ Y &= [Br^-], \\ Z &= 2[Ce^{4+}] \end{aligned} \tag{5.14}$$

是三种关键物质的浓度,而且我们设

$$\begin{aligned} A = B &= [BrO_3^-], \\ P, Q &= \text{废产物的浓度。} \end{aligned} \tag{5.15}$$

那么,诺伊斯机制可以用下列步骤表达:

$$\begin{cases} A + Y \xrightarrow{k_1} X, \\ X + Y \xrightarrow{k_2} P, \\ B + X \xrightarrow{k_{3,4}} 2X + Z, \\ 2X \xrightarrow{k_5} Q, \\ Z \xrightarrow{k_6} fY。 \end{cases} \tag{5.16}$$

这通常称为俄勒冈器(Oregonator)[①]。重要的是,这里存在着交叉催化,比如Y产生X,X产生Z,Z又反过来产生Y,就像在布鲁塞尔器中的情形一样。

许多具有同样类型的其他振荡反应也被研究过了。一个较早的例子是过氧化氢在碘酸-碘氧化偶(即IO_3^--I_2)的催化下的分解(Bray,1921;Sharma,Noyes,1976)。最近,布里格斯和劳舍尔(Briggs,Rausher,1973)报告了包括过氧化氢、丙二酸、碘酸钾(KIO_3)、硫酸锰($MnSO_4$)和高氯酸($HClO_4$)反应的振荡现象,可以看做是贝洛索夫-扎鲍廷斯基和布雷(Bray)反应物的一种"混合"。帕考特(Pacault)及其同事在开放系统的条件下,对这个反应进行了系统的研究(Pacault,de Kepper,Hanusse,1975)。最后,克罗斯(Körös 1978)报告了简单芳香族化合物的一个完整系列(苯、苯胺及其衍生物)和酸性溴酸盐反应,能够在没有金属离子(如铈离子或锰离子)的催化作用的情况下产生振荡现象。而金属离子的催化作用,大家知道,在贝洛索夫-扎鲍廷斯基反应中起着重要作用。虽然在无机化学的领域内振荡反应是极罕见的,但是在生物学有组织作用的各种水平上,从分子水平直到超细胞水平,都已观察到振荡现象。

在最重要的振荡现象里,有一些是代谢振荡,它们和酶的活性有关,它们的振荡周期为分钟的数量级。还有一些是所谓胚胎渐成振荡器(epigenetic osillator),有着数量级为小时的振荡周期。人们了解得最多的代谢振荡的例子是糖酵解循环,它是对于活细胞的力能学最为重要的现象(Goldbeter,Caplan,1976)。这个循环包括一个分子葡萄糖的降解,以及借助一个线性系列的酶催化反应而形成两个分子ATP(三磷酸腺甙)总产量的过程,是酶的活性中的合作效应引起了对振荡反应的催化效应。值得注意的是,在一定的酵解底物注入速率下,链中的一切代谢物浓度都观察到有振荡现象。更值得注意的是,所有酵解的中间产物都以同样的周期但不同的位相进行振荡。酶在反应中的作用有点和光学实验中的尼科耳棱镜一样。它们引起化学振荡中的相移。化学反应的振荡景象在酵解循环中尤为惊人,因为可以从实验上追寻振荡的周期和位相方面各种因素的影响。

胚胎渐成类型的振荡反应也是众所周知的。它们是在细胞水平上的调节过程的结果,蛋白质通常是稳定分子,而催化反应是非常快的过程。一个细胞里蛋白质的水平趋于过高的情况并非是不寻常的。于是,有机体使用某些物质来抑制大分子的合成,这种反馈就引起振荡。这种现象已被仔细地研究过,例如大肠杆菌中乳糖操纵子的调节作用。还可以援引许多其他例子,比如黏菌中的群集过程,含有膜边界处的酶的反应等等。感兴趣的读者可参看有关文献(请查Nicolis,Prigogine,1977)。

看来,几乎所有的生物活动都包括某些机制,这些机制表明生命中含有超出热力学分支稳定性阈值的、远离平衡态的条件。因此,它诱使人们猜想,生命的起源可能和逐级不稳定性有关,这和引起相干性不断增加的物态的逐级分支有些类似。

---

① 因诺伊斯等是在美国俄勒冈(Oregon)大学研究此问题而得名。——译者注。

贝洛索夫-扎鲍廷斯基反应：化学卷曲波

当贝洛索夫-扎鲍廷斯基反应物被放在浅盘中时，显现出螺旋状的化学波。该波可以自发地出现，也可用使其表面与热灯丝接触的方法启动，如上面照片中的那样。其中那个小圆圈是该反应所演化出的二氧化碳的泡。

这组连续照片依次在第一张照片拍摄后的 0.5，1.0，1.5.3.5，4.5，5.5，6.5 和 8.0 秒时拍摄。

生 态 学

现在让我们讨论稳定性理论可应用于结构稳定性的一些方面（Prigogine，Herman，Allen，1977）。我们考虑一个简单的例子。群体 X 在给定培养基中的生长通常可用下式表达：

$$\frac{\mathrm{d}X}{\mathrm{d}t}=KX(N-X)-dX, \tag{5.17}$$

其中 K 和出生率有关，d 和死亡率有关，N 是供养该群体的环境容量的量度。方程5.17的解可以借助于图 5.15 中的逻辑曲线（logistic curve）来表示。

这个进化完全是决定论的。即当环境被饱和时，群体就停止增长。但是在该模型所不能控制的事件发生后，也可能在同一环境中出现新的物种（具有另外的生态参数 K，N 和 d），它们起初数量很少。这是一种生态涨落，它引起结构稳定性的问题：这个新的物种或者

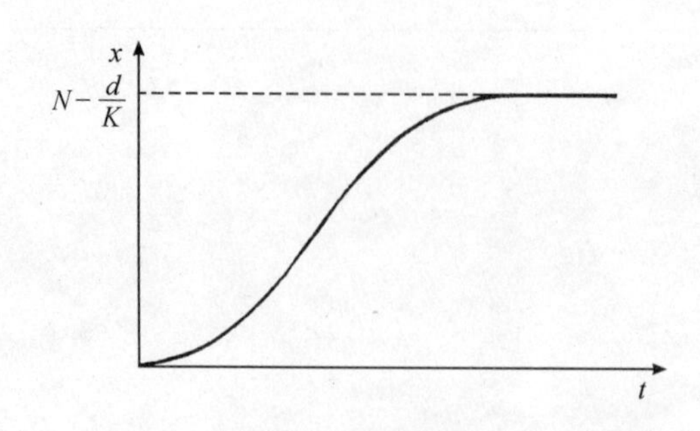

图 5.15　逻辑曲线

可能消失，或者可能取代原来的物种。利用线性稳定性的分析很容易证明，仅当满足

$$N_2 - \frac{d_2}{K_2} > N_1 - \frac{d_1}{K_1} \tag{5.18}$$

时，新物种才能取代原来的物种。假定物种对所谓生态小生境的占据取如图 5.16 所示的形式。

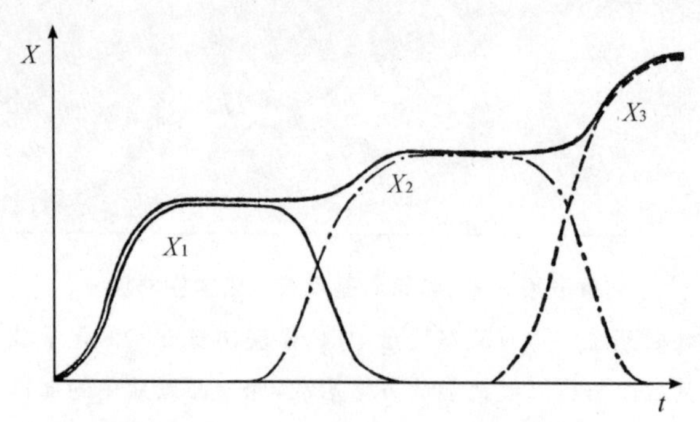

图 5.16　生态小生境被后继物种占据

这个模型定量地描述了“适者生存”原理在开发某个给定的生态小生境问题中的意义。

考虑到群体为其生存下来而使用的各种可能的策略，就可以引入各种各样的这类模型。例如，我们可以区分食用多品种食物的物种（所谓“多面手”）以及其他的食物范围很窄的物种（所谓“专门家”）。我们也可以考虑这样的事实，即某些群体固定其群集的一部分用于“非生产性”职能，例如“士兵”。这和昆虫的群居多态性密切相关。

还可以把结构稳定性和通过涨落达到有序的概念用于更复杂的问题中，而且甚至可以用来极为粗略地研究人类的进化。作为一个例子，我们从这种观点考虑都市进化的问题（Allen，1977）。用逻辑方程 5.17 来说，都市区域的特点在于它的容量 N 随着经济职能的增加而增加。令 S_i^k 表示在点 i（比如说“城市”是 i）的第 k 种经济职能。于是我们得到取代式 5.17 的如下形式方程：

$$\frac{dX_i}{dt} = KX_i\left(N + \sum_k R^k S_i^k - X_i\right) - dX_i, \tag{5.19}$$

其中 R^k 是比例系数。不过，S_i^k 本身伴随人口 X_i 的增长是以复杂的方式进行的：它起着自催化作用，但这个自催化的速率取决于在点 i 对于职能 S_i^k 所提供的产品 k 的需求量

（来自某个区域的需求量受到随着对 i 的距离而增加的运输费用的限制），以及和位于另一点的对手单位的竞争。

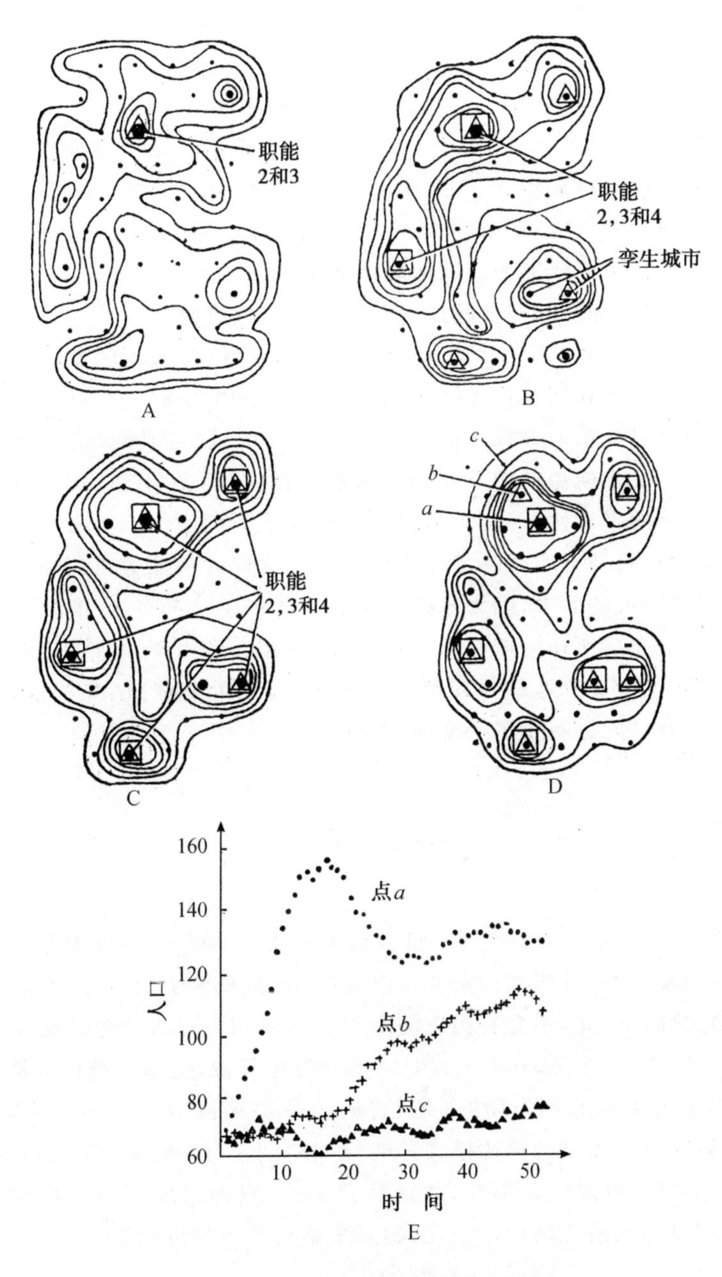

图 5.17 都市化的一种可能的“历史”

在这个地区上，最初具有均匀的人口。把这个地区分为 50 个小区域，组成一个网络。在每个网点上可以看到四种经济职能，在一个随机的时间序列中，各种各样的企图一个接着一个地发生。

A 在时间 $t=4$ 时，50 个点的格阵上的人口分布。在 $t=0$ 时，每个点的人口是 67。

B 在 $t=12$ 时，正在出现基本的都市结构，该地区具有 5 个人口迅速增长的中心。

C 到了 $t=20$ 时，都市结构已经巩固，并且最大的中心显示了在市郊住宅区出现的“都市延伸”。

D 在 $t=34$ 时，都市中心增长缓慢，而在都市之间的地带出现“平均值以上的增长”，其结果是削弱都市化。

E 在图 D 中标明的点 a，b 和 c 上，人口在整个模拟过程中的增长。

在这个模型中，一个经济职能的出现可以比作一个涨落。这个经济职能的出现将通过开创就业机会从而使人口集中于一点的方法打破人口分布的初始均匀性。为了维持下去，就业机会将使相邻一些点的要求枯竭。当介入已经都市化了的区域时，它们可能会被类似的然而发展得更好或更为合适的经济职能的竞争所挤垮；它们也可能在共存中发展；或者以这些经济职能中的一种或另一种的毁灭为代价而发展。

图 5.17 说明了初始均匀区域都市化的一种可能的历史，在该区域中，可以在 50 个地点的网络中的每个点上找到四种经济职能的发展，各种尝试在一个随机的暂时序列中彼此追逐。最终结果以复杂的方式依赖于决定论的经济法则和随机的涨落演替之间的相互作用。任何一个特殊模拟的细节都和该区域的精确“历史”有关，因此我们只粗略地考虑结构形成的一定的平均性质。例如，对于虽经历了不同历史但具有同样参数值的系统来说，大中心的数目以及平均间隔是近似相同的。这样的模型可以用来估计较长时期的有关运输、投资等决策的后果，因为这些活动经历了该系统的各个相互作用环节，而且发生了不同经理人员先后所作的调整。一般地说，我们看到由于系统的许多经营者所起的作用（选择），由于至少部分地具有评价这些作用（有用的职能）的互相依赖的判据，这样的模型为理解“结构”问题提供了一个新的基础。

结　语

上节中所研究的几个例子已经把我们引到了距离经典力学和量子力学简单系统相当远的地方。我们应注意，结构的稳定性是没有限制的，只要引入合适的扰动，任何系统都可以呈现不稳定性。因此，不会有历史的终点。马格列夫在其出色的讨论中指出了所谓“自然世界的巴罗克”[①]（Margalef，1976）。他的意思是说，生态系统所包括的物种比单纯把生物学效能作为组织原则时所“必须”有的物种要多得多。这个自然界的“超创造力”当然出自我们这里所提出的描述模式，“变异”和“创新”随机地发生，而且被瞬间奏效的决定论关系归集到系统之中。因此，在这种看法下，我们得到“新类型”和“新思想”的不断产生，它们可以纳入系统结构中去，引起系统结构的不断进化。

---

① 巴罗克（Baroque）指建筑或艺术上的一种风格，其特点是过于雕琢和怪诞。——译者注。

第 6 章

非平衡涨落

大数定律的破缺

量子力学引起如此巨大兴趣的一个理由是在微观世界的描述中引进了概率的因素。如我们在第 3 章中所看到的，量子力学中的物理量是采用非对易算符来表示的。这就导致著名的海森伯测不准关系。很多人已经看到，这些关系证明了在量子力学所适用的微观水平上，决定论是不成立的。这是一个还需要作某些阐明的说法。

像我们在第 3 章的"量子力学中的时间变化"一节中强调的那样，量子力学的基本方程——薛定谔方程和经典运动方程一样是决定论的。在海森伯测不准关系有效的意义下，并不存在涉及时间和能量的不确定关系。一旦知道波函数在初始时刻的值，按照量子力学，我们能够计算出它在一切时刻(不论是过去或将来时刻)的值。然而量子力学在微观世界的描述中，的确引进了基本的概率要素。不过宏观的热力学描述通常只处理平均值，量子力学所引进的概率因素并不起作用。因此，特别有兴趣的是：在与测不准关系无关的宏观系统中，涨落和概率起着本质性的作用。这一情形可以期望在分支点附近得到，在那里，系统必须选取可能出现分支中的一支，这就是我们在这一章中将要较详细分析的统计因素。我们想要指出：在分支点附近实质上是处理大数定律的破缺(关于概率论的介绍见 Feller，1957)。

在宏观物理学中，涨落一般起着较小的作用，因为当系统充分大时，它们作为可以忽略的小的修正而出现。然而在分支点附近，它们起着实质性的作用，因为在那里是涨落驱动平均值。这正是我们在第 4 章引进通过涨落达到有序的观念的意义。

有趣的是它导致化学动力学的未曾预料到的方面。化学动力学是一个有将近一百年历史的领域，通常是用我们在第 4、第 5 章研究过的速率方程来陈述。它们的物理解释是十分简单的：热运动导致粒子间的碰撞，多数粒子是弹性的，即它们改变平移动能(如果考察多原子分子，还有旋转能和振动能)而不影响电子结构。然而这些碰撞的一部分是活性的，而且产生新的化学种类。

在这个物理图像的基础上，人们可能期望在X分子与Y分子之间的碰撞总数将正比于它们的浓度，并且非弹性碰撞数也是这样。自从这个观念形成以来，它一直统治着整个化学动力学的发展。然而，在随机发生碰撞的图像中出现的如此混乱的状态，为什么还能产生协调的结构呢？自然，某些新特征必须考虑，这个特征就是，反应粒子的分布在接近不稳定时不再具有随机性。这个新特征直到最近才被包括在化学动力学之中，不过可以期望在最近几年中将有更大的进展。

在我们谈论大数定律破缺之前，先简单地解释一下这个定律。为此我们考察一下泊松分布，它是在很多科技领域中具有巨大重要性的一个典型的概率分布。我们考察取整数值的变量 X，$X=0,1,2,\cdots$。当 X 遵从泊松分布时，X 的概率由

$$\mathrm{pr}(X) = \mathrm{e}^{-\langle X\rangle} \frac{\langle X\rangle^X}{X!} \tag{6.1}$$

给出。这个规律在很多情形中是成立的，例如电话呼叫的分布，餐馆等待时间的分布，在给定浓度的媒质中粒子涨落的分布。在式6.1中，$\langle X\rangle$ 表示 X 的平均值。

泊松分布的一个重要特征是分布中仅含一个参数 $\langle X\rangle$，概率分布完全由它的平均值决定。式6.2给出的高斯分布便不是这样，除了平均值 $\langle X\rangle$ 以外，它还包含弥散度 σ，

$$\mathrm{pr}(X) \sim \mathrm{e}^{-(X-\langle X\rangle)^2/\sigma}。 \tag{6.2}$$

由概率分布函数，我们容易得到所谓的“方差”，它给出相对于平均值的弥散度

$$\langle \delta X^2 \rangle = \langle (X - \langle X\rangle)^2 \rangle。 \tag{6.3}$$

泊松分布的特征是它的方差与平均值相等

$$\langle \delta X^2 \rangle = \langle X\rangle。 \tag{6.4}$$

让我们考察 X，它是与(给定体积中)粒子数 N 或体积 V 本身成比例的广延量，于是得到相对涨落的著名的平方根律：

$$\frac{\sqrt{\langle \delta X^2 \rangle}}{\langle X\rangle} = \frac{1}{\sqrt{\langle X\rangle}} \sim \frac{1}{\sqrt{N}} \text{或} \frac{1}{\sqrt{V}}。 \tag{6.5}$$

相对涨落的数量级反比于平均值的平方根。因此，对于数量级为 N 的广延量，它的相对偏差的数量级为 $N^{-1/2}$。这是大数定律的本质特征。作为它的结果，我们可以忽略大系统的涨落而用宏观描述。

对于其他概率分布，方差不再像式6.4那样等于它的平均值。但是只要大数定律能应用，方差的数量级仍然是一样的，并且有

$$\frac{\langle \delta X^2 \rangle}{V} \sim \text{有限，当} V \to \infty \text{时}。 \tag{6.6}$$

在式6.2中，我们也可以引进一个变量 x，它是一个“强度”量，即它不随系统容量的增加而增加(例如压力、浓度或温度)。应用式6.6，这类强度变量的高斯分布就变成

$$\mathrm{pr}(x) \sim \mathrm{e}^{-V(x-\langle x\rangle)^2/\sigma}。 \tag{6.7}$$

这表明强度变量相对于它的平均值的最可能的偏差具有 $V^{-1/2}$ 的数量级，因而当系统扩大时，偏差将变小。反之，强度变量的大涨落仅能在小系统中发生。

这些议论将要通过今后考察的例子加以阐解。我们将看到自然界如何经常提供某些精妙的途径，通过适当的核化过程避免了分支点近旁的大数定律结果。

化 学 博 弈

为了将涨落考虑在内，就必须离开宏观层次。然而进入经典力学或量子力学实际上是离开了这个问题。此时，每一化学反应将都变成复杂的多体问题。因此，考虑一种中间层次是有益的，这与第 1 章我们研究随机游动问题时所考虑的东西有些类似。

基本观念是单位时间的转移概率的存在。再次考查在位置 k 及时刻 t 找到布朗粒子的概率 $W(k,t)$。引进转移概率 ω_{lk}，它给出（每单位时间内）在“态”k 及 l 之间进行一次转移的概率。然后我们可以将 $W(k,t)$ 对 t 的变化率表成由转移 $l\rightarrow k$ 决定的“得”项与由转移 $k\rightarrow l$ 决定的“失”项的差，这样我们得到基本方程

$$\frac{\mathrm{d}W(k,t)}{\mathrm{d}t}=\sum_{l\neq k}[\omega_{lk}W(l,t)-\omega_{kl}W(k,t)]。\tag{6.8}$$

在布朗运动问题中，k 相当于阵点的位置，而 ω_{kl} 仅在 k 与 l 相差一单位时才不等于零。但方程 6.8 更为一般。事实上，它是马尔可夫过程的基本方程，在概率论的近代理论中起着重要的作用(Barucha-Reid，1960)。

马尔可夫过程的本质特征是转移概率 ω_{kl} 仅包含两个态 k 及 l。由 $k\rightarrow l$ 的转移概率不依赖于在占据态 k 以前曾经占据的态。在这个意义下系统是无记忆的。马尔可夫过程已经用来描述很多物理现象，而且也能用来描述化学反应。例如，考虑单分子反应的简单链

$$A\underset{k_{21}}{\overset{k_{12}}{\rightleftharpoons}}X\underset{K_{32}}{\overset{K_{23}}{\rightleftharpoons}}E。\tag{6.9}$$

宏观动力方程在前面的第四、第 5 章已经引进过(在此我们写出动力常数)，即

$$\frac{\mathrm{d}X}{\mathrm{d}t}=(k_{12}A+k_{32}E)-(k_{21}+k_{23})X。\tag{6.10}$$

如前，假定 A 和 E 的浓度已给定，则相应于式 6.10 的定态是

$$X_0=\frac{k_{12}A+k_{32}E}{k_{21}+k_{23}}。\tag{6.11}$$

在这个标准的宏观描述中，涨落被忽略了。为了研究它的影响，我们引进概率分布 $W(A,X,E,t)$ 并且应用一般表达式6.8。结果是

$$\begin{aligned}\frac{\mathrm{d}W(A,X,E,t)}{\mathrm{d}t}=&k_{12}(A+1)W(A+1,X-1,E,t)\\&-k_{12}AW(A,X,E,t)\\&+\text{包含 }k_{21},k_{23},k_{32}\text{ 的类似项。}\end{aligned}\tag{6.12}$$

我们来讨论前两项。第一项是得项，它相应于由 A 粒子的个数是 $A+1$ 而 X 粒子的个数是 $X-1$ 的态到态 A,X 的转移，其中单个 A 粒子以速率 k_{12} 进行分解。另一方面，第二项是失项，开始粒子处于 A,X,E 的态，通过一个 A 粒子的分解而达到新态 $A-1,X+1,E$。所有其他的项有类似的意义。

这个方程对平衡态及非平衡态都能解出，结果是一个带有作为 X 平均值表达式6.11的泊松分布。

这个结果相当圆满，并且似乎是这样的自然，以致有时我们相信这个结果能推广到一切化学反应而无论反应的机制如何。但是却有一个新的意外因素出现了。如果考查更一般的化学反应，相应的转移概率是非线性的。例如，应用前面用过的证据，相应于反应步骤 $A+X\rightarrow 2X$ 的转移概率正比于 $(A+1)\cdot(X-1)$，它是非弹性碰撞以前的 A 粒子与 X 粒子的个数的乘积。于是相应的马尔可夫方程也是非线性的。非线性可以说是化学博弈的明显特征，这与转移概率为常数的随机游动形成了对照。使我们惊奇的是这个新的特性导致了对泊松分布的偏差。这个值得注意的结果已经引起广泛的兴趣，它是由我和尼科利斯证明的(Nicolis, Prigogine, 1971；也可见 1977)。由宏观动力论有效性的观点来看，这些偏差是很重要的。我们将看到宏观的化学方程仅当对泊松分布的偏差可忽略时才是有效的。

作为例子，假设有化学反应步骤 $2X\rightarrow E$，其速率常数为 k。由马尔可夫方程 6.8，可以导出 X 的平均浓度对时间的变化率。可以得到

$$\frac{\mathrm{d}\langle X\rangle}{\mathrm{d}t}=-k\langle X(X-1)\rangle。\qquad(6.13)$$

事实上，我们不得不从 X 个分子中依次取两个分子。注意

$$-\langle X(X-1)\rangle=-\langle X\rangle^2-(\langle\delta X^2\rangle-\langle X\rangle)。\qquad(6.14)$$

式中 $\langle\delta X^2\rangle=\langle X^2\rangle-\langle X\rangle^2$。对于泊松分布，按照式 6.4，第二项应等于零，于是我们回到了宏观的化学方程。

这个结果是很一般的。我们看到，在微观层次与宏观层次之间的转换中，对泊松分布的偏差起着实质的作用。通常我们可以忽略它们，例如在式 6.13 中，我们看到第一项与 $\langle X\rangle$ 同量级，即它正比于体积。而第二项与体积无关。因此，在大体积的极限中，我们可以忽略第二项。但是如果对泊松分布的偏差不像由大数定律所预测的那样正比于体积，而是正比于体积的高阶量，那么整个宏观的化学描述就被破坏了。

有趣的是将化学动力学看成一定意义下的平均场理论，就像其他许多经典物理学和经典化学的理论，例如态方程理论(范德瓦耳斯理论)，磁学理论(外斯场)等等那样。我们由经典物理学知道，除了相变区附近的情况以外，这种平均场理论都将得出自洽的结果。这个发端于卡丹诺夫(Kadanoff)、斯威夫特(Swift)、威尔逊(Wilson)等人的理论依据的是研究在相变临界点附近出现的长程涨落的巧妙思想(Stanley, 1971)。涨落的标度变得如此之大，以致分子的细节不再起作用。我们考虑的情形与此颇为类似。

我们希望，通过取热力学极限(即粒子数和体积趋于无穷大，但密度保持有限)和给主方程以长标度不变性，找到宏观系统非平衡相变的条件。从这些条件出发，我们应该能明确地估计出相变区附近涨落变化的方式。对于非平衡系统来说，能做到这一点的目前还仅限于主方程的一个简单模型，即福克-普朗克方程(Dewel, Walgraef, Borckmans, 1977)进一步的工作还在进行中。

现在我们来详细地考察大数定律不成立的简单例子。

非平衡相变

施勒格尔研究了下列化学反应序列(Schlögl, 1971, 1972; Nicolis, Prigogine, 1978):

$$\mathrm{A} + 2\mathrm{X} \underset{k_2}{\overset{k_1}{\rightleftharpoons}} 3\mathrm{X},\ \mathrm{X} \underset{k_4}{\overset{k_3}{\rightleftharpoons}} \mathrm{B}。\tag{6.15}$$

按照常用的方法,容易得出宏观动力方程

$$\frac{\mathrm{d}X}{\mathrm{d}t} = -k_2X^3 + k_1AX^2 - k_3X + k_4B。\tag{6.16}$$

经过适当的标度并引进下列记号及假定:

$$\frac{X}{A} = 1 + x,$$

$$\frac{B}{A} = 1 + \delta',$$

$$k_3 = 3 + \delta,\ \frac{k_4B}{k_2A^2} = 1 + \delta',\ t = \frac{t}{k_2A^2}。\tag{6.17}$$ [①]

方程 6.16 化成

$$\frac{\mathrm{d}x}{\mathrm{d}t} = x^3 - \delta x + (\delta' - \delta)\tag{6.18}$$

于是定态由三阶代数方程

$$x^3 + \delta x = \delta' - \delta\tag{6.19}$$

给出。有兴趣的是这个三阶方程与人们熟悉的另一方程同构,后者是用范德瓦耳斯理论描述平衡相变得到的。当沿直线$\delta=\delta'$(图 6.1)追随系统的演化时,我们看到对 δ 为正数

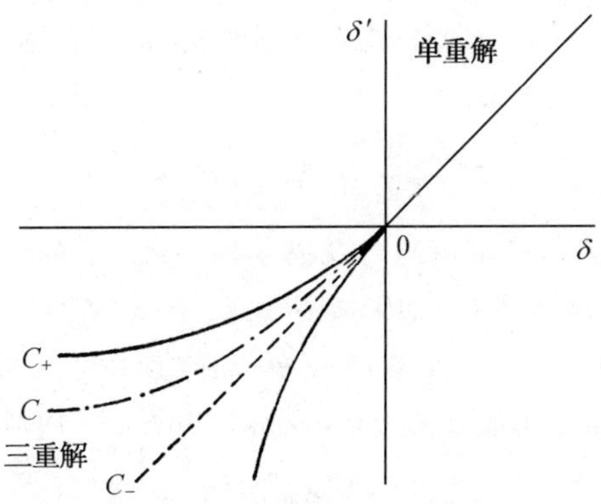

图 6.1 用参数 δ 及δ'代表的方程 6.19 的解的性态 C= 多重定态的共存线。

① $\frac{k_4B}{k_2A^2} = 1 + \delta'$ 及 $t = \frac{t}{k_2A^2}$ 两式原书印刷时遗漏,现据作者手稿补正。—— 译者注。

的情形，方程 6.19 只有根 $x=0$ 而对 δ 为负数，有三个根

$$x=0,\ x_{\pm}=\pm\sqrt{-\delta}$$

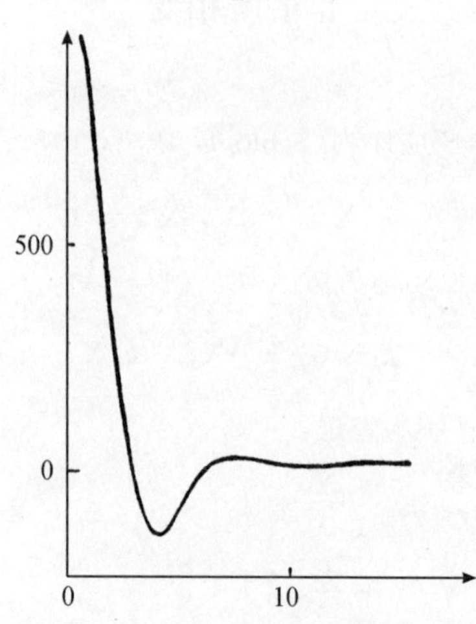

图 6.2　相关函数 G_{ij}

第 i 箱与第 j 箱的相关函数 G_{ij} 被表示为从 i 到 j 的距离的函数。这些箱是被布鲁塞尔器方程控制的，其参数是 $A=2, B=3, D_1/D_2=1/4$，且各箱之间的联系如正文所述。这些参数值使该系统低于临界点，形成一个空间耗散结构。

(记住 x 表示浓度，必须是实数)。这个模型足够地简单，以致能通过马尔可夫理论确切地得到方差(Nicolis, Turner, 1977a 和 b)。当由正值趋于点 $\delta=0$ 时，我们得到

$$\frac{\langle\delta X^2\rangle}{V}\sim\frac{1}{\delta},\tag{6.20}$$

该式两边当 $\delta\to0$ 时均发散，这表明在由式 6.6 确定的含意下，大数定律的破缺。在系统可由根 x_+ 跳到根 x_- 的那些点上，这个破缺特别明显，正如在通常的相变中由液态变到气态那样。在这类点上，方差的量级变成 V^2 的量级，即

$$\frac{\langle\delta X^2\rangle}{V^2}\sim\text{有限，当}\ V\to\infty。\tag{6.21}$$

换句话说，在非平衡相变区附近不再与宏观描述相一致，涨落和平均值一样重要。

人们能够证明：在多定态的区域内，概率函数 $P(x)$ 在 $V\to\infty$ 时经历一个深刻的变化。对于任何有限的 V，$P(x)$ 是一个双峰分布，而峰顶位于宏观的稳定态 x_+ 及 x_-。对 $V\to\infty$，双峰中的每一个都蜕化成 δ 函数(Nicolis, Turner, 1977a 和 b)。因此，人们得到如下的平稳概率

$$P(x)=C_+\,\delta(x-x_+)+C_-\,\delta(x-x_-),\tag{6.22}$$

其中 x 是与 X 有关的强度变量，$x=X/V$。权 C_+ 与 C_- 的和为 1，且明显地由主方程决定。对 $V\to\infty$，$\delta(x-x_+)$，$\delta(x-x_-)$ 都独立地满足主方程。另一方面，它们的"混合"(式 6.22)给出了定态概率分布的热力学极限，而这个定态是先对有限系统算出的。伊辛模型类型的平衡相变的类比是明显的：若 x_+，x_- 是总磁化强度的值，则式 6.22 描述在零(平衡)磁化态的伊辛磁体。另一方面，如果在系统的曲面上施加适当的边界条件，"纯

态”$\delta(x-x_{+})$，$\delta(x-x_{-})$描述两个持续任意长时间的磁化态。

结论并不像初看时那样使人惊愕。在某种意义上说，甚至连宏观值的概念也失去了它原来的含义。一般来讲，宏观值等于“最可能”值；如果涨落可以忽略，它就恒同于平均值。然而在相变区附近有两个“最可能”值，它们都不对应平均值，而在这两个“宏观”值之间，涨落就成为非常重要的了。

非平衡系统中的临界涨落

在平衡相变情形，临界点附近的涨落不仅有很大的幅度，而[illegible]延展到很远。莱默尚德和尼科利斯(Lemarchand，Nicolis，1976)研究了非平衡相变[illegible]同一问题。为了使计算成为可能，他们考虑一列箱子，在每个箱中，进行布鲁塞尔器的反应(式 4.57)，而且在相邻箱之间有扩散。然后应用马尔可夫方法，他们计算在[illegible]不同箱中 X 的占据数之间的相关。人们可能预期化学的非弹性碰撞连同扩散会导[illegible]一个混乱现象，但是结果并非如此。在图 6.2 及 6.3 中，示出了系统在临界态附近[illegible]于临界态时的相关函数。显然可见，临界点附近有长程的化学相关。系统仍然是以[illegible]个整体行动而不管化学相互作用的短程特征如何，混乱给出了有序。

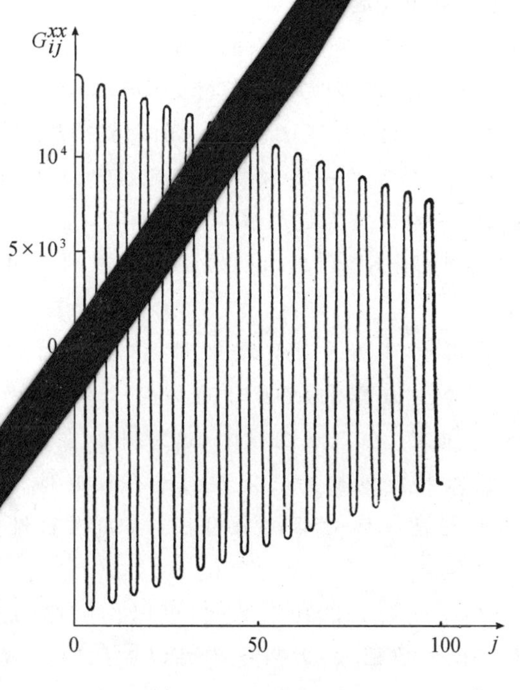

图 6.3　空间相关函数的临界性态

参数值与图 6.2 中的相同，但 $B=4$。

在这个过程中粒子数起什么作用？这是一个实质性的问题，我们将用一个化学振荡的例子来考查它。

振荡及时间对称破缺

我们前面的考查也能应用到振荡的化学反应问题上。从分子的观点看，振荡的存在是十分出乎意料的。

人们可能首先猜测用少数粒子（比方说50个），比用阿伏伽德罗数10^{23}（即通常在宏观实验中涉及的粒子数）可以更容易地得到一个相干振荡过程。但是电子计算机实验表明恰巧相反，仅在粒子数$N\rightarrow\infty$时，才趋于“长程”时间有序。

为了至少在定性上理解这个结果，让我们作与相变类比的考虑。当我们使顺磁物质变冷，到达居里点，该系统的性态发生变化并变得像一个铁磁体。高于居里点时，一切方向起着相同的作用。而低于居里点时，存在一个与磁化方向一致的优惠方向。

在宏观方程中，没有任何东西可以决定将取哪个磁化方向。在原理上，一切方向都是同样可能的。如果铁磁体包含有限个粒子，这个优惠方向最终将不再继续存在，它将会发生转动。然而，如果我们考虑一个无穷系统，那么没有任何涨落能变更铁磁体的方向，长程有序便一劳永逸地被建立起来。

这种情形非常类似于振荡化学反应。人们能够证明，当系统转向一个极限环时，平稳概率分布也经历一个结构上的改变。它由单峰分布转向集中在极限环上一个火山湖型的曲面上。像在式6.22中那样，当V增加时，火山湖变得越来越陡峭，而在$V\rightarrow\infty$时，就成为奇异的，而且这里有主方程的一族依赖于时间的解。对任何有限V，这些解导致阻尼振荡，以致唯一的长时间解保持为定态解。直观地看，意义如下：在极限环上的运动的相位起着与磁化方向相同的作用，它是由初始条件决定的。如果系统有限，涨落将逐渐加剧并破坏相位相干性。

另一方面，电子计算机模拟显示当V增加时，依赖时间的图式越来越衰减。因此，人们期望在$V\rightarrow\infty$时，主方程的依赖时间的整个解族沿极限环旋转（Nicolis，Malek-Mansour，1978）。再者，在直观图景中，这意味着在无穷系统中相位相干性可以保留任意长的时间，恰如特定的初始磁化方向能在铁磁体中保持那样。因此在这个意义上，周期反应的出现是时间对称破缺过程，恰如铁磁性是一个空间对称破缺一样。

对于与时间无关但与空间有关的耗散结构，可以作同样的考察。换句话说，仅当化学方程刚好有效（即当粒子数很大，大数定律可以应用时），我们可以有相干的非平衡结构。

对于第4章使用过的远离平衡条件，一个附加因素是系统的尺度。如果生命的确与相干结构联系着（每一件事都支持这个观点），生命必须是基于很大的自由度的相互作用的一种宏观现象。诸如核酸之类的分子确实起着举足轻重的作用，但是它仅能在具有很大自由度的相干介质中生成。

复杂性的限度

本章所概述的方法可以应用到很多情形。这个方法的一个有趣的特性是它表明涨落的定律显著地依赖标度，这一点十分类似于过饱和气体中的液滴的经典核化理论的情形。在临界尺度(称为“胚胎”尺度)以下，液滴是不稳定的，超过这个尺度，它将长大并使气体变为液体(图 6.4)。

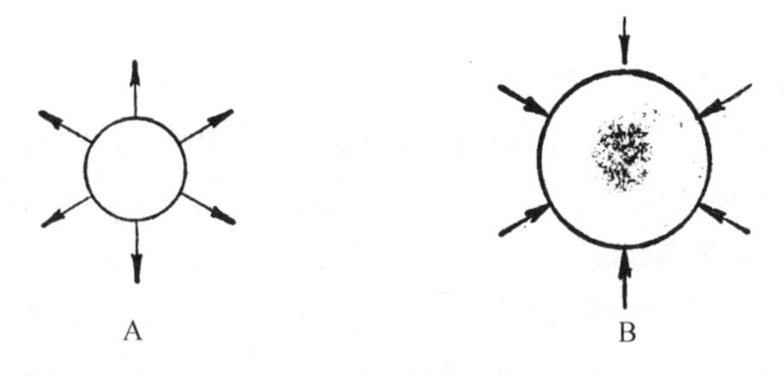

图 6.4　过饱和气体中液滴的核化

(A) 小于临界尺度的液滴；(B) 大于临界尺度的液滴。

这样的核化效应也在任何一种耗散结构的形成中出现(Nicolis, Prigogine, 1977)。我们可以写出其主方程

$$\frac{\partial P_{\Delta V}}{\partial t} = \Delta V \text{ 内的化学效应} + \text{与外界的扩散}。\tag{6.23}$$

它既考虑到在某一容积 ΔV 内化学反应的效应，又顾及到通过与外界的交换而产生的粒子迁移。这个方程的形式是很简单的，当计算容积 ΔV 中平均值 $\langle X^2 \rangle$ 时，人们由式 6.2 得到两项的和，简式如下：

$$\frac{\mathrm{d}\langle X^2 \rangle_{\Delta V}}{\mathrm{d}t} = \Delta V \text{ 内的化学效应} - 2\mathscr{D}[\langle \delta X^2 \rangle_{\Delta V} - \langle X \rangle_{\Delta V}]。\tag{6.24}$$

第一项是容积 ΔV 内的化学效应，第二项是由于与外界的交换，系数 $\mathscr{D}$ 随表面积与体积之比变大而增加。有趣之点是第二项正好包含均方涨落与平均值之差。对于充分小的系统，这将是一个优势项，按照式 6.4，分布将变成泊松型的。换句话说，外界通常作为一个平均场而起作用，它通过在扰动区域的边界上发生的相互作用而减弱涨落，这是一个非常一般的结果。在小标度涨落的情形，边界效应将占优势，而涨落将衰退。然而对大标度涨落而言，边界效应可以忽略。在这些极端情形之间，存在着核化的实际尺度。

对于生态学家长期以来所讨论的一个非常普通的问题，即复杂性的限度问题(May, 1974)来说，这个结果是有趣的。我们暂时回到第 4 章阐述过的线性稳定分析，这导致某种色散方程。方程的次数等于相互作用的物种的个数，因此在复杂介质中(例如，一个热带森林或一个现代文明社会)这样的方程的次数肯定是很高的。因此，至少存在一个导致不稳定增加的正根的机会是增大了。然而复杂系统究竟为什么可能存在呢？我相信我们在这里概括的理论给出了解答的开端。方程 6.24 中出现的系数量度了系统与其周

围耦合的程度。我们可以期望：在一个很复杂(即有很多交互作用的物种或分量)的系统中，这个系数以及涨落的尺度都将大到足以引起不稳定。因此我们有如下结论：足够复杂的系统一般是处于亚稳态。阈值既依赖于系统的参数，也依赖外部条件。复杂性的限度不是一个单方面的问题。值得指出的是：在核化过程中通过扩散进行的这种传播作用已在最近进行的核化数字模拟中实现。

环境噪声的影响

至今我们只是讨论了内部涨落的动力学。我们看到由系统本身自发地产生的这些涨落往往变小，除了系统在分支点附近或者在同时稳定的态的共存域中以外。

另一方面，宏观系统的参数——包括大部分分支参数——是被外部控制的量，从而也受到涨落的控制。在很多情形下，人们遇到剧烈起伏的环境，因此可以预期这些被系统作为“外部噪声”接受的涨落能够深深地影响它的性态。这个观点最近在理论上(Horsthemke, Malek-Marsour, 1976; Arnold, Horsthemke, Lefever, 1977; Nicolis, Benrubi, 1976)及在实验上(Kawakubo, Kabashima, Tsuchiya, 1978)都建立起来了。看来，环境的涨落不但能影响分支，而且更惊人的是，可以产生不能由唯象的演化律预测的新的非平衡相变。

环境涨落的传统研究是起源于布朗运动问题的朗之万(Paul Langevin)的分析。他的观点是：描述一个可观察量(设为 x)的宏观演化的速度函数[设为 $v(x)$]仅给出 x 的瞬时速度部分。因为周围环境的涨落，系统还受一个随机力 $F(x,t)$ 的作用，所以 x 作为一个涨落量而被观察，我们写出

$$\frac{\mathrm{d}x}{\mathrm{d}t} = v(x) + F(x,t)。\tag{6.25}$$

如果在布朗运动中，F 反映内部分子间相互作用的效应，人们就要求它依次所取的值在时空上都是无关的。因此，所获得的涨落方差与中心极限定理一致。另一方面，在一个非平衡环境中，涨落剧烈地改变系统的宏观性态。似乎出现这种性态的一个条件是外部噪声以乘法方式作用而不是加法方式作用，即它与态变量 x 的一个函数耦合着，使得如果 x 变为零，它就变为零。

作为一个解释，考察下列修改了的施勒格尔模型(见式 6.15)：

$$\mathrm{A} + 2\mathrm{X} \rightleftharpoons 3\mathrm{X}, \mathrm{B} + 2\mathrm{X} \longrightarrow \mathrm{C}, \ \mathrm{X} \longrightarrow \mathrm{D}。\tag{6.26}$$

令一切速率常数等于 1，且

$$\gamma = A - 2B。\tag{6.27}$$

唯象方程是：

$$\frac{\mathrm{d}x}{\mathrm{d}t} = -x^3 + \gamma x^2 - x。\tag{6.28}$$

在 $\gamma=2$，有一个稳定的及一个不稳定的定态解，如图 6.5 所示。而且，$x=0$ 永远是一个解，它在无穷小的扰动下是稳定的。

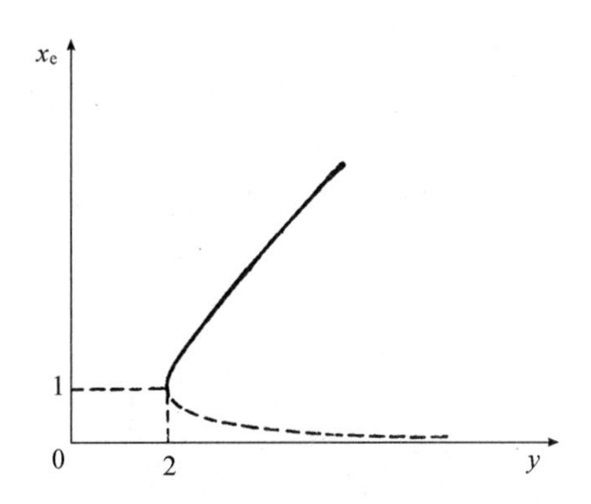

图 6.5 方程 6.28 的平稳解 x_0 与 γ 的关系

实线表示稳定解，虚线表示不稳定解。

现在将 γ 看成是一个随机变量。最简单的假设是它对应一个高斯白噪声，正如像在布朗运动问题中一样，我们令

$$\langle\gamma\rangle = P,\ \langle\gamma^2\rangle = \sigma^2 \tag{6.29}$$

现在我们用一个随机微分方程（Arnold，1973）代替了方程6.28，它是郎之万方程（式6.25）的适当推广，消除了后者的通常陈述中的某些不明确之处。这个方程将噪声与状态变量的二次幂 x^2 耦合起来了。可以将它与一个福克-普朗克型的主方程联系起来，由此可以算出平稳概率分布。结果，在这个分布中，唯象描述的相变点 $\gamma=2$ 不出现，过程肯定达到零并且随后就停在那儿。

在本节开头所提及的噪声效应的实验工作（Kawakubo，Kabashima，Tsuchiya，1978）中，所作的安排与方程 6.28 表示的非常类似，只是噪声与一线性项耦合而且在方程 6.28 中还包括一个常数输入项。正如所证明的，对于方差 σ^2 的小值来说，系统（参数振荡回路）显示极限环性态。然而，如果方差超过阈限，则振荡性态消失而且系统转入定态体制。

结　语

现在，我们已经概述了演化的物理学的主要部分。很多意外的结果已经得到，这些结果扩展了热力学的范围。如前所述，经典热力学与初始条件的被忘却以及结构的被破坏有关。我们现在看到存在另外一个宏观的领域，在那里（在热力学的框架之内）结构可以自发地出现。

宏观物理学中的决定论的作用必须重新评价。在不稳定区附近，我们找到导致概率论常用定律破缺的大涨落。化学动力学的一个新观点已经出现。这些发展的一个结果是经典的化学动力学作为一种平均场理论而出现，但是为了描述相干结构的出现，为了描述由混乱中形成有序，我们必须给出一个新的更精细的时间顺序的描述，这种时间顺序引出了系统的时间演化。然而，耗散结构的稳定还需要极大的自由度。这就是为什么决定论描述盛行于多级分支之间的理由。

在最近的几年中，无论存在的物理学还是演化的物理学都有了新的进展。我们可以用某种办法将这两种观点统一起来吗？毕竟大家是生活在同一个世界里，它们的各个方面初看起来尽管不同，但必定有着某种关系。这是我们下面将要讨论的问题。

下　篇

从存在到演化的桥梁

· Part III　The Bridge from Being to Becoming ·

普里戈金和他的布鲁塞尔学派的工作可能很好地代表了下一次的科学革命。因为他们的工作不但与自然，而且甚至与社会开始了新的对话。

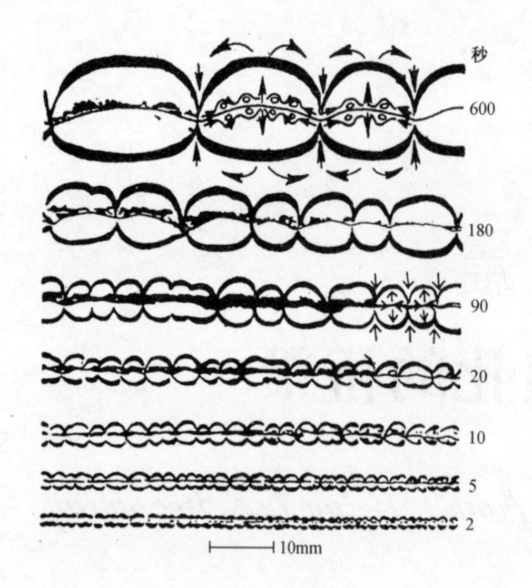

该卷状格子随着浓度梯度的减小而长大，浓度梯度的减小是由于穿过毛细分裂的活跃的输运。

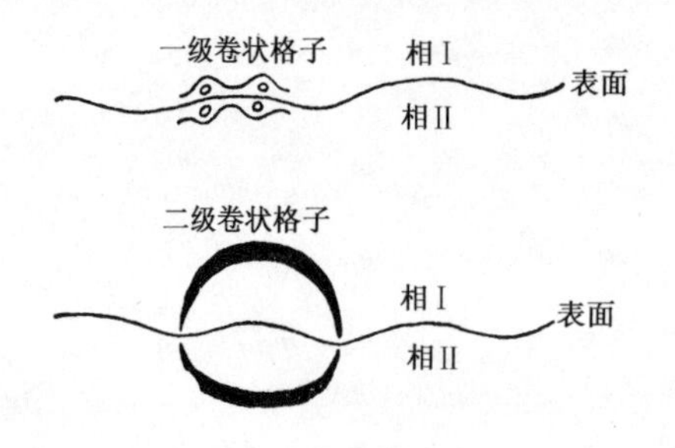

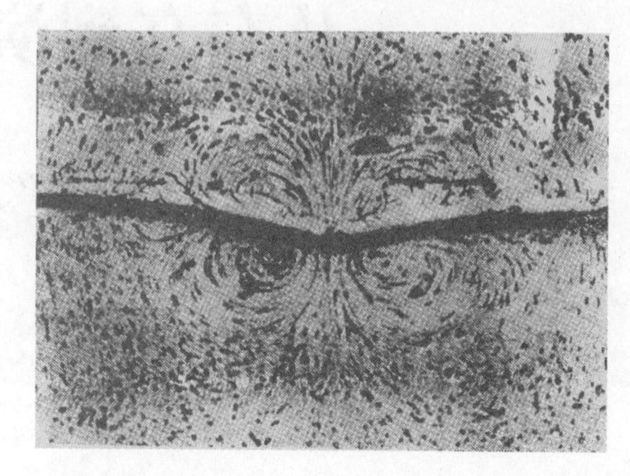

卷状格子的生长

在异戊醇与水的界面上，当有表面活性剂十六烷基硫酸钠(一种普通的清洁剂)存在时，显现出卷状格子(roll cells)。这里的不稳定性(称做 Margagoni 不稳定性)是由与该表面活性剂浓度有关的表面张力的变化引起的。这种不稳定性以及扩散与对流间的耦合导致如图所示的卷状格子的形成。对于被扩散所控制的过程，可以期望卷状格子的宽度粗略地按所经过的时间的平方根而增长。

左图是在所标时间拍摄的条纹照片，最后一幅照片是在实验开始后 600 秒拍摄的。它示出大的二级卷状格子和小的一级卷状格子(参见条纹照片下面的示意图)。在所有这些照片以及示意图中，上面的相，即相Ⅰ，是异戊醇中百分之一的十六烷基硫酸盐溶液，下面的相，即相Ⅱ，起初是纯水。组分随着实验期间活跃的输运而改变。

右边的照片示出了流线，该流线因在液体中加入小的铝颗粒而可见。该照片是在实验开始后的 15 秒拍摄的，曝光时间为 1/5 秒。

第 7 章

动 力 学

引 言

动力学与热力学——理论物理学的两个基本领域之间的关系可能是本书所讨论的最引起争论的问题。这是自 150 年前热力学得到十分系统的表述以来一直在讨论的问题，与这一课题有关的文章已发表了上千篇，它涉及时间的含义，因而是极其重要的。我们不能期待有一个不费力的解答；倘若如此，这一课题在很早以前就应被解决了。我将给出定性的论据以证实我的信念：现在已找到了一个绕开这个久未克服的障碍的解决方法。虽然在本书中没有给出“证据”，但是有兴趣的读者可查阅有关资料[①]。

我们将从动力论特别是从玻耳兹曼的 H 定理出发，H 定理是在认识熵的微观意义的道路上的一个里程碑（关于经典动力论的介绍可看 Chapman，Cowling，1970）。

为什么玻耳兹曼如此迷恋于热力学第二定律？是什么吸引了他，以致他实际上把自己的整个科学生命贡献给认识和解释热力学第二定律？在《通俗论文集》（*Populäre Schriften*，*Boltzmann*，1905）一书中他写道：“如果人们问我，应当给这个世纪起个什么名字，我将毫不犹豫地回答，这是达尔文的世纪。”玻耳兹曼被进化论的思想深深地吸引，他立志成为物质进化的“达尔文”。

玻耳兹曼的方法获得了惊人的成功，在物理学的历史上留下了深刻的印记，普朗克发现量子就是玻耳兹曼方法的一个成果。我愿充分地分享薛定谔醉心于玻耳兹曼方法研究的那股激情，他在 1929 年曾写道：“他（指玻耳兹曼）的思想路线可称为我在科学上

◀左图：格子的条纹照片；右图：卷状格子的流线。

① 在本书第 10 章以及附录中可找到详细的资料。

的初恋，过去没有今后也不会再有别的东西能使我这样欣喜若狂。”可是，必须承认玻耳兹曼方法面临着严重的困难，它很难适用于稀薄气体以外的情形，在包括黏滞性，热传导等输运理论概念的讨论中，现代动力论是十分成功的，可是现代动力论没有涉及稠密系统的熵的微观意义，正如我们将要看到的，甚至对于稀薄气体，玻耳兹曼的熵的定义也只是在一定的初始条件下才是适用的。

正是由于这些困难，吉布斯和爱因斯坦依据在第 2 章和第 3 章中已作了描述的系综理论提出一个更为一般的方法。可是，他们的方法从本质上来说只限于平衡系统。吉布斯的经典论文的全名是《统计力学基本原理：特别关于热力学的理性基础的发展》(*Elementary Principles of Statistical Mechanics: Development with Special Reference to the Rational Foundations of Thermodynamics*, Gibbs, 1902)。在这本关于(平衡)热力学的著作中远远背离了导出一个物质进化的力学理论的玻耳兹曼的志向。由于应用系综理论到非平衡情形不甚成功(参看本章的“吉布斯熵”和“庞加莱-米斯拉定理”两节)，引入补充的假定来处理非平衡态的思想变得非常流行。在第 1 章中我们已经谈到吉布斯的著名的墨水与水混合的例子，可是，“粗粒化”的补充假定的思想没有获得成功(尽管对某些物理学家有吸引力)，因为最终已证实：提出关于粗粒化的精确描述，同解决不可逆性微观意义这个问题本身一样，也是很困难的。

今天，我们更好地认识了这些困难的本质，从而可以遵循一条绕开这些困难的道路。首先我们强调，玻耳兹曼方法已超出动力学的范围，他使用的显然是动力学的与概率统计的概念的一个混合物，其实，玻耳兹曼动力方程是我们在第 6 章中用于模拟化学方程的马尔可夫链的前驱。

庞加莱在他的《热力学讲义》(*Leçons de thermodynamique*)中详细地讨论了第二定律与经典力学之间的关系，但他甚至没有提到玻耳兹曼！而且，他的结论是明确的：热力学与动力学是不相容的。他是基于以前发表的(Poincaré，1889)一篇短文作出这个结论的，在这短文中，他证明在哈密顿动力学的框架中不存在具有李雅普诺夫函数性质的坐标和动量的函数(参看本章的“庞加莱-米斯拉定理”一节和第 1 章的“热力学第二定律”一节)。

正如近来米斯拉(Misra)所表明的，甚至在系综理论的框架内，庞加莱的结论仍然保持其正确性。庞加莱-米斯拉定理的重要性在于它留给我们两个可供选择的方案。我们可以跟着庞加莱断定第二定律的动力学解释是不存在的，于是，不可逆性来自唯象的或主观的假定，来自“误解”。但是，这样我们又怎么才能解释由第二定律导出的大量重要结果与概念[①]？那么，在某种意义上说，生命的存在，连我们自己在内，也都是一些“误解”。

幸好，存在着第二种选择，庞加莱试图把一个关于相关和动量的函数同熵联系起来，可是这个企图同样失败了。我们能否保留引入微观熵的想法，使宏观熵成为微观熵的一个适当的平均值，从而以不同的途径来实现庞加莱的方案？量子力学使我们习惯于把物理量与算符联系起来，另外，我们在系综方法中(见第 2 章讨论系综理论的一节)已看出

① 参考第 4 章和第 5 章的讨论，那里强调了耗散结构对生物学问题的重要性。假如第二定律是一种近似方法的话，我们怎能说明这些结果呢？

时间演化为刘维算符所描述。[①] 因而，试图通过算符与微观熵（或一个李雅普诺夫函数）相联系以实现庞加莱的方案就变得非常的诱人。

最初，这似乎是一个奇怪的想法——或至少是一种纯形式的设想。我们将试图表明，事情并非如此。相反，引入微观熵算符是非常简单和自然的想法。我们应该记得，能量算符（哈密顿算符 H_{op}，见第 3 章）的概念意味着我们不能把一个十分确定的能量值与一个任意的波函数连结起来，除非这波函数是 H_{op} 的本征函数。类似地，熵算符的概念意味着分布函数 ρ 与熵之间的关系较此前所作的考虑更为精妙。

正如我们将看到的那样，在密度 ρ 与熵之间的这个更为精确的关系是和在微观水平上的随机性概念相一致的，后者是借助弱稳定性概念引进经典力学的。所以我们可以预期，仅当经典（或量子）力学的基本概念（诸如轨道或波函数）与不可观察到的理想化相一致时，这个算符的构成才是可能的。只要引入这样一个微观熵算符是可能的，经典力学就成为非对易算符的代数学（有点像量子力学）。由于不可逆性的概念，我们被迫使动力学的结构发生如此深刻的变化，的确令人感到极为惊奇。同样的结论基本上可用于量子力学，量子力学在结构上的深刻变化，将在第 8 章中和附录 C 中简洁地加以叙述。

简言之，经典（或量子）力学的通常的表述现在被“置于”一个更大的理论结构中，这个理论结构也容许描述不可逆过程。十分令人满意的是，不可逆性不是对应于加在动力学定律上的某些近似方法，而是对应于其理论结构的扩展。

在这一章中，我们将讨论玻耳兹曼方法以及介绍彭加勒-米斯拉定理，在第 8 章将介绍能明显地表达不可逆过程的经典力学或量子力学的一个新的结构形式。

玻耳兹曼动力论

在 1872 年玻耳兹曼的奠基性论文《关于气体分子之间热平衡的进一步研究》发表前几年，麦克斯韦早已研究了速度分布函数 $f(r,v,t)$ 的演化，这分布函数给出在时刻 t，位置 r 与速度 v 处的粒子数（Maxwell, 1867）。（依据式 2.8 定义的一般分布函数 ρ，把 ρ 按照除了单个分子的坐标与动量以外的所有坐标与动量积分便可得出 f。）麦克斯韦给出具有说服力的理由论证长时间之后在稀薄气体中这个速度分布会趋向高斯型

$$f(r,v,t) \rightarrow \left(\frac{m}{2\pi KT}\right)^{3/2} e^{-mv^2/2kT}, \tag{7.1}$$

其中 m 是分子的质量，T 是（绝对）温度（见式 4.1）。这就是著名的麦克斯韦速度分布。玻耳兹曼的目的是发现一种分子的机制，这机制保证长时间之后，麦克斯韦速度分布的正确性。他的出发点是处理含有许多粒子的大系统。他认为，与社会和生物学的情形类似，这样大的系统自然使人们不再去注意个别的粒子，而是注意粒子集团的演化，而且对它可以十分自由地使用概率的概念。他把速度分布的时间变更划分为两项，一项是由于粒子的运动，而另一项是由于二体碰撞

① 我们已看到，只要我们放弃轨道的想法，那么使用算符就成为很自然的事（同时参看附录 A 和 B）。当然，算符的概念并不局限于量子力学

$$\frac{\partial f}{\partial t}=\left(\frac{\partial f}{\partial t}\right)_{流}+\left(\frac{\partial f}{\partial t}\right)_{碰}。\tag{7.2}$$

显然，给出流项是没有困难的。对于自由粒子，我们简单地引入哈密顿量 $H=p^2/2m$ 并应用方程 2.11，于是得到

$$\left(\frac{\partial f}{\partial t}\right)_{流}=-\frac{\partial H}{\partial p}\frac{\partial f}{\partial x}=v\frac{\partial f}{\partial x},\tag{7.3}$$

其中 $v\left(=\frac{p}{m}\right)$ 是速度。主要的问题是碰撞项的计算，在此玻耳兹曼使用了一个似乎有道理的论据，这论据类似于我们在第 5 章叙述马尔可夫链的理论时引入的论据，当然，在历史上，玻耳兹曼的理论早于马尔可夫链的理论。

如同方程 6.8 一样，玻耳兹曼把由于碰撞引起的分布函数的时间演化分解成一个增益项和一个耗损项。在增益项中，速度为 v 的一个分子出现在点 r 处（这意味着围绕点 r 处的某体积元）；在耗损项中，由于碰撞，速度为 v 的一个分子消失了。因而，我们有

$$\begin{aligned}&v',v_1'\to v,v_1\quad 增益,\\&v,v_1\to v',v_1'\quad 损耗。\end{aligned}\tag{7.4}$$

这些碰撞的频率正比于具有速度 v',v_1'（或 v,v_1）的分子数，即 $f(v')f(v_1')$［或 $f(v)f(v')$］。在若干基本运算以后，得到对碰撞项的贡献为（Chapman，Cowling，1970）：

$$\left(\frac{\partial f}{\partial t}\right)_{碰}=\iint d\omega dv_1\sigma(f'f_1'-ff_1)。\tag{7.5}$$

对决定碰撞截面 σ 的几何因子和碰撞中所包含的一个分子的速度 v_1 两者完成积分。把式 7.3 和式 7.5 加在一起，我们得到对于速度分布而言的著名的玻耳兹曼积分-微分方程

$$\frac{\partial f}{\partial t}+v\frac{\partial f}{\partial x}=\iint d\omega dv_1\sigma(f'f_1'-ff_1)。\tag{7.6}$$

一旦得出了这个方程，我们就可引入玻耳兹曼的 H 量，即

$$H=\int dvf\log f,\tag{7.7}$$

并证明

$$\frac{\partial H}{\partial t}\iint d\omega dv_1\sigma\log\frac{f'f_1'}{ff_1}\cdot(f'f_1'-ff_1)\leqslant 0。\tag{7.8}$$

作为简单的不等式

$$\log\frac{a}{b}\cdot(a-b)\geqslant 0\tag{7.9}$$

的结果。于是我们得到一个李雅普诺夫函数。然而它与在第 1 章的“热力学第二定律”一节中所考虑的李雅普诺夫函数是根本不同的。这里的李雅普诺夫函数是通过速度分布函数而不是通过温度等宏观量来表示的。

当满足条件

$$\log f+\log f_1=\log f'+\log f_1'\tag{7.10}$$

时，李雅普诺夫函数达到它的最小值。通过碰撞不变量这个词，可以对上述条件作一个简明的解释。所谓碰撞不变量是指粒子数、粒子的三个笛卡儿动量，以及粒子的动能。这五个不变量在碰撞过程中是守恒的，因此 $\log f$ 一定是这些给定量的线性表达式。不考

虑动量(它仅当气体作为整体在运动时才是重要的),我们立刻得到麦克斯韦分布7.1,实际上 $\log f$ 乃是动能 $\frac{1}{2}mv^2$ 的线性函数。

玻耳兹曼动力方程是非常复杂的,因为在积分号内包含未知的分布函数的乘积,对平衡态附近的系统,我们可以写出

$$f = f^{(0)}(1+\phi), \tag{7.11}$$

其中 $f^{(0)}$ 是麦克斯韦速度分布,ϕ 是作为小量来考虑的,于是我们得到一个 ϕ 的线性方程,已经证明它在输运理论中是极为有用的。玻耳兹曼方程的一个更为粗糙的近似是用线性弛豫项去代替整个碰撞项,写作

$$\frac{\partial f}{\partial t} + v\frac{\partial f}{\partial x} = \frac{f - f^{(0)}}{\tau}, \tag{7.12}$$

其中 τ 是平均弛豫时间,给出达到麦克斯韦分布所需要的时间间隔的数量级。

玻耳兹曼方程引出了许多其他的动力方程,这些动力方程在相当类似的条件下(在固体、等离子体等中的元激发之间的碰撞)是正确的。后来已经提出推广到稠密系统中去,可是,对于稠密介质来说,这些推广了的方程不容许有李雅普诺夫函数,同时丧失了和第二定律的联系。

使用玻耳兹曼方法的步骤可概括如下:

动力学
↓
动力论方程("马尔可夫过程")
↓
熵(依据 H)。

近年来已有若干数值计算用于验证玻耳兹曼的预言。例如,用计算机计算了二维硬球(硬圆盘)的 H 量,是从圆盘在点阵格位上具有各向同性速度分布开始计算的(Bellemans, Orban, 1967)。计算的结果在图7.1中给出,它们证实了玻耳兹曼的预言。

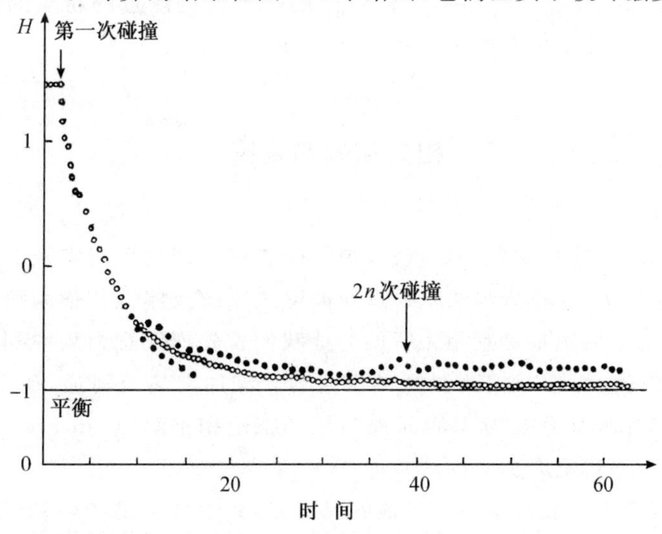

图 7.1 H 量随时间的演化
(依照 Bellemans, Orban, 1967)

玻耳兹曼的理论也用于计算输运性质（黏滞性，热导），这是解玻耳兹曼方程的查普曼和恩斯科格方法的巨大成就。这里，理论和实验也符合得十分令人满意（Chapman，Cowling，1970；Hirschfelder，Curtiss，Bird，1954）。

为什么玻耳兹曼的方法会奏效？考虑的首要的方面是分子混沌的假定。正如我们在第 5 章关于经典化学动力学的一节中所讨论的，玻耳兹曼计算的是忽略涨落的平均的碰撞数，可是这个不是唯一重要的因素。如果我们把玻耳兹曼方程与刘维方程（式 2.12）相比较，我们会看到在玻耳兹曼方程中，刘维方程的对称性被破坏了。假如在刘维方程中，我们使 L 变为 $-L$，t 变为 $-t$，方程是保持不变的。现在我们能通过将动量（或速度）p 变为 $-p$ 以达到将 L 变为 $-L$，这乃是方程2.13的结果。如果我们观察玻耳兹曼动力方程，或者更简单些，去观察方程 7.12，我们看到，当 v 被 $-v$ 所代替的时候，流项改变符号，可是碰撞项保持不变，对于速度反演，碰撞项是偶的，这种情形对于精确的玻耳兹曼方程同样是正确的。

因而碰撞项的对称性破坏了刘维方程的“L-t”对称性，玻耳兹曼方程的这个特性乃是不论经典力学的还是量子力学的刘维方程中都不会出现的一种*新型*对称性。简而言之，时间演化在 L 中同时包含奇项和偶项。

这是很重要的，仅仅碰撞项（在 L 中这项是偶的）对李雅普诺夫函数 H 的演化作出贡献。我们可以说，玻耳兹曼方程把可逆的与不可逆的过程之间的基本的热力学区别转变到微观的（或更确切地说，动力论的）描述，流项相应于可逆过程，碰撞项相应于不可逆过程，因而，在热力学描述与玻耳兹曼描述之间存在一种完全的对应。可是遗憾的是，这种对应不是从动力学“推断”出来的，从一开始，它就是一种假设（即方程7.2）。

玻耳兹曼理论的一个令人惊异的特点是它的普适的特性。分子之间的相互作用可以是各种各样的。我们可以把分子看做硬球，分子间的相互作用可以是按某个幂定理衰减的排斥有心力，或者排斥力与吸引力两者兼而有之。但是，与微观相互作用*无关*的 H 量有一个普适的形式。在下一章中，我们将回到这个值得注意的特点的解释，现在让我们转向与动力论的玻耳兹曼方法相联系的某些困难。

相关和熵的复原

我们已经说过，尽管有成功之处，玻耳兹曼的思想在理论上与实践上都遇到了困难。例如，看来不可能把 H 量的结构推广到诸如稠密气体或液体等其他系统中去。显然，实践上的困难和理论上的困难是互相关联的。让我们首先把注意力集中到理论上的困难。从一开始，玻耳兹曼的思想就遇到激烈的反对者。庞加莱甚至写道，他不能推荐学习玻耳兹曼的论文，因为玻耳兹曼考虑的前提与他的结论相抵触（Poincaré，1893）！在本章的后面我们将回过来讨论庞加莱的观点。

还有，以佯谬的方式表述出来的其他的反对者，其中之一是泽梅勒（Zermelo）的再出现佯谬，这佯谬是基于著名的庞加莱定理，这定理可表述为：“只要系统保持在相空间的一个有限部分内，对于几乎所有的初始态，相空间的一个任意的函数在任意误差范围内

将无数次地取其初始值，因此，看来不可逆性与这定理是相矛盾的。”（有关佯谬可参考Chandrasekhar，1943）

正如最近值得注意地被莱博维茨(Lebowitz)所指出的(Rice，Freed，Light 1972)，泽梅勒的反对不会被证实，因为玻耳兹曼理论研究的是分布函数 f，然而庞加莱定理涉及的是单个的轨道。

于是我们要问，究竟为什么要引入分布函数的形式体系？至少在经典力学中，这个答案我们是早已知道的(见第 2 章)。因为在混合系统或显示庞加莱突变的动力学系统中，每当我们有弱稳定性，我们便不能实现从统计分布函数到一个十分确定的轨道的转变。(对于量子力学的情形，可见附录 C)。

重要之点在于：对于任何的动力学系统，我们决不能精确地知道初始条件，因而决不会精确地知道轨道。而从相空间中的统计分布函数到轨道的转变相应于一个十分确定的逐次近似的过程。不过，对于显示“弱稳定性”的系统不存在逐次近似的过程。轨道的概念对应于一种理想化，它无法由实验获得，不管这种实验的精确度如何。

另一个更强烈的反对是基于洛喜密脱(Loschmidt)的可逆性佯谬，因为力学的规律对于 $t \to -t$ 的反演是对称的，这里每一过程都与一个时间反演过程相对应。这似乎也与不可逆过程的真实存在相矛盾。

洛喜密脱佯谬究竟是否能证实？用计算机实验去检验它是很容易的，贝尔曼和奥尔班(Bellemans，Orban，1967)对于二维硬球(硬圆盘)的玻耳兹曼的 H 量作了计算，他们从具有各向同性速度分布的在格位上的圆盘开始，计算的结果如图 7.2 所示。

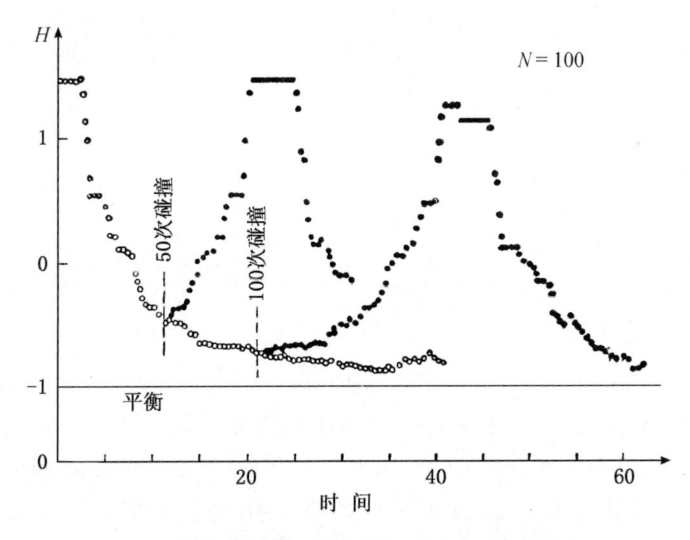

图 7.2　100 个圆盘组成的系统，当在 50(空点)次和 100(实点)次碰撞后速度反演时 H 量随时间的变化。

(依照 Bellemans，Orban，1967)

真的，我们看到熵(即负 H)在速度反演后首先减少。这个系统在一段相当于 50 次到 60 次碰撞的时间内偏离平衡(在稀薄气体中为 10^{-6}秒左右)。

类似的情形也存在于自旋-回波实验和等离子体-回波实验中，经过了有限的时间之后，在那里同样可观察到在这种意义上的反玻耳兹曼行为，所有这些说明玻耳兹曼方程并不总是可应用的。埃伦费斯特夫妇早已作出评述，玻耳兹曼方程不能在速度反演之前与之后都保持正确(Ehrenfest P.，Ehrenfest T.，1911)。

玻耳兹曼的观点是：在某种意义上说，动力方程 7.6 是正确的物理情形会以压倒的优势频繁地发生。这种观点是难以接受的。因为今天我们既能用计算机也能在实验室通过实验证明，至少在经历有限的时间周期以后，玻耳兹曼动力方程是不正确的。

事实是，存在动力方程正确的情形，也存在动力方程不正确的情形。从这个事实出发我们能引出什么论断？这事实表示玻耳兹曼的熵的统计解释的局限性，还是表示对某些类型的初始条件来说热力学第二定律失败了？

这个物理图像是十分清楚的：速度反演产生粒子之间的在宏观范围内的相关①，在时刻 t_1 碰撞的粒子要在时刻 $2t_0-t_1$ 再次碰撞，在从 t_0 到 $2t_0$ 的期间可以指望反常相关的消失，在反常相关消失之后，系统再次表现出“正常”行为。

简洁地说，熵产生可以被理解为在 0 到 t_0 的时间间隔内与速度分布的“麦克斯韦化”相联系，但在 t_0 到 $2t_0$ 的时间周期内，它应与反常相关的衰变相联系。

这样，玻耳兹曼方法处理这类情况的失败就不难理解了，我们需要一个显然与相关有关的熵的统计表达式。让我们简洁地考虑一下 H 量应如何演化(Prigogine *et al.*，1973)。

例如，让我们考虑正定的量

$$\Omega=\int\rho^2\mathrm{d}p\mathrm{d}q>0, \tag{7.13}$$

其中积分遍及相空间，在量子力学中等价的量与式 3.29 和式 3.31′相一致。

$$\begin{aligned}\Omega=\mathrm{tr}\rho^{\dagger}\rho&=\sum_{nn'}\langle n\mid\rho\mid n'\rangle^{\dagger}\langle n'\mid\rho\mid n\rangle\\&=\sum_{n}\mid\langle n\mid\rho\mid n\rangle\mid^2+\sum_{n\neq n'}\langle n\mid\rho\mid n'\rangle^2\\&=\sum(\text{对角项})^2+\sum(\text{非对角项})^2\end{aligned} \tag{7.14}$$

和(见式 3.31″)

$$\mathrm{tr}\rho=\sum_{n}\langle n\mid\rho\mid n\rangle=1。 \tag{7.15}$$

我们可把对角项 $\langle n|\rho|n\rangle$ 与概率联系起来(即方程 3.31″)，非对角项与相关联系起来。

一个形如式 7.13 或 7.14 的李雅普诺夫函数确是体现了相关并超出了只研究概率的玻耳兹曼方法的范围。当全部 ρ 的对角元是相等的(且它们的总和为 1)和全部非对角元等于零的时候，计及式 7.15 应当达到 Ω 的最小值，所以我们可以补充说形如式 7.14 的李雅普诺夫函数的存在是特别合理的，这是被等概率和随机相位所描述的情形。于是我们有一个十分类似于在第 2 章中考虑的微正则分布的情形，在微正则分布中，在能量面上所有的态有相同的概率。

如果我们使用表达式 7.14 进行速度反演实验，将会发生什么？我们预期的结果为

① 这些“反常”相关也有先于碰撞而存在的性质，而正常相关是由碰撞产生的。

图 7.3 所示(详见 Prigogine *et al.*, 1973)。假设我们只从密度矩阵的对角元(这相应于不存在相关的初始条件)出发,然后,我们一直进行到时刻 t_0,在经历这个时间间隔的过程中,我们有一个十分类似于被玻耳兹曼方程(图 7.2)所描绘的演化,而且 Ω 随着碰撞的结果而下降。在时间 t_0 我们作出一个速度反演,这相应于把非对角元引入密度矩阵,因为正是这样的元素对应于相关。因此在这一时刻,Ω 将有一个跳跃(见式 7.14),从 t_0 到 $2t_0$ 随着反常相关的消失 Ω 将再一次地下降,在时刻 $2t_0$ 系统处于与时刻 t_0 时相同的状态。换句话说,我们以"熵产生"为代价恢复了初始态,而熵产生在经历系统演化的全部时间内是正的。系统任何时候都不再与反"热力学行为"相对应。在时刻 t_0 的跳跃与这个说法并不矛盾。在这个时刻,系统是不封闭的——速度反演相应于有一个熵流(或"信息"流),这熵流导致 Ω 的跳跃。我们可以把 Ω 的这些行为与玻耳兹曼的 H 量的行为相对照,在 H 量那里,从 0 到 t_0 的"热力学"演化跟随着一个从 t_0 到 $2t_0$ 的反热力学行为(见图 7.2)。

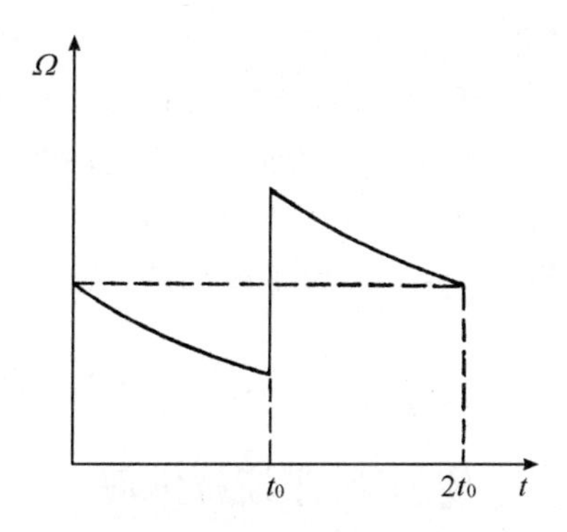

图 7.3 在速度反演实验中 Ω 的时间行为速度是在时刻 t_0 被反演的。

总之,我们可以说,已经实现了一个复原的循环,可是正如在真实生命中一样,复原要求一个代价,在此,这代价是遍历从 0 到 $2t_0$ 一段时间中的整个熵产生。我们真能构成如 Ω 那样把相关考虑进去的函数吗?困难在于 ρ 不可能是满足刘维方程的分布函数,因为对它而言 Ω 将保持不变(参见下节)。此外,我们在图 7.3 上看到,Ω 取两个不同的值,一个是对本来的 ρ 而言的,另一个是对它的速度反演而言的。因此,出现在 Ω 中的 ρ 一定具有时间破缺对称性。后面(特别是在第 10 章中),我们将看到如何构造这一新的分布函数。这正是个基本问题。

吉布斯熵

正如我们刚才指出的,我们想构造一个诸如式 7.13 或式 7.14 那样的李雅普诺夫函数,让我们看一看使用刘维方程是否能完成这种构造。对于经典系统来说计算是特别简单的,因为这时我们(使用式 2.13)可得出

$$\frac{1}{2}\frac{\mathrm{d}\Omega}{\mathrm{d}t}=-\int\rho(L\rho)\mathrm{d}p\mathrm{d}q$$
$$=-\int\rho\left[\frac{\partial H}{\partial p}\frac{\partial\rho}{\partial q}-\frac{\partial H}{\partial q}\frac{\partial\rho}{\partial p}\right]\mathrm{d}p\mathrm{d}q$$
$$=0。\qquad(7.16)$$

这用部分积分是容易加以证实的，这个结果与特殊泛函(式 7.13)的形式无关。我们也可认为

$$\Omega=\int\rho\log\rho\mathrm{d}p\mathrm{d}q,\qquad(7.16')$$

或者为任何别的 ρ 的“凸”泛函。考虑用完全的分布函数 ρ 代替速度分布 f 以避免玻耳兹曼方法中的困难的试图失败了。我们已在第 1 章中提到过，正是这个原因，吉布斯得出“不可逆性的主观主义观点”，把不可逆性看做是由于观察者的感觉器官的不完善而造成的假象。(这一观点的新近解释可参阅 Mehra，1973 当中的 Uhlenbeck)可是，从本书所采取的观点看来，在式 7.16 中表达的否定结果并不令人惊奇，因为系综理论与动力学的不同在于：初始条件的“无知”被包括到分布函数 ρ 中去了。可是这并不是李雅普诺夫函数所表示的不可逆性能够成立的唯一理由。无疑，还需要弱稳定性之类的辅助条件。

但是还包含更多的东西：熵隐含着一个时间之矢。因此我们需要一个打破时间对称性的新的分布函数。这个问题将在本书中反复地讨论(特别参见第 10 章)。但是让我们先介绍一个令人感兴趣的定理，它是由庞加莱提出的，得到米斯拉在当前环境中的重新表述。

庞加莱-米斯拉定理

正如我们在本章开头所陈述的，庞加莱得出动力学与热力学不能相调和的结论。在某种意义上，这是他的再出现定理的一个直接结果。该定理说：“一个相空间的函数无数次地取其初始值。”因而，它不能够按第二定律所要求的以单调增加的方式发生变化。可是，要是按分布函数取一适当平均值，情况或许不会如此。米斯拉(Misra，1978)证明庞加莱的结论并未被修改。

我们将以与式 7.13 直接联系的方式来表达庞加莱-米斯拉定理。注意，我们也可以把式 7.13 写成

$$\Omega=\int[\mathrm{e}^{-itL}\rho(0)][\mathrm{e}^{-itL}\rho(0)]\mathrm{d}p\mathrm{d}q$$
$$=\int\rho(0)\mathrm{e}^{itL}[\mathrm{e}^{-itL}\rho(0)]\mathrm{d}p\mathrm{d}q$$
$$=\int\rho^2(0)\mathrm{d}p\mathrm{d}q。\qquad(7.17)$$

式中我们已经使用式 2.12′并把 L 当做是一个厄米算符(见式 2.13)。我们重新取 Ω 与时间无关。现在我们寻求一个更一般的形式，诸如

$$\Omega=\int\rho(t)M\rho(t)\mathrm{d}p\mathrm{d}q\geqslant 0,\qquad(7.18)$$

并有

$$M \geqslant 0。 \quad (7.19)$$

为使式 7.18 是一个李雅普诺夫函数，我们假设 M 的时间导数 D 是负的(或为零)：

$$\frac{\mathrm{d}M}{\mathrm{d}t} = D \leqslant 0。 \quad (7.20)$$

使用式 2.5 和式 2.13 我们可以写成

$$\frac{\mathrm{d}M}{\mathrm{d}t} = \mathrm{i}LM。 \quad (7.21)$$

现在容易证明：如果 M 是坐标和动量的函数，只有 D 处处为零，式 7.20 所示的要求才能满足，但这样一来，Ω 就不是一个李雅普诺夫函数了。让我们考虑 Ω 的时间导数

$$\begin{aligned}\frac{\mathrm{d}\Omega}{\mathrm{d}t} &= \frac{\mathrm{d}}{\mathrm{d}t}\left[\int \mathrm{e}^{-\mathrm{i}tL}\rho(0)M\mathrm{e}^{-\mathrm{i}tL}\rho(0)\mathrm{d}p\mathrm{d}q\right] \\ &= -\mathrm{i}\int \mathrm{e}^{-\mathrm{i}tL}\rho(0)(LM - ML)\mathrm{e}^{-\mathrm{i}tL}\rho(0)\mathrm{d}p\mathrm{d}q \\ &= \int \mathrm{e}^{-\mathrm{i}tL}\rho(0)D\mathrm{e}^{-\mathrm{i}tL}\rho(0)\mathrm{d}p\mathrm{d}q \end{aligned} \quad (7.22)$$

现在我们考虑相应于一个平衡系综的情形(见第 2 章“算符”一节)：

$$\rho(0) = \text{微正则系综} = \text{常数}。 \quad (7.23)$$

我们把它归一化，于是按定义

$$\rho(t) = \mathrm{e}^{-\mathrm{i}tL}\rho(0) = \rho(0), \quad (7.24)$$

而且，随着平衡态的达到，我们要求

$$\frac{\mathrm{d}\Omega}{\mathrm{d}t} = \int \rho(0)D\rho(0)\mathrm{d}p\mathrm{d}q = 0。 \quad (7.25)$$

这当 M(和 D)是算符或坐标和动量的普通函数时都是正确的。然而，在后面这种情形，我们能更往前走一步。用 $\rho(0)$的值代到式 7.25 中，$\rho(0)$是一个常数，我们取其为 1，于是式 7.25 化简为

$$\frac{\mathrm{d}\Omega}{\mathrm{d}t} = \int D\mathrm{d}q\mathrm{d}p = 0, \quad (7.25')$$

但由于式 7.20，上式意味着在微正则等能面上的所有地方$D=0$，且 Ω 不能是一个李雅普诺夫泛函。这个证明可推广到一般的凸泛函上去。因而我们回到庞加莱结论：微观熵(或李雅普诺夫泛函)不能是相变量的普通函数。假使它存在的话，它只能是一个算符。于是，对于 $\rho(0)=$常数的情形，只要求 $D\rho(0)$是相应于零本征值的本征函数，式 7.25 确实能被满足。但不可逆性的引入要求扩大动力学的概念结构。

新的并协性

我们已经表明不仅形如式 7.13 的泛涵不能用来定义一个李雅普诺夫泛函——这是刘维方程的直接结果——而且，如果相应于“微观熵”的量 M 是一个坐标与动量的函数的话，诸如式 7.18 那样的更为一般的泛函，同样不被考虑。

让我们强调指出，求助于特殊的“未必可能的”初始条件是不会有帮助的。我们可通过放弃熵的单调增加引入一个较弱的表述。但那样一来我们会遭到困难，因为在可逆与

不可逆过程之间的区别必须由某种新的东西来代替，而这个新的东西我们眼前还不能以一致的方式表述出来。因此，看来，我们回到了我们已经在第 1 章叙述过的困难，是否我们必须把不可逆性当做一种近似，或作为我们观察者引入可逆世界的一种性质？幸好，这不是庞加莱-米斯拉定理不可避免的结果。正如我们已经阐明的，自从量子力学出现以来，我们习惯于在物理学中引进一个新型的对象，即算符（看第二与第 3 章）。因此，变得非常有吸引力的是李雅普诺夫泛函（式7.17），但现在把 M 定义为微观熵算符，它与刘维算符 L 是不相对易的。然后，对易量

$$-\mathrm{i}(LM-ML)=D\leqslant 0 \tag{7.27}$$

定义为“微观熵产生”，而这导致一个新型的并协性。

我们在第 3 章中引入了并协性概念，我们已看到在量子力学中坐标与动量被非对易算符所表述（海森伯测不准关系）。这可以看做玻尔并协原理的一个例子。在量子力学中存在着其数值不能同时确定的观察量，在此我们又得到一个新的并协性。即动力学描述与热力学描述之间的并协性。这样的一种并协性的可能性，玻尔曾明确地作过阐述，并且也为我们在这里所作的探讨所证实。要么我们考虑刘维算符的本征函数以便决定系统的动力学演化；要么我们考虑 M 的本征函数，但是不存在两个非对易算符 L 和 M 所共同的本征函数。

M 被当做算符又意味着什么呢？首先它意味着存在着不包括在动力学描述之中的附加性质（见第 10 章）。甚至如果我们知道了 L 的本征函数与本征值，我们仍然不能赋予 M 一个十分确定的值。这样的附加性质只能来自运动中的某种形式的随机性。

在第 2 章中，我们早已看出，在那里存在一个有越来越强的随机性的动力学系统的层次体系。我们已经看到在遍历系统中运动可以是十分光滑的（见第 2 章的“遍历系统”一节），可是当较强的条件被引入时，事情并不是这样。让我们考虑一个动力学系统，开始（在时刻 t_0）它是在相空间中的区域 X 中。我们假设在时刻 $t_0+\tau$，发现它或者在区域 Y 中，或者在区域 Z 中（图 7.4A）。换句话说，如果我们知道时刻 t_0 系统在区域 X，我们只能计算在时刻 $t_0+\tau$ 它将在区域 Y 或 Z 的概率。当然，这并不证明存在某种与运动相联系的“基本的随机性”。我们减小区域 X 的尺寸来研究这一点，现在可能出现两种情形：要么对于某种尺度足够小的初始区域，各部分后来也全在“同一”区域（例如 Y）之中（图 7.4B）；要么继续坚持如图 7.4A 所示的情形，而不管区域 X 的尺度如何。第二种情形正好相应于“弱稳定性”条件：不论它的尺度如何，每一个区域都有不同类型的轨道，且向单个的轨道的转变成为不确定的。

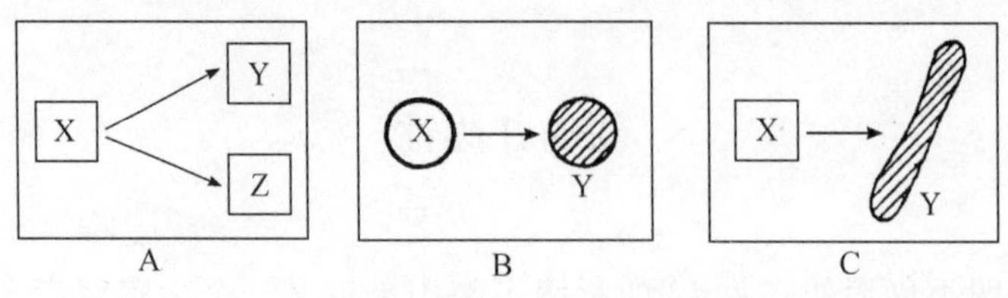

图 7.4　动力学系统的三种可能的转变

A　由相空间的初始区域 X（在时刻 t_0）向区域 Y 或 Z（在时刻 τ）的转变；B　从 X 到 Y 的单一转变形式；C　原来集中于区域 X 的相流体分散到一个长条区域 Y 上。

我们的例子有点过于简化：只要随着时间的流逝，每一个相体元充分地被"畸变"，我们的要求就被满足。如图 7.4C 所示的例子，起初集中在 X 区域上的相流体在经过一些时间以后分布在长条区域 Y 上。如果不论区域 X 的尺度如何，畸变继续保持的话，轨道的概念再次变为不确定。

正是在这类情形中，我们可以预期存在着微观熵算符。在第 8 章和第 10 章中我们将看到预期的这一点得到证实，对于表现出混合（或一个更强的条件）或者庞加莱突变的那些系统，真的能构成算符 M。

尽管各自的论据根本不同，我们所获得的不可逆性概念，就其实质而言，与玻耳兹曼所提出的非常类似。不可逆性是*微观尺度*上的"随机性"在*宏观尺度*上的表现[①]。

例如像我们刚刚讨论过的（图 7.4），我们甚至可走得更远而把系统同时间的一个新形式——与 M 密切相关的时间算符 T 联系起来。由于这个 T 是算符，有它的本征值，即一个系统具有的可能年龄（可参阅附录 A）。一个给定的初始分布 ρ 通常可以被分解为有不同年龄和不同演化的成分。

这里我们得到了可能是本书中最有趣的结论：虽然在物理学中时间通常是与轨道或波包相联系的一个纯粹的符号，但在这里，时间的出现具有与演化相联系的完全新的意义。我们将反复谈到这个思想。

在第 8 章中首先寻求算符 M 和李雅普诺夫函数存在的结果，然后我们将简要地讨论后者的结构和给出几个例子。在第 9 章作出若干定性说明以后，我们将在第 10 章中给出新的一般性的概念框架。

---

① 这一点在第 10 章中被做得更为精确，那里我们将区分出能被映射到马尔可夫链上的"内在随机"系统和导出过去与将来的内在差别的"内在不可逆"系统。

第 8 章

不可逆过程的微观理论*

不可逆性以及经典力学和量子力学表述的扩展

在第 7 章，我们已经看到，把不可逆性引入经典力学所必需的“最低限度的假定”是经典可观察量概念的扩大，我们已经引入了一个算符 M 来代替坐标和动量的函数。这意味着经典力学不再靠研究轨道来构成，而是转而研究分布函数的时间演化。

在量子力学中，情况也有点类似。在薛定谔方程 3.17 所描述的波函数的可逆演化的框架中，无法引入像 M 那样的算符（参见附录 C）。

因而，正如在经典力学中那样，我们需要转向系综理论（见第 3 章）和使用刘维定理的量子表述（式 3.36）。此外，在量子力学中，我们必须区分出作用在波函数上的算符与作用在算符（或矩阵）上的“超算符”，例如，刘维算符作用在密度矩阵 ρ 上（见式 3.35，式 3.36），因而是一个超算符。

在量子力学中熵算符 M 也是一个超算符，因为它作用在密度矩阵 ρ 上。然而，它与刘维算符 L 根本不同，这起因于我们在第 3 章引入的纯态与混合态之间的差别（见方程 3.30 和 3.32）。正如在附录 C 中详细叙述的，L 是一个“可因式分解”的超算符，其意义是：当做用在与一个纯态相对应（即与一个完全确定的波函数相对应）的 ρ 上时，它使系统处于一个纯态（即对应于一个十分确定的波函数）。这是与薛定谔方程 3.17 相一致的，按照薛定谔方程，一个波函数随着时间的推移演变为另一波函数。在另外一方面，M 是不能因式分解的，它不保持纯态与混合态之间的差别。换句话说，在一个李雅普诺夫函数所描述的不可逆过程出现的系统中，纯态与混合态之间的差别消失了，当然这并不意味着薛定谔方程成为错误的了——或者经典力学中的哈密顿方程成为错误的了——可是纯态与混合态之间的区别（或波函数与密度矩阵之间的区别）不再是可观察的，只要可以引入 M，我们就能如在经典力学中那样做下去。照例，遍及相空间的积分为迹算符

* 第 8 章是本书中最具技术性的一章，为方便读者，在第 9 章中给出了一个非技术性的概述。

所替代(见式 3.32),于是式 7.18 成为

$$\Omega = \mathrm{tr}\rho^{\dagger}M\rho \geqslant 0, \tag{8.1}$$

同时

$$\frac{\mathrm{d}\Omega}{\mathrm{d}t} \leqslant 0。$$

我们又一次看到,并非总能找到一个算符 M 使得这两个不等式得到满足。另一方面,如果哈密顿量有一分立谱,波函数(或 ρ)的运动是周期性的,因此连续谱的存在乃是一个必要条件。

详细讨论不可逆过程的微观理论将超出本书的范围,这里我们只希望帮助读者掌握所涉及的概念的物理意义。首先,我们将在一种如式 8.1 表示的李雅普诺夫函数的存在同玻耳兹曼方法之间建立联系,然后从定性方面讨论某些应用,在第 3 章中我们已经看到,对于传统量子力学造成的一些未解决问题,至今仍在作广泛的讨论。一旦不可逆性和谐地并入动力学的描述中去,就能以一种新的眼光来看待这些问题。

新的变换理论

假设我们能构成一个经典力学或量子力学的算符 M,使得式 7.18 或式 8.1 表示一个李雅普诺夫函数。即使如此,我们仍然与玻耳兹曼的思想相差甚远。因为这些李雅普诺夫函数包含的算符 M,与系统的"动力学"有关,相反,玻耳兹曼的 H 函数(方程 7.7)是普适的。值得注意之点是:我们可以用 M 去建立新的非哈密顿的动力学描述。让我们通过一个算符 T 和它的厄米共轭 $T^{\dagger}$ 的乘积表示熵算符 M。因为 M 是正的,这样做总是可能的(T 是 M 的"平方根")。因此我们可写出

$$M = T^{\dagger}T。 \tag{8.2}$$

为了与早期的出版物使用同一种符号(如 Prigogine *et al.*, 1978),进行如下替换:

$$\Lambda^{-1} \equiv T, \tag{8.3}$$

把式 8.2 和式 8.3 代入式 8.1 使用厄米性的定义(见式 3.11,式3.34″)我们得出

$$\Omega = \mathrm{tr}\tilde{\rho}^{\dagger}\tilde{\rho} \tag{8.4}$$

其中新变换的密度矩阵 $\tilde{\rho}$ 被定义为

$$\tilde{\rho} = \Lambda^{-1}\rho。 \tag{8.5}$$

这是一个非常有趣的结果,因为公式 8.4 和我们期望描述速度反演实验的式 7.14 具有同一形式。可是,我们看出这个形式的李雅普诺夫函数只存在于一个"新的"表象中,这表象是通过变换 8.5 从先前的表象得到的。通过这个变换对在式 8.1 中的算符 M 的任何明显的要求已经消失。李雅普诺夫函数的定义不是唯一的,当表达式 8.4 是一个李雅普诺夫函数时,形如

$$\Omega = \mathrm{tr}\tilde{\rho}\log\tilde{\rho}$$

的 ρ 的一切凸泛函也都是李雅普诺夫函数(参见附录 A,在那里证明 $\tilde{\rho}$ 满足一个马尔可夫过程)。

我们正在研究一个只与系统的统计描述有关的表达式，这表达式如同玻耳兹曼的 H 量(式 7.7)，一旦我们知道了为 $\tilde{\rho}$ 所给出的系统的状态，我们便可计算 Ω 的值。这个导致 Ω 最小值的特定态 $\tilde{\rho}$ 对于其他的状态的作用如同一个吸引中心，因而在算符 M 的存在和包含算符 Λ(见式 8.5)的变换理论之间有一种密切的关系。

现在让我们更仔细地考虑从式 8.1 到式 8.4 的变换的形式上的性质。首先让我们写出在新表象中的运动方程，考虑到式 8.5，我们得出

$$\mathrm{i}\,\frac{\partial\tilde{\rho}}{\partial t} = \Phi\tilde{\rho} \tag{8.6}$$

和

$$\Phi = \Lambda^{-1}L\Lambda。 \tag{8.7}$$

这新的运动方程与原先的运动方程的联系是通过一个相似变换(见式 3.13)。可是我们希望，容许包括“不可逆性”的那个变换应当超出为一幺正变换表示的纯粹的坐标变化。让我们用运动方程 3.36 的解去弄清楚这一点。替代式 8.1 中的两个表达式，我们可使用更明显的不等式

$$\Omega(t) = \mathrm{tr}\rho^{\dagger}(0)\mathrm{e}^{\mathrm{i}Lt}M\mathrm{e}^{-\mathrm{i}Lt}\rho(0) > 0, \tag{8.8}$$

$$\frac{\mathrm{d}\Omega(t)}{\mathrm{d}t} = -\mathrm{tr}\rho^{\dagger}(0)\mathrm{e}^{\mathrm{i}Lt}\mathrm{i}(ML - LM)\mathrm{e}^{-\mathrm{i}Lt}\rho(0) \leqslant 0。 \tag{8.9}$$

然后我们用式 8.5 去完成到新表象的变换，对于熵产生(式8.9)，我们得出

$$\frac{\mathrm{d}\Omega}{\mathrm{d}t} = \mathrm{tr}\tilde{\rho}^{\dagger}(0)\mathrm{e}^{\mathrm{i}\phi^{\dagger}t}\mathrm{i}(\phi - \phi^{\dagger})\mathrm{e}^{-\mathrm{i}\phi t}\tilde{\rho}(0) \leqslant 0。 \tag{8.10}$$

这意味着 Φ 和它的厄米伴随 $\Phi^{\dagger}$ 之间的差不为零：

$$\mathrm{i}(\phi - \phi^{\dagger}) \geqslant 0。 \tag{8.11}$$

因此，我们注意到这个重要的结论，出现在变换了的刘维方程(式 8.6)中的新的运动算符不能再如同刘维算符 L 那样是厄米的。这表示我们必须抛弃通常类型幺正变换(式 3.11)，和必须继续进行量子力学算符对称性的推广。幸运的是，我们现在需要考虑的变换的类型是容易决定的。我们要求

$$\langle A\rangle = \mathrm{tr}A^{\dagger}\rho = \mathrm{tr}\widetilde{A}^{\dagger}\tilde{\rho}。 \tag{8.12}$$

如果我们同时变换算符 A 和分布函数 ρ，结果应保持不变。

此外，我们的兴趣在于显然与刘维算符有关的那些变换上。这正是推动理论的物理动机。我们已经在第 7 章中看到，玻耳兹曼型的方程具有一个破缺的 L-t 对称性。我们想要通过我们的变换来实现这个新的对称性。这只能靠与 L 有关的变换 $\Lambda(L)$来完成。密度 ρ 和可观察量具有同样形式的运动方程，但是所用的 L 被 $-L$ 所代替(见式 3.36 和式3.40)，因而，对于一个可观察量 A，我们要求

$$\widetilde{A} = \Lambda^{-1}(-L)A。 \tag{8.13}$$

因此

$$\begin{aligned}\mathrm{tr}\widetilde{A}^{\dagger}\tilde{\rho} &= \mathrm{tr}\{[\Lambda^{-1}(-L)A]^{\dagger}\Lambda\rho\}\\ &= \mathrm{tr}\{A^{\dagger}[\Lambda^{-1}(-L)]^{\dagger}\Lambda^{-1}(L)\rho\},\end{aligned} \tag{8.14}$$

这与矩阵迹的原先的形式是一样的。我们得出

$$[\Lambda^{-1}(-L)]^{\dagger} = \Lambda(L),$$

$$\Lambda^{-1}(L) = (\Lambda^{\dagger})(-L)。 \tag{8.15}$$

这表达式代替通常加在量子力学变换上的幺正性条件(式3.12)。当然,如果Λ与L无关那么它就是一个幺正变换,可是这里的情况与此无关。

我们找到一个非幺正变换规律并不令人感到惊奇,幺正变换非常类似于坐标的变换,不会影响问题的物理内容,不论什么坐标系统,系统的物理内容是不会被改变的。可是在此我们涉及的是一个十分不同的问题,我们需要从一种描述形式走到另一种描述形式,即从动力学的描述形式走到"热力学"的描述形式。这就是为什么我们需要表象形式的一个更深刻的变化的理由,这个变化是由新的变换规律(式8.15)所表示的。

我们称这个变换为星-幺正变换,并引入新记法①:

$$\Lambda^{*}(L) = \Lambda^{\dagger}(-L)。 \tag{8.16}$$

我们称这个算符为与Λ相联结的"星-厄米"算符("星"通常意味着厄米共轭再加上反演$L \to -L$)。于是,对于星-幺正变换来说,式8.15表明反演的变换等于它的星-厄米共轭。当然,正如我们已经阐明的,幺正变换总是满足式8.12的(如果我们认为Λ与L无关,又会恢复到幺正变换)。值得注意的特点是另外存在一个十分确定的非幺正变换类型,它满足等价性条件和导致一个新的运动方程形式。现在让我们重新考虑8.7。

通过一个来自L的相似变换得出一个新的动力学算符Φ,但是这个相似变换依据一个星-幺正(不是幺正!)算符,运用L是厄米的而且式8.15和式8.16成立的事实,我们得出

$$\Phi^{*} = \Phi^{\dagger}(-L) = -\Phi(L), \tag{8.17}$$

或

$$(\mathrm{i}\Phi)^{*} = \mathrm{i}\Phi。 \tag{8.18}$$

该运动算符是星-厄米的。这是非常受欢迎的,其实星-厄米算符在L反演下,可以或者是厄米的与偶的(即当L被$-L$代替时,它不改变符号)或者是反厄米的与奇的(奇意味着当L被$-L$代替时,它改变符号)。因而一个星-厄米算符一般可写成

$$\mathrm{i}\Phi = (\mathrm{i}\overset{e}{\Phi}) + (\mathrm{i}\overset{o}{\Phi}) \tag{8.19}$$

这里,上标e和o分别表示新的时间演化算符Φ的偶部和奇部。表明存在一个李雅普诺夫函数Ω的耗散性条件(式8.11)现在变为

$$\mathrm{i}\overset{e}{\Phi} \geqslant 0, \tag{8.20}$$

即偶部给出"熵产生"。

于是,我们得到微观方程(即如经典力学或量子力学中的刘维方程)的一个新形式,而在这个新形式中显然有一部分可与一个李雅普诺夫函数联系起来。换句话说,方程

$$\mathrm{i}\,\frac{\partial\tilde{\rho}}{\partial t} = (\overset{o}{\Phi} + \overset{e}{\Phi})\tilde{\rho} \tag{8.21}$$

---

① 与量子统计学有一个令人感兴趣的类似,在量子统计学中分布函数被$+1$或-1所区分。这里也一样,等价条件(式8.12)导致两类变换$\Lambda^{\dagger}(L) = \Lambda^{-1}(\pm L)$,选择"+"则得普通的幺正变换,而选择"−"则出现不可逆过程的表象。

包含一个“可逆部分”和一个“不可逆部分”。在可逆和不可逆过程之间的宏观热力学的区别现在已经纳入微观描述之中。

这里值得高兴的是，我们已经得到的方程8.21的对称性恰恰就是玻耳兹曼对称，正如我们在玻耳兹曼型方程中看出的，在L中，碰撞部分是偶的而流部分是奇的。

物理意义也是类似的，这偶项包含对李雅普诺夫函数的增加与导致系统趋向平衡作出贡献的所有过程，这些过程包含散射粒子的产生与衰变，阻尼等等。

通过非幺正变换所迈出的这一步是极为重要的，我们从依据轨道或波包的动力学描述转到依据过程的描述，这个方法的各种因素如何促使达到一幅动力学与热力学统一的画图是令人感到惊奇的。一旦我们假设存在李雅普诺夫函数(式8.1)，立刻注意到存在一个具有“L-t 对称”破缺特点的动力学表象。

这系列如下：

微观熵算符(M)→非幺正变换Λ

→星-厄米演化算符Φ(具有对称性破缺)。

这个链条把时间不变的动力学定律引导到一种包含时间优惠方向的对自然的描述。的确，把热力学第二定律包括进来要求一种机制，以便打破动力学描述的时间反演不变性。这一基本的方面将在第10章得到详细讨论。

经验表明，在“存在和演化”之间的矛盾会以不同的方法加以克服是难以想象的。19世纪在“唯能论者”与“原子论者”之间争论不休，前者宣称第二定律破坏宇宙的力学概念；后者宣称第二定律能够与动力学相和谐一致，但以诸如概率性的论证那样的“附加假定”为代价。现在我们较清楚地看到这个主张的确切含意。“代价”也是不小的，因为它包含动力学的一个新的表述。

熵算符的构成和变换理论：面包师变换

直到现在，我们所考虑的只是M的形式特征及其与变换理论的关系，现在让我们简洁地探讨一下M和变换算符Λ的构成。实际上这是一个大课题，在这里我们只能做一点一般性的讨论，以指出必须使用的方法(也可参看第10章以及附录A和C)。

在这一节中我们首先考虑经典动力学的情形。然后，如一再重申的那样，我们必须考虑两种不同的情形，它们导致预期存在李雅普诺夫函数的那种“弱稳定性”类型(见第2章)。

对于遍历系统，米斯拉已表明(Misra, 1978)，混合性是微观算符存在的必要条件，K流是其充分条件。在第2章我们已经看到，这种对动力学系统的分类是基于刘维算符的谱性质，混合性意味着没有非零的分立本征值，另外K流暗示L的一切本征值具有同样的多重性。要注意到，单是遍历性质是不充分的，我们需要刘维算符除了和平衡相对应的零值以外没有别的分立本征值(见第2章)，从而不存在周期性运动。米斯拉指出，在K流的情形一个厄米共轭算符T可与L相联系，从而它们的对易量是常数：

$$-\mathrm{i}[L,T]=-\mathrm{i}(LT-TL)=\mathbf{1}, \tag{8.22}$$

这里 **1** 是单位算符。接着给出一个似乎合理的论证(证明可见 Misra, 1978;关于这种构成的一个例子,可见附录 A)在 K 流的情形,我们可以得到一种表象,在这种表象中算符 L 由一个数(比如 λ)表示。于是我们可找出一个算符 T,这算符 T 在同样的表象中将由导数 $\mathrm{i}(\partial/\partial\lambda)$ 给出。

正是我们的方法使得动力学和热力学之间的一种新的并协性特别显而易见。因为方程 8.22 给出的关系在形式上类似于量子理论中动量与坐标之间的关系,正如式 3.2 给出

$$[q_{\mathrm{op}}, p_{\mathrm{op}}] = q_{\mathrm{op}}p_{\mathrm{op}} - p_{\mathrm{op}}q_{\mathrm{op}} = \hbar\mathrm{i}。 \tag{8.23}$$

从形式上看刘维算符 L 对应于一个时间导数(见式 2.12)。因而在表象

$$L \to \mathrm{i}\frac{\partial}{\partial t}, T \to t \tag{8.24}$$

满足对易关系 8.22 的意义上,共轭算符 T 对应于一个"时间"。换句话说,我们能够对动力学增加一个时间算符 T,依照第 7 章中的一般性评论,它代表一个时间的涨落。一个简单的例子是由所谓面包师变换给出的。之所以叫这个名字是因为它使人想起揉一团面团的情景。(这变换或映象在附录 A 中有更详细的讨论。)我们考虑一个单位正方形(见图8.1A)坐标 x, y 是用模 1 来确定的,就是说,所有不在单位正方形内的点都被重新引导到单位正方形之内,方法是在它们的坐标上加上一个整数或减去一个整数。例如,$(x, y) = (1.4, 2.3)$ 被当做 $(0.4, 0.3)$ 而送回到单位正方形内。

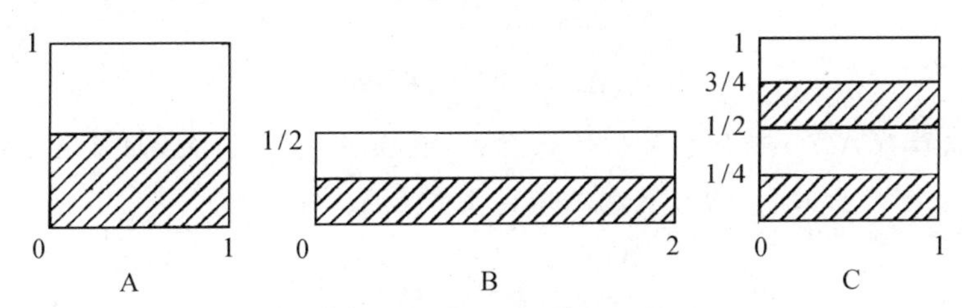

图 8.1　面包师变换

首先,单位正方形 A 被压扁成一个$\frac{1}{2}\times 2$ 单位的长方形 B;然后,把它重新配置为一个新的正方形 C,其中阴影区和非阴影区被分成四个隔开的区域,而不是 A 中所示的两个隔开的区域。

现在在固定的时间间隔,我们完成变换(这是一个分立的变换):

$$(x, y) \to \left(2x, \frac{1}{2}y\right) \qquad \text{模 } 1, \text{如 } 0 \leqslant x < \frac{1}{2};$$

$$(x, y) \to \left[2x - 1, \frac{1}{2}(y+1)\right] \qquad \text{模 } 1, \text{如} \frac{1}{2} \leqslant x < 1.$$

这个映射有一简单的几何意义。如果时刻 t_0 相点在 (x, y),到了时刻 $t_0 + \tau$ 它是在靠把正方形压扁成一个$\frac{1}{2}\times 2$ 的长方形并进而加以切断和重新配置形成的一个新正方形而获得的点上,如图 8.1B、C 所示。

虽然这不是一个哈密顿量的动力学变换,然而,因为它是保测的,它能被用来说明哈密顿流的许多方面。这个面包师变换精确地导致在第 7 章的"新的并协性"一节中所描

述的情形，每一个有限的区域被面包师变换分裂成一些分开的区域。

算符 T 在这里有一个简单的物理意义——它的所有本征值都是从 $-\infty$ 到 $+\infty$ 的整数。相应的本征函数对应于从某标准分布在一给定的步数中产生的空间分布。例如，与20对应的本征函数意味着，如果从与零本征值对应的分布去产生这分布函数，必须采用20次面包师变换。一个分布（更精确地说，对于均匀平衡分布的超额量）可以有一个确定的年龄。于是按定义，它是 T 的一个本征函数。一般来说，一个分布没有完全确定的年龄，但是可以按有确定年龄的函数的系列展开，那么我们可以说到平均年龄，年龄的涨落等，与量子力学的类似是惊人的，在附录 A 中可找到更详细的材料。

一旦知道 T，我们可对 M 取一个算符，它是 T 的下降函数，于是我们得到一个李雅普诺夫函数（或一个 H 量），在微正则平衡时它取最小值，微正则分布的意义是非常简单的：不论人们的观察何等精密（只假定它是有限的），逐次应用面包师变换会引导到一个均匀的分布（其不均匀度在观察的尺度以下）。非常值得注意的是在这样简单的情形下，我们真的已可引入一个李雅普诺夫泛函。这泛函单调地变化直到实现在这种意义上定义的均匀分布为止，不必取系统趋于无穷大时的热力学极限。

此外，从 M 出发，我们可以引入一个非幺正变换 Λ 以得到一个普适的李雅普诺夫函数。与式 8.5 相一致，我们写出

$$\tilde{\rho} = \Lambda^{-1}\rho \tag{8.25}$$

和

$$\Lambda^{-1} = M^{1/2}(T)。 \tag{8.26}$$

现在我们可以看看 $\Lambda(L)$ 与 L 有关是什么意思，变换 Λ 与 T 有关，而 T 本身又通过对易规则（式 8.22）与 L 有关，L 的反演也意味着 T 的反演，即

$$\Lambda(-L) = \Lambda(-T)。 \tag{8.27}$$

我们已看出，Λ 是一个满足式 8.15 的星-幺正算符，因为 T 与 $M(T)$ 是厄米的，这个条件归结为

$$\Lambda^{-1}(L) = \Lambda(-L) \tag{8.28}$$

靠 L 的反演我们得到逆变换。这样的变换在物理学中是熟知的，例如在狭义相对论中的洛伦兹变换就是属于这种类型（当把两个观察者之间的相对速度反演，我们就得到逆变换）。

在第 10 章和附录 A 中，我们将证明 $\tilde{\rho}$ 具有分布函数（它是正的）的全部性质。

现在让我们转到第二种情况，我们希望在这里发现弱稳定性，亦即出现庞加莱突变的情况。

熵算符和庞加莱突变

在这里，M 和 Λ 的构成是一个更为艰巨的任务。有意思的是，布鲁塞尔学派首先考虑到这种情况（见 Prigogine *et al.*，1973）. 我和格里科斯新近给出了一个总结性的评述

(Prigogine, Grecos, 1977)。额外的困难来自下述事实：我们不仅需要哈密顿量 H(或刘维算符 L),而且要把 H 分解为“非微扰”H_0 和 “微扰”V(见式 2.25),非常精密地完成这个分解是靠引入正交厄米投影算符 P、Q,使得有

$$P+Q=1,\ P=P^2,\ Q=Q^2,\ PQ=QP=0。\tag{8.29}$$

据此,有

$$PH=H_0, QH=V。\tag{8.30}$$

采用这些算符,现在能分解 L 或它的预解式$(L-z)^{-1}$。依照定义

$$\frac{1}{L-z}=P\frac{1}{L-z}P+P\frac{1}{L-z}Q+Q\frac{1}{L-z}P+Q\frac{1}{L-z}Q,\tag{8.31}$$

简单地运算导致等式

$$P\frac{1}{L-z}P=\frac{1}{PLP+\Psi(z)-z}\tag{8.32}$$

和

$$\Psi(z)=-PLQ\frac{1}{QLQ-z}QLP。\tag{8.33}$$

$\Psi(z)$是所谓的碰撞算符,在这方法中它扮演主角。

在 $z\to 0$ 时,$\Psi(z)$的行为是特别有趣的,因为它决定分布函数的渐近行为[即 $t\to\infty$ 时,$\rho(t)$的极限]。更精确些,可以证明传统的动力方程,诸如玻耳兹曼方程(或它的量子形式,泡利方程)能够从 N 个粒子的速度分布函数 ρ_0 的所谓主方程推导出来,该主方程可写成

$$\mathrm{i}\frac{\partial\rho_0}{\partial t}=\Psi(0)\rho_0,\tag{8.34}$$

式中 $\Psi(0)$是 $z\to 0$ 时 $\Psi(z)$的极限,因而动力方程的存在同与 z 相关的碰撞算符 $\Psi(z)$的非零极限 $\Psi(0)$有密切的关系。

值得注意的特点是 $\Psi(0)$同样也出现在与庞加莱定理相联系的动力学不变量的理论中。假设投影算符 P 投影在与归结为 H_0 的非微扰运动相对应的不变量的空间上。当我们引入微扰 V,我们希望这个不变量“延续”成为一个新的称为 ϕ 的不变量,它满足条件 2.33($L\phi=0$),而且我们现在预期它同时有 P 和 Q 两部分：

$$\phi=P\phi+Q\phi.$$

然而,使用 $\Psi(z)$的定义,可以证明,仅当条件

$$\Psi(0)P\phi=0\tag{8.35}$$

满足时,这才是可能的。(如见 Prigogine, Grecos, 1977)如果 $\Psi(0)$等于零,方程 8.35 显然总能被满足,H_0 的不变量能被扩充成 H 的不变量。另外一方面,当我们具有第 2 章中所谓的“庞加莱突变”时,H_0 的不变量不能被扩充成为 H 的不变量(H 自身或 H 的函数除外),这意味着 $\Psi(0)$不等于零(亦见附录 B)。

然而,对于算符 M 或 Λ 的构成来说,$\Psi(0)$不等于零仅是一个必要条件而不是充分条件。我们需要与色散方程

$$\Psi(z)-z=0\tag{8.36}$$

的行为有关的更强的条件,这个方程必须容许有复数根。为处理这个问题,已发展了一

种称做“子动力学”的特殊方法(见 Prigogine,Grecos，1977)。在下节中我们将给出一个简单例子(亦见附录 B)。

最后,应强调指出,非幺正变换 Λ 的李雅普诺夫算符 M 的构成并没有预先假设单一的动力学方程水平的机制。各种各样的机制都可能被涉及,要紧的是它们应导出一种微观水平的复杂性,这种复杂性使得在轨道或波函数中所涉及的基本概念必须被一个统计系综取代。

热力学第二定律的微观解释：集体模式

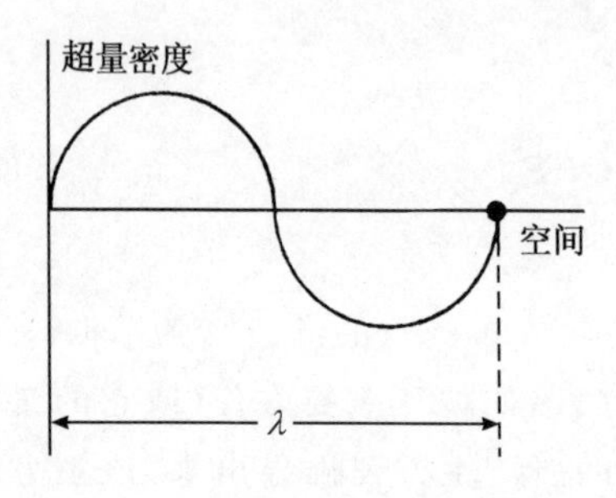

图 8.2　作为距离的函数的超量密度

满足式 8.1 的李雅普诺夫函数还不能与热力学的熵函数等同起来,它仍旧对应于一个纯粹的动力学概念。甚至对于“小”的动力学系统它也可以应用,而且 M 和 Ω 都不是被唯一地确定的。要把 Ω 与宏观熵等同起来必须引入补充假定。更确切地说,在所有的不可逆过程中,只有某些具有简单宏观意义的过程需要保留。确实值得注意的是,在驱使系统趋向于平衡的那些过程当中,某些过程有明显的普适性并与宏观的时间尺度相对应。这些过程被称为流体动力学模式,它对应于粒子数、动量和能量等守恒量的演化(Forsten,1975)让我们用一个密度是非均匀的系统来说明这一点。超量密度表示在图 8.2 上。

因为粒子不能消失(不存在化学反应),通过一个缓慢的扩散过程,均匀化将会达到。第 1 章提到的简单布朗运动模型表明位移平方的平均值与时间成正比：

$$\langle r^2 \rangle \sim Dt。\tag{8.37}$$

我们预期,当粒子移动的距离为微扰波长的数量级(式 8.37)时,非均匀性将消失。因此,为了消散密度涨落所必需的时间的数量级为

$$\tau \sim \frac{\lambda^2}{D}。\tag{8.38}$$

因而,当波长增加时,密度涨落消失所需时间将变大。这种类型的过程与经典流体动力学有的那些过程类似。它们是集体的过程,因为它们包含很大数目的粒子(每当波长是宏观的时候)。这些集体过程同时包含可逆的与不可逆的过程。例如波的传播与阻尼。因而如式 8.21 那样的方程是颇为适合的,因为它们把这些过程分离成两部分。

如同在前节中指出的那样,为了构成熵算符和变换函数,我们必须引入碰撞算符 $\Psi(z)$,可是在色散方程中,我们只需保留长时间模式,近来,这个已经被西奥多索普卢和格里科斯(Theodosopulu, Grecos, 1978)所完成。他们已经表明李雅普诺夫函数(式 8.1)精确地变成宏观熵,即方程 4.30 中给出的李雅普诺夫函数(见 Theodosopulu, Grecos, Prigogine, 1978),此外,运动方程 8.21 的矩是宏观的流体动力学方程的微观类似。

这是非常令人满意的。我们已得到了在微观物理学与宏观物理学之间的一座桥梁。

我们在动力学描述中引入的微观李雅普诺夫函数在这里得到一个直接的宏观的意义。要得到线性化的流体动力学方程，所需的假定只是短程力和对平衡的小偏离。

对于稀薄气体从玻耳兹曼方程出发的类似的结果是大家早已熟知的。有趣之点在于：与预期的第二定律的普遍性相一致，非平衡热力学，至少在线性区域现在能导自一个与任何涉及系统密度的假定无关的统计理论。

粒子和耗散：非哈密顿的微观世界

正如前已说及的，方程 8.21 有意思的地方在于：它通过不等式 8.20 直接与第二定律联系起来。这种联系与一个虽已对之竭尽全力却仍未得解答的基本问题有关。一个基本粒子的概念怎样与相互作用的概念联系起来？

以在第 3 章已经说过的相互作用着的电子和光子为例，一开始我们总要用到一个涉及“裸”粒子（电子和光子）的哈密顿量和一种相互作用。这些“裸”粒子不可能是“实在的”粒子。由于在电子和光子之间的电磁相互作用，一个电子总是被一团光子云包围，裸电子（没有光子）只是一个形式上的概念。于是，我们完成一个“重正化过程”，在这个过程中部分的相互作用用于改变粒子的物理性质，例如粒子的电荷或质量。可是这个过程在那里停止？甚至在重正化之后，我们仍面临“哈密顿困境”：要么是没有完全确定的粒子（因为部分能量是在电子与光子“之间”），要么是不相互作用的粒子（在总哈密顿量是对角的表象中）。

是否存在一条出路？重要之点在于：我们现在有了借助于过程的第三种描述（见图 2.5 和 8.3）。电子和光子参与了散射、光子的发射和吸收等物理过程。这些过程驱动总系统（电子加光子）趋向于平衡。此外这些过程是“实的”；它们是物质宇宙演化的一部分。靠表象的任何变化它们将肯定地不会被变换掉。因而，无论描述会是什么样的，它应通过导致耗散性条件（式 8.20）的星-幺正变换而得到。

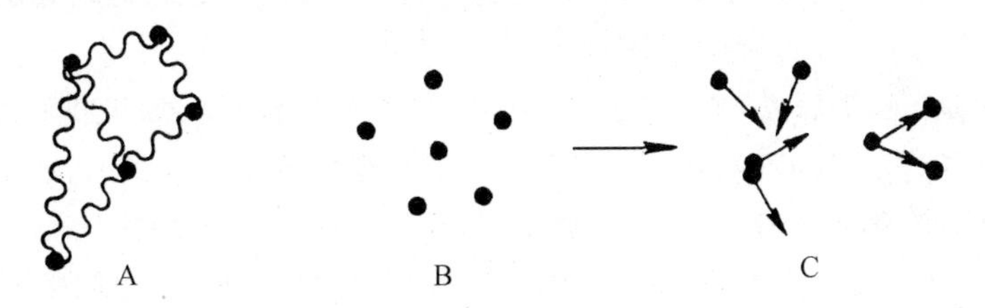

图 8.3　系统的三种描述

A、B　二个哈密顿的观点。C　借助于过程作的描述。

可是这还不够；这里有全都满足条件 8.20 的星-幺正变换族。选择哪一个的问题十分类似于在第 3 章中提及的玻尔-海森伯-约旦量子化规则问题。后者的解决可经下述途径：考虑所有的幺正变换，并从中选择一个会导致对角化形式哈密顿算符的。现在我们也需要一个量子规则，不过是在星-幺正变换中间去作选择的新的规则。下面让我们简洁地指出这样的规则可以如何表述，正如我们所预期的，它将通过超算符来表述。

要记住，刘维算符相应于一个对易量（见式 3.35）。

$$L\rho = H\rho - \rho H。 \tag{8.39}$$

而我们同样可引入一个“反对易量”

$$\mathscr{H}\rho = \frac{1}{2}[H\rho + \rho H]。 \tag{8.40}$$

L 和 $\mathscr{H}$ 这两个量是超算符（记住：普通算符作用在波函数上，而 L 和 $\mathscr{H}$ 作用在算符上）。现在，能量的平均值可以通过新的量 $\mathscr{H}$ 写作（见式 3.38）

$$\langle H\rangle = \mathrm{tr}H\rho = \frac{1}{2}\mathrm{tr}(H\rho + \rho H) = \mathrm{tr}\mathscr{H}\rho。 \tag{8.41}$$

现在我们把我们的变换 Λ 施加到 L 和 $\mathscr{H}$ 两者身上，除了式8.7以外，我们得出

$$\tilde{\mathscr{H}} = \Lambda^{-1}\mathscr{H}\Lambda。 \tag{8.42}$$

现在我们寻找一个 Λ 使得条件 8.20 被满足，而且使得式8.41可写作

$$\langle H\rangle = \sum_i \tilde{E}_i\tilde{\rho}_{ii}。 \tag{8.43}$$

如果是这样的话，$\tilde{E}_i$ 可以被看做与系统相联系的能级。于是，我们对系统有一个非常满意的描述：它的演化与第二定律相符（不等式 8.20），而粒子仍有十分确定的能量的特性。

我们的方法可概述如下：在通常的量子力学中，能级（见式 3.16）和时间演化（式 3.17）两者都被同一个量（哈密顿算符 H_{op}）所决定，这是一种明显的量子力学“简并”特性。可是，在超算符表述中，于 Λ 变换以后，我们得到两个不同的算符，即适合于决定时间演化的 Φ（见式 8.2）和适合于决定能级的 $\mathscr{H}$。用这种方法，对于能定义引出李雅普诺夫表示的星-幺正变换 Λ 的那些系统来说，这种简并性被取消了。

这个方法是非常新的（Prigogine，George，1978；George，Henin，Mayne，Prigogine，1978）。已经很成功地应用于一个十分简单的模型（Fridrich 模型），可是它的普遍性仍要加以研究。在这里提到它是因为它避免了第 3 章中所述技术上的困难，我们得到严格的指数衰变（寿命是 $\overset{e}{\Phi}$ 的一个矩阵元）。可是除此之外，它又是成为问题的“基本粒子”的全部概念。

经典的次序是：粒子居先，第二定律其次——存在先于演化！如果我们进入基本粒子的层次，次序便可能不再如此，而且在这里我们必须在未能确定存在的时候，首先引入第二定律。这个意味着演化先于存在？无疑地，这应当意味着对经典思想方式的根本的背离。可是，基本粒子毕竟不是一个“给定的”客体，这正好与它的名称相反；我们必须构造它，而在这个构造中，未必不是演化起着基本的作用，须知粒子是参与物理世界演化的。

第 9 章

变化的规律

爱因斯坦的困境

我写这一章是在1979年，正值爱因斯坦诞生100周年。对于物质的统计理论，特别是对于涨落的理论，谁也没有爱因斯坦的贡献大。通过对玻耳兹曼公式（式1.10）求逆，爱因斯坦导出了以与之相联系的熵所表示的宏观态的概率。已经证明，这是对整个微观涨落理论（尤其是靠近临界点处）有决定意义的一步。在翁萨格倒易关系（方程4.20）的证明中爱因斯坦关系是一个基本要素。

第1章中概述的爱因斯坦对布朗运动的描述是“随机过程”的最早例子之一。就是今天它也远未失其重要性。第6章中用马尔可夫链来模拟化学反应，是这同一思想线索的扩展。

最后，是爱因斯坦第一个认识到普朗克常数 h 的普遍意义，它导致了波粒二象性。爱因斯坦关心过电磁辐射问题。而过了20年以后，德布罗意把爱因斯坦关系推广到物质。海森伯、薛定谔等人的工作把这些思想纳入了一个数学框架。可是，如果物质既是波又是粒子，那么经典决定论的轨道概念就失去了作用。结果，只能由量子理论作出统计的预言（见第3章和附录D）。直到生命的最后一刻爱因斯坦仍然否认这种统计的考虑是符合自然界客观特点的。在他给马克斯·玻恩的著名的信中（见 Einstein，1969），他写道：

> 你相信掷骰子的上帝，而我却相信客观存在的世界中的完备规律和秩序，而我正试图用放荡不羁的思辨方式去把握这个世界。我坚定地相信，但是我希望：有人会发现一种比我的命运所能找到的更加合乎实在论的办法，或者说得妥当点，会发现一种更加明确的基础。甚至量子理论开头所取得的伟大成就也不能使我相信那种基本的骰子游戏，尽管我充分意识到我们年轻的同事们会把我这种看法解释为衰老的一种后果。

为什么爱因斯坦对时间和随机性采取这么坚定的看法？为什么在这些事情中他宁愿在知识界孤立而不作任何妥协呢？

在爱因斯坦一生最感人的文献中，有他和挚友密希里·贝索(Michele Besso)之间的通信集(Einstein, 1972)。爱因斯坦通常是沉默寡言的，但与贝索之间则是个极特殊的情况。他们年轻时在苏黎世相识，那时爱因斯坦 17 岁，贝索 23 岁。当爱因斯坦在柏林工作的时候，贝索在苏黎世照料爱因斯坦的夫人和孩子。虽然贝索和爱因斯坦之间的交情很深，他们的兴趣却随着岁月的流逝而愈益分离。贝索越来越热衷于文学和哲学，热衷于人类存在的真正含意。他知道，要想得到爱因斯坦的响应，必须涉及科学性的问题，但他的兴趣却越来越岔向别的地方。他们的友情延续了一辈子，爱因斯坦于 1955 年逝世，贝索仅比爱因斯坦早几个月。我们在这里感兴趣的主要是他们通信中的最后部分，即 1940 年至 1955 年之间的部分。

在这期间，贝索一而再，再而三地提出时间的问题。什么是不可逆性？它与物理学基本定律的关系怎样？而爱因斯坦一次又一次耐心地回答：不可逆性是一种幻觉，一种主观印象，来自某些意外的初始条件。贝索对这样的回答始终不满意。他的最后一篇科学论文是投给在日内瓦出版的《科学文献》(*Archives des Sciences*)的。在 80 岁高龄，他提出一种尝试，想调和广义相对论与时间的不可逆性。爱因斯坦不同意这一尝试；他写道："你是站在光滑的地面上。在物理学的基本定律中没有任何不可逆性，你必须接受这样的思想：主观的时间，连同它对'现在'的强调，都是没有任何客观意义的。"当贝索去世的时候，爱因斯坦写了一封动人的信给贝索的妹妹和儿子："密希里早我一步离开了这个奇怪的世界。这是无关紧要的。就我们这些受人们信任的物理学家而言，过去、现在和将来之间的区别只是一种幻觉，然而，这种区别依然持续着。"

爱因斯坦相信斯宾诺莎(Spinoza)的上帝，一个等同于自然的上帝，一个最高理性的上帝。在他的概念中没有什么地盘留给自由创造，留给偶然性，留给人类的自由。任何偶然性，任何随机性，看来像是存在着，但只是表面上的。如果我们设想我们的行动是自由的，那么这只是因为我们还不知道这些行动的真正原因。

我们今天立于何处？我相信，已经取得的主要进步是：我们开始看到，概率性并非一定和无知连在一起，决定论描述与概率论描述间的距离并没有爱因斯坦以及其绝大多数同时代人所认为的那样大。庞加莱(Poincaré, 1914)早已指出，当我们通过骰子和用概率去预言结果的时候，我们并没有轨道概念不适用了的意思。更确切些说，对于这种类型的系统，在每个足够小的初始条件范围内，总有同样多的轨道通到骰子的每一面上。这是已被反复讨论过的动力学不稳定性问题(见第二、三、七、八章)的一种简单的说法。在回到这一问题之前，让我们先概述一下已经描述过的变化的规律。

时间和变化

在第 1 章，我给出了用了几十年时间发展起来的描述变化的方法。基本上，可以分为三种类型：处理平均值演化的宏观方法，如傅里叶定律、化学动力论等；统计的方法，如

中国原子能事业的奠基人钱三强。1978 年 6 月,钱三强率领的中国科学院代表团访问比利时等西欧各国,中国科学界开始与普里戈金及其学派有了直接的接触。

1979 年 8 月 20 日至 9 月 6 日普里戈金首次访华,期间,得到了时任国务院副总理的王震的亲切接见。(普里戈金夫人 提供)

1979 年,普里戈金与王震等人合影。前排右三为王震,左三为普里戈金,左二为钱三强,后排右二为郝柏林。(郝柏林 提供)

1979 年 8 月 21 日，普里戈金和儿子帕斯卡尔在郝柏林(1980 年当选为中国科学院学部委员)的陪同下游览八达岭长城。(郝柏林 提供)

中国科学院物理研究所凝聚态物理综合楼，中国物理学会所在地。1979年8月，普里戈金来华讲学，在西安参加了中国物理学会召开的第一届全国非平衡态统计物理（耗散结构专题）学术会议并在会上作了学术报告。

1986年，北京师范大学授予普里戈金名誉教授仪式。（方福康 沈小峰 提供）

建于1919年的南京大学北大楼。1986年12月，南京大学聘普里戈金为荣誉教授。

中国生物物理学会会徽。1986年普里戈金成为中国生物物理学会荣誉会员。

1986 年，普里戈金在北京师范大学作学术报告。（郝柏林 提供）

1986 年，北京师范大学校长王梓坤授予普里戈金名誉教授证书。（方福康 沈小峰 提供）

本书译者沈小峰（左）、曾庆宏（右）和普里戈金合影于北京师范大学。（方福康 沈小峰 提供）

1986 年，普里戈金与本书校订者刘若庄（左，1999 年当选为中国科学院院士）、方福康（中，1989—1995 年担任北京师范大学校长）在一起。（方福康 沈小峰 提供）

普里戈金在比利时与他的首批中国博士方福康（左四）、漆安慎（右一）、胡岗（左二）、李如生（左一）合影。

1985年10月，普里戈金与他的三位中国学生的合影，从左到右是：汪小京（比利时布鲁塞尔大学博士，现为美国耶鲁大学神经生物学教授），陈平（美国得克萨斯大学博士，现为北京大学中国经济研究中心教授），普里戈金，赵峥（比利时布鲁塞尔大学博士，现为北京师范大学物理系教授）。(陈平 提供)

普里戈金给中国学生在其著作的中译本上签名。国内译有多本普里戈金的著作。（方福康 沈小峰 提供）

法国哲学家柏格森(Henri Bergson，1859—1941)，著有《时间与自由意志》，1927年获诺贝尔文学奖。

在普里戈金科学生涯一开始，“时间的方向性”就是一个刻骨铭心的主题。他自己坦言与他深受柏格森的影响有关。几十年的研究工作，已使“突现时间性”这个哲学理念的涓涓细流，汇成了“探索复杂性”的科学之大江大河，正朝着“从存在到演化”的“新的理性”大海奔流。

霍金认为时间有开端也会有末日。而在普里戈金看来，时间，无始也无终。我们宇宙的存在，只是无限宇宙中的一个具体的存在。在此意义上，演化具有绝对性，“时间先于存在”。

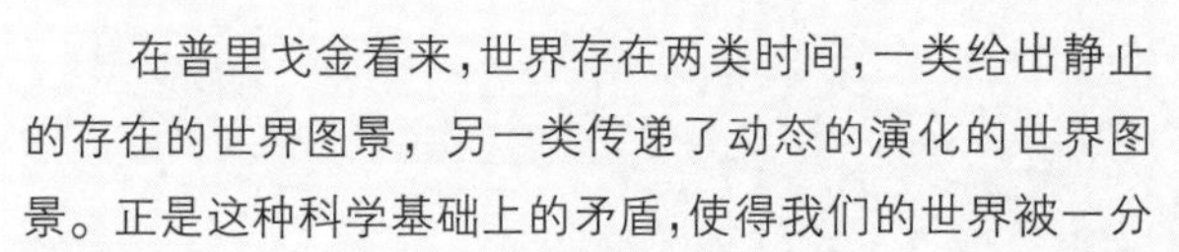

在普里戈金看来，世界存在两类时间，一类给出静止的存在的世界图景，另一类传递了动态的演化的世界图景。正是这种科学基础上的矛盾，使得我们的世界被一分为二，从而文化也被一分为二，分成了无过程、无历史、无激情的科学文化和有经历、有历史、有情感的人文文化。而且，两种箭头，前者导致了克劳修斯“热寂说”，描述了一幅江河日下、宇宙在自发走向死亡的退化论自然图景;后者却是一个从低级向高级、由简单到复杂、直至产生出人这样的万物之灵的进化过程，达尔文进化论向我们呈现了这样一幅蓬勃向上、生机盎然的自然图景。这是两种多么不一样的图景。

德国斯图加特大学理论物理学家哈肯(Hermann Haken，1927—)教授。

复杂性科学研究有代表性的工作是以普里戈金和哈肯为代表的远离平衡态的自组织理论。普里戈金提出的耗散结构理论以非平衡热力学和相变理论为基础，运用非线性微分方程以及随机过程等数学工具，揭示出某些生命系统和非生命系统的共同特点，沟通了非生命系统和生命系统的内在联系，说明这两类大系统之间并没有严格的界限，表面上的鸿沟是由相同的规律所支配的。耗散结构的理论是对系统宏观性质的研究，还没有和系统的微观性质联系起来。哈肯的协同学则沟通了从微观到宏观的通路，使系统在宏观上表现出来的规律能和微观上的运动联系起来。

比利时布鲁塞尔自由大学普里戈金教授。(普里戈金夫人 提供)

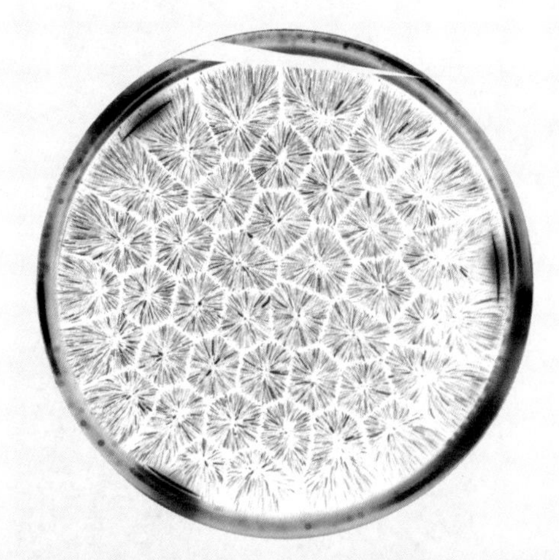

贝纳德花纹。一个平坦的锅里盛上一薄层液体后，在锅的下面缓慢均匀加热。开始时，锅内会出现一些不规则运动的小气泡，随着热量的增加气泡也增多，当达到一临界值时，原来不规则运动的气泡突然变成了有规则的、呈六角型翻转的花纹，并且这些花纹组成一种美丽的图案，这就是著名的贝纳德花纹。

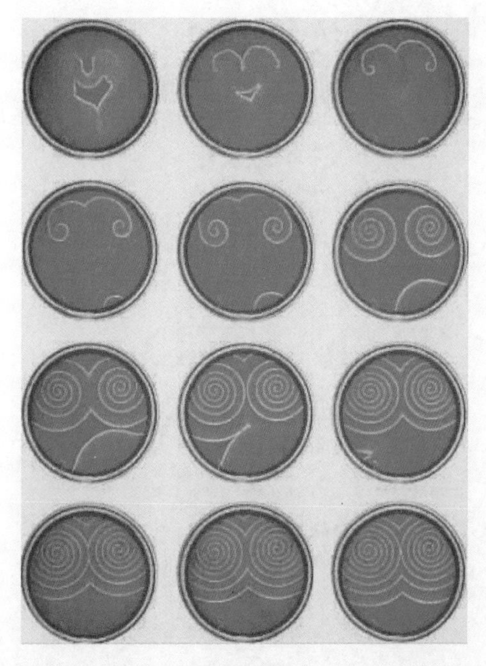

周期化学反应现象贝洛索夫-扎鲍廷斯基反应

自组织现象是指自然界中自发形成的宏观有序现象。在自然界中这种现象是大量存在的，理论研究较多的典型实例有贝纳德流体的对流花纹、贝洛索夫－扎鲍廷斯基化学振荡花纹与化学波、激光器中的自激振荡等。自组织理论除耗散结构理论外，还包括协同学、超循环理论等，它们力图沟通物理学与生物学甚至社会科学，对时间本质问题等的研究有突破性进展，在相当程度上说明了生物及社会领域的有序现象。

在一般情况下，云团的运动是杂乱无章的，是无序的运动。但在一定条件下，平常无规则的云团突然会象步兵排队一样，形成整齐的“队列”，形成有序结构。

奇特的自组装“海马”分形生长。中国科学院物理研究所纳米物理与器件实验室在自组织生长用于超高密度信息存储的C60-TCNQ有机复合薄膜中第一次发现了一种奇特的反对称“海马”构型，在提出了电场-电荷效应在“海马-反对称”生长中的重要作用之后，对海马的反对称枝杈生长成形及其在电场作用下的自组织生长机制进行了计算模拟，给出了一种非常有趣的关于自组织结构及其成因的物理解释。

1997 年由美国纽约 The Press 出版社首版的《确定性的终结——时间、混沌与新自然法则》，本书已有 19 种语言的译本。

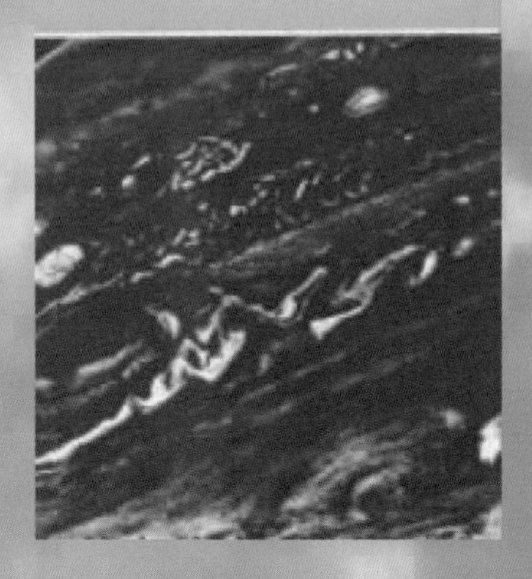

《从存在到演化》的英文原版，1980 年美国圣·弗朗西斯科 W.H.Freeman&Company 出版。

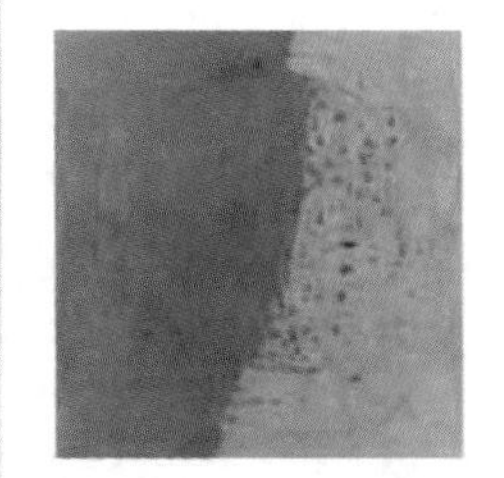

1979 年由法国巴黎 Gallimard 出版社用法文首版的《新的联盟》，此书已经出版了18 种语言的版本，中文译名为《从混沌到有序——人与自然的新对话》。

与伊·斯唐热在一起。伊·斯唐热是普里戈金的博士生，也是他的重要工作伙伴。他们共同著有《从混沌到有序——人与自然的新对话》等书。（普里戈金夫人 提供）

马尔可夫链；以及经典力学或量子力学。

最近几年，出现了某些十分意外的特点。首先，宏观的描述，特别是对非线性的远离平衡情况的描述，出乎预料地多。第5章中讨论的反应扩散方程已经很好地说明了这一点。甚至简单的例子也可以导致多级分支和多种时空结构。这极大地限制了使宏观描述一致起来的能力，并且表明它本身不能对时间的演化提供一个一致的描述。事实上，图5.2中表示的所有不同分支都满足适当的边界条件（同势理论中的经典问题正相对照，在经典问题中，对于给定的边界条件，存在着唯一的解）。此外，宏观方程没有提供关于在分支点将发生什么的信息。在给定的分支历史之后，级分系统将是什么呢？

因此，我们必须转向统计的理论，如马尔可夫链。但这里也出现了一些新特点。特别重要的有涨落和分支间的密切关系（见第6章），它导致大大修改概率论的经典结果。在靠近分支点处，大数定律不再有效，概率分布的线性主方程解的唯一性丧失（见第6章的“非平衡相变”一节）。

统计方法和宏观方法之间的关系却是清楚的。正是当平均量不满足封闭方程时（这在靠近分支点时发生），我们必须利用统计理论的全部手段。但是，宏观方法或统计方法与动力学方法间的关系始终是一个引起兴趣的问题。这一问题在过去已被从许多角度考虑过。例如阿瑟·爱丁顿（Arthur Eddington）在他出色的《物理世界的本性》（*The Nature of the Physical World*，1958，第75页）一书中引入了“第一性规律”和第二性规律之间的区别。“第一性规律”控制单个粒子的行为，第二性规律（诸如熵增加原理）只适用于原子或分子的集合。

爱丁顿充分地认识到熵的重要性，他写道（见上书第103页）：“我想，从科学的哲学的观点来看，与熵相联系的概念应被列为19世纪对科学思想的巨大贡献。它标志着一种反动，即对那种认为科学必须注意的每件事都是通过对客体的微观剖析而发现的观点的反动。”

“第一性”规律如何能与“第二性”规律共存？爱丁顿写道（第98页）：“量子理论现在强迫我们去重新建立物理学的体系，如果在重建中，第二性的规律变成基本的，而第一性的规律被扬弃，人们并不会感到惊奇”。

当然，量子理论起着作用，因为它强迫我们放弃经典轨道的概念。但是从和第二定律相关联的观点来看，我们已反复讨论过的不稳定的概念似乎具有基本的重要意义。这时，微观水平上的带有“随机性”的运动方程的结构作为宏观水平上的不可逆性而出现。在这种意义上，不可逆性的含义早已被庞加莱（Poincaré，1921）预料到了，他写道：

> 最后，用普通的语言来说，能量守恒定律（或克劳修斯原理）只能有一个意义，就是说：对于所有可能情形存在着一种共同性质；但关于决定论假说，只存在一种可能性，而这个定律不再有任何意义。另一方面，关于非决定论假说，即使是在绝对的意义上，它也会有一个含义；它将作为强加在自由身上的限制而出现。不过这些字句提醒了我：我现在扯远了，我正处在离开数学和物理学领域的位置上。

庞加莱对基本的决定论描述的信念建立得太牢固了，以致无法认真地去考虑对自然界的统计描述。对于我们来说,情形完全不同了。在上述引文写成之后许多年,无论是在微观水平上还是在宏观水平上,我们关于对自然的决定论描述的信念已经动摇。我们决不再从这种大胆的结论上退缩!

此外,我们看到,我们的观点在某种意义上使得玻耳兹曼和庞加莱的结论调和起来。玻耳兹曼,一位敢于革命的物理学家,他的思想建立在非凡的物理直觉上,他猜测到的那类方程能在微观水平上描述物质演化还能显示不可逆过程。庞加莱,以他深刻的数学眼光,不满足于仅仅是直觉的论据,可是他清楚看到的仅仅是找到一个解的方向。我相信,本书中概括的方法(见第 7、第 8 章和附录)建立了在玻耳兹曼的伟大的直觉工作和庞加莱的数学化要求之间的联系。

这个数学化使我们得到了关于时间和不可逆性的一个新概念,现在我们就来讨论这一新概念。

作为算符的时间和熵

第 7 章的大部分篇幅用来讨论过去为定义微观水平上的熵而完成的某些最有意义的尝试,其中强调了玻耳兹曼以他的 H 函数(式 7.7)的发现为顶点的对这一课题的基本的贡献。可是,无论其他的评价如何,与庞加莱描述的观察相吻合,玻耳兹曼的 H 定理不能被认为是由动力学“导出”的。H 定理是在玻耳兹曼动力方程的基础上导出来的。玻耳兹曼的动力方程并不具有经典力学的对称性(见第 7 章中“玻耳兹曼动力论”一节和第 8 章中“新的变换理论”一节),虽然玻耳兹曼方程在历史上有其重要性,但它至多只能被认为是一个唯象模型。

即使把熵和一个微观相函数(在经典力学中)或一个厄米算符(在量子力学中)联系起来对系综理论加以扩充,系综理论也不会带给我们更多的东西。第 7 章中“吉布斯熵”和“庞加莱-米斯拉定理”的两节描述了这些否定的结论。

除了接受不可逆性来自“误解”或来自在经典力学或量子力学上加上补充近似的观点以外,留给我们可能的余地非常的少了。

然而已经出现了另外一个根本上不同的方法[①]:即把一个我们称为 M 的微观熵算符与宏观熵(或李雅普诺夫函数)连结起来的思想。

当然,这是一个重大的步骤:我们在经典力学中已经习惯于考虑作为坐标[②]和动量的函数的可观察量,还有在经典和量子系综理论(见第 2 章和第 3 章)中引入的刘维算符 L 为我们迈出有着完全不同本质的新的一步作了准备。真的,虽然“基础的”理论是依据轨道或波函数,系综理论是作为一种“近似”来考虑。随着算符 M 的引入,情形变得迥然不同,它是通过一束轨道或分布函数来描述的。分布函数变成基本的,不再进一步约化为单个轨道或波函数。

---

① 这里我们只作些初步的说明,系统的论述可在第 10 章中找到。

② 原文为 correlations,疑为 coordinates 之误。——译者注。

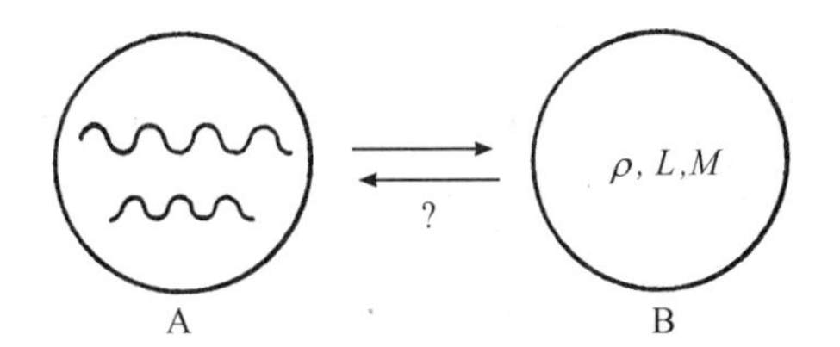

图 9.1

熵的时间作为算符的物理意义将在第 10 章以及附录中讨论。因为算符首先是通过量子力学引进物理学的，在大多数科学家的心目中，对算符的出现与包含普朗克常数 h 的量子化之间的密切联系仍保持着记忆。然而，把算符与物理量相联结有与量子化无关的十分广泛的意义，它意味着：由于某种理由，或者因为在微观水平上的不稳定性和随机性(参见附录 A)，或者因为量子“相关”(参见附录 D)，基本上应放弃用轨道所作的经典描述。

对于经典力学来说我们可以如下的方式把这情形表达出来。通常的描述(图 9.1A)是通过由哈密顿方程 2.4 产生的轨道或轨迹。另一个描述(图 9.1B)是通过分布函数(式 2.8)，它们的运动是刘维算符所决定的。

仅当在每一时刻我们都不能从一个描述转变到另一个描述时，这两个描述才能是不相同的。其物理原因我们已在第 2 章“弱稳定性”一节中作了讨论。完成一个任意的但是有限精度的实验只是使我们识别相空间中系统可能定域的某些有限区域。于是，问题在于我们是否能至少在原则上完成一个极限转变过程，即如图 9.2 示意的从这个区域到一点 P，到对应于一个确定轨道的 δ 函数的转变过程。

这是与我们在第 2 章讨论过的弱稳定性有关的问题。当相空间中每个不管多么小的区域都具有多种轨道时，这个极限过程变得不可能实现。于是，微观描述变得如此“复杂”，以致我们无法用分布函数去处理[①]。现在我们知道，有两种类型的动力学系统是这样的——具有充分强的混合性质的系统和表现出庞加莱突变的系统(见第 2 章，第 7 章以及附录 A 和 B)。其实，除了少数“学院式”的例子，几乎“所有的”动力学系统都应归入这些类型之中。下一节我们再回到这个问题上来。

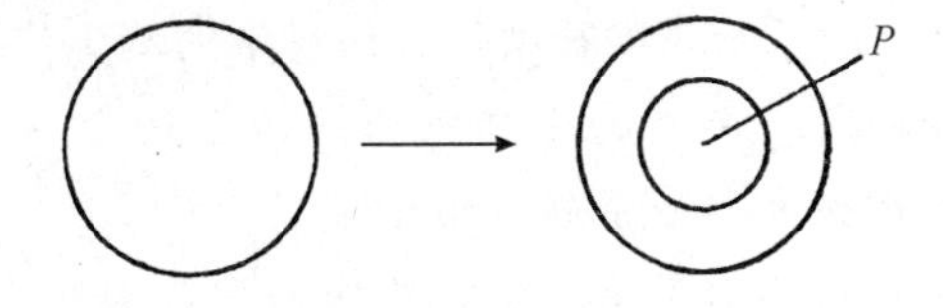

图 9.2

人们会担心经典物理学或量子物理学的“自然极限”会导致它们的预言能力的下降。以我的见解，这个倒退是正确的。现在我们能作出关于分布函数的演化的叙述，它越出

---

① 我们将在第 10 章看到，导出宏观水平上热力学的那种微观描述是一个非局域性的描述。代替时空中的点，我们必须考虑所谓“区域”，它们的扩展与运动不稳定性有关。

关于单个的轨道能说些什么的范围，新的概念出现了。

在这些新概念中，最使人感兴趣的是微观熵算符 M 和时间算符 T。我们在这里讨论的是一种“第二”时间，即一个与经典力学或量子力学中的时间迥然不同的内部时间，在经典力学或量子力学中时间不过是轨道或波函数的标记。我们已经看到这个算符时间满足一个与刘维算符 L 的新的测不准关系（参见方程 8.22，第 10 章以及附录 A 和 C）。我们可以通过下面的双线性形式来定义均值 $\langle T\rangle$ 和 $\langle T^2\rangle$：

$$\langle T\rangle = \mathrm{tr}\rho^{\dagger}T\rho,\ \langle T^2\rangle = \mathrm{tr}\rho^{\dagger}T^2\rho。\tag{9.1}$$

足以使人感兴趣的是，“普通”的时间——动力学的标签——变成了对这个新的算符时间取平均值。实际上这是测不准关系（式 8.22）的一个结果，式 8.22 含有

$$\begin{aligned}\frac{\mathrm{d}}{\mathrm{d}t}\langle T\rangle &= \frac{\mathrm{d}}{\mathrm{d}t}\mathrm{tr}[(\mathrm{e}^{-\mathrm{i}Lt}\rho)^{\dagger}T\mathrm{e}^{-\mathrm{i}Lt\rho}]\\ &= \mathrm{i}\,\mathrm{tr}[\rho^{\dagger}\mathrm{e}^{\mathrm{i}Lt}(LT-TL)\mathrm{e}^{-\mathrm{i}Lt}\rho]\\ &= \mathrm{tr}\rho^{\dagger}\rho = 常数。\end{aligned}\tag{9.2}$$

通过适当的归一化，我们可以使这个常数等于 1，因此我们看到

$$\mathrm{d}t = \mathrm{d}\langle T\rangle。\tag{9.3}$$

在这个简单情形中，平均内部时间 T 和以 t 度量的天文时间保持同步（又见第 10 章）。但是，这不应引起任何混淆：当时间 T 出自动力学系统的运动不稳定性时，它具有根本不同的特点。它与普通时间的关系是从这样的事实中得出的：它的本征值是能够从常规钟表上读出的时间（还请参见第 10 章和附录 A）。

我们看到了这个新的方法怎样深刻地改变了我们关于时间的传统看法，传统的时间现在作为对系综的“单个时间”所取的一种平均值而出现。

描述的级别

长期以来，经典力学（或存在的物理学）的绝对可预言性被认为是物理世界科学图像的一个基本要素。特别引人注目的是：近代科学度过了三个多世纪[把牛顿向皇家学会提出他的《原理》(*Principia*)的 1685 年看做是近代科学的诞生年代，看来确实是合理的]之后，这个科学图像，已经向着一个新的更加精巧的概念转变，在这新的概念中，决定论的特点和随机的特点两者都扮演着一个基本角色。

让我们只考虑玻耳兹曼对热力学第二定律所作的统计表述，在这个表述中概率的概念第一次起了根本的作用。我们还有量子力学，它坚持决定论，不过它所在的理论框架涉及的是具有概率论内容的波函数。这样一来，概率第一次出现在基本的微观描述中。

这个演变现在仍然继续着。我们不仅在宏观水平上的分支理论中（见第 5 章），而且在甚至是由经典力学所提供的微观描述中（见第 7 章和第 8 章），都找到了基本的随机因素。如我们已看到的，这些新的因素最终导致了时间和熵的新概念，导致了尚需探讨的结果。

值得注意的是：经典动力学、统计力学和量子理论可以从爱因斯坦和吉布斯引入的

系综观点开始讨论。当不再能实现从一个系综到一条单个轨道的转变时，我们得到了不同的理论结构。这当中我们从这个系综的观点讨论了经典动力学，作为弱稳定性的一个结果还特别讨论了经典动力学向统计力学的转变。我们也提到过：普适常数 h 的存在把相关引入了相空间并阻止了从系综到单个轨道的转变(进一步的详细论述在附录 C 和 D 中给出)。这些结果可示如下表。

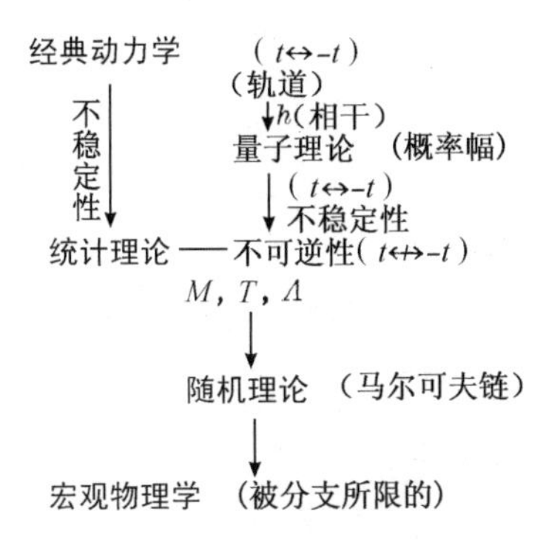

我们开始有可能把本书中反复讨论过的各种级别的描述并列起来。

将来还可能出现新的观点和补充的分类法。但我们现在的图式并不是空的，并且已把某些统一的特点带进了理论物理学的结构中。

这里对与不稳定性相联系的动力学复杂性的一些评论看来是恰当的。在经典动力学中，至少可以想象出某些时间可逆($t\leftrightarrow -t$)的简单情形。只要一考虑化学过程，这就成为不可能的了(考虑生物过程更是如此)，因为化学反应总是——几乎是按照定义——与不可逆过程相联系的。此外，扩展我们感官能力的测量必然包括某些不可逆性的因素。因此，自然定律的这两种表述(一种对 $t\leftrightarrow -t$ 的表述，一种对 $t\not\leftrightarrow -t$ 的表述)同样都是基本的。我们两者都需要。确实，我们可能把轨道(或波函数)的世界看做是基本的。按照这种看法，新的表述是在引入补充假设时得到的。但是我们也可以把不可逆性作为我们描述物理世界的基本因素。按照这种看法，轨道和波函数的世界反过来对应于十分重要的理想化，但它们缺乏基本的要素且不能被孤立地研究。

我们已经到达一种自洽的图景，我们将对它进行稍为详细的描述。

过去和将来

一旦我们能在动力学上加上一个李雅普诺夫函数，将来与过去便能区别开来，确实如同在宏观热力学中那样，将来是和较大的熵相联系的。然而还有必要作一些告诫。我们可以构造一个李雅普诺夫函数，它随时间"流"单调地增加，或构造另一个李雅普诺夫函数，它随时间流单调地下降。用更为专门的术语来说，从对应于一个动力学*群*的图 9.1A所表示的情形到以一个*半群*所描述的图 9.1B 所表示的情形的转变，能够以两种方式来完成：在一个描述中平衡是在"将来"达到的，在另一个描述中，平衡是在"过去"达到的。换句话说，动力学的时间对称可以用两种方法来破坏，然而，如何去区分这两种方法，则是个难题。

甚至当我们研究动力学的时间反演定律时，我们区别过去和将来——比如说，分清是对月球位置的预言还是对其过去位置的计算。这种过去和将来的区别在某种意义上是先于科学活动的某种“原始概念”。这一点只能得自经验。只有当在自然界中找到（或被人们制备出）其时间反演（或速度反演）是被禁止的情形时，把物理世界描述为一个“半群”才是有意义的。定性地讲，一个半群“面向”未来，是指在$t\to+\infty$而不是$t\to-\infty$时，态变化到平衡态。因此这个半群的选择关系到所谓“选择规则”的存在。我们将在第10章详细讨论这些事情。我们属于面向未来的半群。这样，我们达到一个自洽的图式，如下图所示：

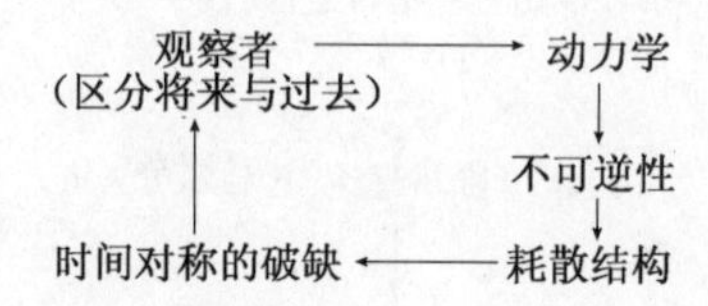

我们始于观察者，即一个区别过去与将来的活的组织，而止于耗散结构，正如我们已看到的，它包含一个“历史的维数”。因此，我们现在能把我们自身看做是耗散结构的一种演化形式，并能以“客观的”方式证明我们当初引入将来与过去的区别是有理的。

另外在这种观点中，没有任何一种级别的描述能被当做是基本的。简单动力学系统的行为并不比相干结构的描述更基本。

请注意，从一个级别到另一个级别的转变包含一个“对称性破缺”。通过动力方程描述的微观级别上的不可逆过程的存在破坏了正则方程的对称性（见第8章），而耗散结构本身又可能破坏空间-时间的对称性。

正是这样一个自洽体系存在的可能性意味着存在非平衡过程，从而又暗含了一幅物质宇宙的画像，因为某些宇宙学的原因这幅图像提供了环境的必要模式。虽然可逆过程与不可逆过程的区别是一个动力学的问题而且并不涉及宇宙学的论据，生命的可能性，观察者的活动，却不能从我们恰好身在其中的宇宙环境中分离出来。不过，在宇宙尺度上的不可逆性是什么？我们能否在引力扮演着一个基本角色的动力学描述的框架中引入一个熵算符？这是些难以对付的问题——但如我们将在第10章末尾看到的那样，某些令人感兴趣的说明是有可能作出的。

开放的世界

经典物理学洞察力的基础是相信未来由现在决定，因此仔细地研究现在就可以揭露未来。但是这从来就不过是一个理论上的可能性而已。不过，在某种意义上，这个无限的可预言性曾是物质世界科学图像的一个基本要素。大概我们甚至可以把它称做经典科学奠基的神话。

如今，情况发生了很大变化。值得注意的是这个变化基本上是因为我们较好地认识了由于必须考虑观察者的作用而造成的测量过程的极限。在20世纪物理学发展中产生的大多数基本思想当中，这是一个经常出现的主题。

1905 年，在爱因斯坦关于时空的分析中，这个主题就出现了，这当中信号传播速率小于真空中的光速的极限起着这样一个基本的作用。当然，假设信号可用无限速率传播并非不合逻辑，然而这种伽利略的时空概念似乎与多年来收集的大量的实验信息相矛盾。把我们作用于自然方法的极限考虑进来已经成了取得进展的一个基本要素。

在过去 50 年的科学文献中，观察者在量子力学中的作用是一个经常出现的主题。无论将来会有什么样的进展，这个观察者的作用是基本的。那种假设物质的性质与实验仪器无关的经典物理学的朴素的实在主义必须加以修正。

另外，在本书中所描述的进展表明了类似的发展趋势。理论上的可逆性来自在经典力学或量子力学中采用的理想化，这种理想化超出了进行任何有限精度测量的可能性。我们所说的不可逆性是那些对观察的极限和本质作适当解释的理论的特点。

在热力学形成的时候，我们发现了表达一定的转变的不可能性的“否定式”的叙述。在许多教科书中，热力学第二定律被表达为使用单一热源不可能把热转变为功。这种否定式的陈述属于宏观世界——在某种意义上，我们还在微观水平上探索了它的意义，正如我们看到的，它成为关于经典力学或量子力学的基本的概念实体的可观察性的一种表述。正如在相对论中那样，一个否定式的陈述并不是问题的终结；它反过来导致新的理论结构。

在新近的演变中，我们丧失了经典科学的基本因素没有？决定论的规律的局限性的增强意味着我们从一个封闭的，一切都是给定的世界走向对涨落对变革是开放的新世界。

对于经典科学的大多数奠基者——甚至爱因斯坦——来说，科学乃是一种尝试，它要越过表面的世界，达到一个极其合理的没有时间的世界——斯宾诺莎的世界。但是，也许有一种更为精妙的现实形式，它既包括定律，也包括博弈，既包括时间，又包括永恒性。我们的世纪是一个探索的世纪：人们探索着新形式的艺术、音乐、文学，以及新形式的科学。现在，在接近这个世纪末的时候，我们仍无法预言这个人类历史的新篇章将通往何处，但可以肯定，它已经形成了人与自然界之间的新的对话。

第 10 章

不可逆性与时空结构*

作为一个动力学原理的热力学第二定律

如我们在本书序言中已提到的，存在与演化、永恒与变化、必然与偶然之间的对立是哲学和科学中的一个古老问题。从牛顿起，物理学就设想自己的任务是要达到一种没有时间的实在性，在这个层次的实在性中没有什么真正的变化，只有初始状态的决定论的展开。相对论和量子力学带来了思想上的伟大革命，但基本上没有改变这个经典物理学的观点。在动力学中，无论是在经典的、量子的，还是在相对论的动力学中，时间只是一个外部的参量，它没有什么优惠的方向。在动力学中，没有任何东西能够区别过去和将来。熵是与状态相联系的"信息"，可以用下面的方式表示，例如(参见式7.16′)：

$$\int \rho \log \rho \, d\mu \quad (\text{在经典力学中})$$

或

$$\mathrm{tr}(\rho \log \rho) \quad (\text{在量子力学中})。$$

由于动力学的变化是幺正性的，因此在动力学的变化过程中熵保持不变。由于这一原因，我把动力学描述为*存在的物理学*。

与此相反，热力学是*演化的物理学*。热力学第二定律肯定了变化的实在性并引入了一个物理量(即熵)，它赋予时间一个*优惠方向*，用爱丁顿的话来说，即"时间之矢"。熵区分过去与将来。热力学还提出了一个新的时间概念，即把时间看做是与系统相联系的一个内部变量。这就使我们能够谈及系统的某一状态，该状态与另一状态相比具有较大或较小的"年龄"，因为它们各自有不同的熵值。这种把时间看做是一种与物理系统相联系的内部属性的概念，在对该系统的传统的动力学描述中当然是没有任何位置的。

面对着动力学描述与热力学第二定律表述之间的令人烦恼的矛盾，物理学家一般都是把动力学描述作为基础的描述而接受，而把第二定律看做是从叠加在动力学上的某些近似

* 第10章是1984年补充的。我感谢米斯拉教授在我准备本章时所给予的帮助，前三节和后两节是最一般性的，当中几节包含了一些技术性的考虑。

过程中得出的(参见第 7 章的"引言")。有些人甚至把第二定律看做在性质上一定是主观的或拟人的。例如,马克斯·玻恩断言:"不可逆性是把无知明显地引入到基础(动力学)定律中去的结果",又如维格纳要用我们对该系统的"可实用化的知识"去定义熵。

但是,如本书中所指出的,物理学和化学的最近发展使得越来越难以维持对第二定律中表达出的不可逆性的这种看法。假如不可逆性只是宏观现象(例如由于摩擦和热传导带来的能量耗散等)的一种性质,可能有的人会对上述的那种看法表示满意。但今天已经发现,在从生物学到宇宙学这样宽广领域里的基本过程中,不可逆性都起着一种重要的"建设性"的作用(参见本书序言)。在远离平衡情形自组织(所谓耗散结构)的可能性,对不可逆性在整个宇宙演进中所起作用的认识,对能适用于像引力塌陷那样基本过程的一种第二定律的尝试性表述,所有这些都是物理学中意想不到的进展,它们似乎要说明:第二定律在性质上可能要比原来想象的更为基本。

在粒子物理学中,不可逆性同样起着比至今明确认识到的要更为基本的作用(参见第 3 章"不稳定粒子的衰变"一节)。几乎所有已知的基本粒子都是不稳定的,它们按指数律衰变着。当然,人们仍在力图把这些现象纳入动力学变化的幺正模式中去。但也有越来越多的人认识到,人们习惯使用的这种动力学变化的幺正模式可能终将被证明是不合适的(Hawking, 1982)。

我们已经说过(参见第 7 章"引言"),这些原因提示我们采取和传统方法完全不同的方法去研究不可逆性的问题。我们把熵增加定律和隐含的"时间之矢"的存在作为自然界的基本事实。这样,一种令人满意的不可逆性理论,其任务就是要研究由于把第二定律作为一个基本原理而包括在内所引起的动力学概念结构中的基本变化。

也许用历史上的一件类似事件,能说清楚我们探讨不可逆性问题的方法与传统方法之间在观点上的根本区别。20 世纪初,在爱因斯坦的理论发表之前,有过几种试图解释迈克耳孙-莫雷实验否定结果(即光速 c 这个普适常数与参考系的运动无关)的理论。这些理论没有改变经典的牛顿时空观,保留了存在着一个绝对参考系(以太)的观念,而要把 c 是常数解释为:因测量杆在相对于以太运动时的实际收缩所得到的一种表面上的效果。一些极好的理论被设想出来,旨在证明这种收缩怎样由于组成测量杆的荷电粒子间的电磁力而得以发生。另一方面,爱因斯坦却把 c 是普适常数作为自然界的一个基本事实,并研究这个假定所暗示的我们关于空间、时间和动力学概念的基本修正。在类似的意义上,我们并非要把第二定律解释成由于把某种形式的近似或"无知"引入动力学而得到的一个表观的结果,而是把第二定律假定为是一个基本的物理事实,并探讨这个假定所暗示的我们关于空间、时间和动力学概念的改变。这个计划还仅仅是开始,在把第二定律概括为一个基本原理所隐含的内容完全揭示出来之前,还需做大量的工作。但是,如第 7 章至第 9 章所述,已经可以看到,把第二定律作为一个基本原理将对我们关于空间、时间和动力学的概念产生影响深远的后果,并最终对我们估价人类在自然中的地位和解决关于存在与演化的古老哲学问题产生深远的影响。

如第 7 章至第 9 章所述,新的概念必须能够把第二定律表达成动力学的一个基本假定。这些概念包括内部时间 T 和微观熵算符。因为这些概念已在第 8 章中引入,所以在本章中对这样得出的新概念框架给出一个总看法是有益的。由于本章经常提到前面所介绍的观念,因此几乎可以独立地来阅读。我们希望它将说明引入不可逆性的后果对我们在最基本的层次上描述自然,即时-空连续统来说有多么重要。

首先要说明的是:为了能把第二定律当做动力学的一个基本假定,人们显然要求存在一种适当的“机制”,以便打破一般动力学描述的时间反演不变性。但是,并非所有形式的对时间反演不变性的破坏均能表达第二定律的内容。例如,人们相信,引起 K 介子衰变的超弱相互作用是违反时间反演不变性的,但它并不导致第二定律,因为仍然能把它纳入哈密顿模式或幺正模式的动力学变化中去。

我们寻找的对称破缺机制必须是这样的,它使得用一个群描述的幺正变化成为用一个半群描述的非幺正变化,人们可以把一个李雅普诺夫函数或与之等价的 H 定理(参见第7章中“庞加莱-米斯拉定理”一节)和这个半群联系起来。要寻找的对称破缺还应是一种内在形式的对称破缺,意思是说它不应要求存在着新的相互作用。它还应当是普适的,就是说这种形式的对称破缺应当在一切动力学理论中(无论是经典力学、量子力学或相对论)都是可能的(虽然它并不一定对所有的系统都成立,因为在自然界中既有可逆现象又有不可逆现象)。

假如由于某种原因,在动力学描述中并不允许一切态或初始条件都能在物理上实现,而是只允许态的一个有限制的集合能在物理上得到实现,而这些态在某个适当的意义上是时间非对称的,那么,上述那样一种普遍和内在的对称破缺形式就可能出现。我们将在下一节再回到这个问题上来。这里让我们引述波普(Popper, 1956)给出的一个例子,这个例子讨论的是一个给出了单方向过程因而也就是给出了时间之矢的系统:

> 假设有一部影片,拍摄的是一片大的水面,起初该水面是平静的,然后落入了一块石头。把该影片倒过来放映就会看到一些逐渐收缩的同心圆状的波,其振幅逐渐增大。而且紧接着最高的波峰之后,会看到水面无扰动的一个圆形区域逐渐向圆心收拢。不能把这看做是一个可能的经典过程。假如这个过程可能发生,那么它将需要巨大数目的远程相干的波的发生器,而且为了能说明问题,这些波的相互协调必须在影片中表现出这些波相互协调得就像是起源于一个中心。但是,当我们试着倒映这个修改过的影片时,又恰恰产生同样的困难。

于是,简短地说,这种对称破缺形式的概念是:所考虑的对称是由于物理上所允许的态的非对称性质而打破的。我们在把第二定律表述为一个动力学原理时要追寻的正是这种对称破缺的概念。在给出数学表述之前,先让我们指出,这种内在对称破缺的概念在当前对基本粒子物理学所作的量子场论研究中同样起着重要的作用,在那里,它被称做自发对称破缺机制。

还有人从一个动力学定律出发,该定律在某些对称群中是不变量,但在其物理体现中,这个对称被打破了,因为真空态(由它可产生出所有其他物理态)并不具有该动力学定律的初始对称性。

当然,内部对称破缺概念的物理目标和数学表述,在我们把这个概念应用于基本粒子物理学时和利用它来表述第二定律时,存在着重大的区别。区别之一是,基本粒子物理学的自发对称破缺机制仍然由一个幺正群来描述物理的时间变化，而我们想要的对称破缺能导致由一个非幺正半群来描述的物理变化，这个非幺正半群能够表述第二定律的内容。现在让我们更详细地叙述我们怎样能够实现这一思想。

架设动力学与热力学间的桥梁

在我们能用一种内在形式的（时间的两个维度之间的）对称破缺去表述第二定律之前，先让我们概括一下经典动力学的某些基本概念。

如我们在第 2 章中所见，有两种描述经典系统动力学变化的方法。一种是用相点沿相空间轨道运动来描述（就是说，利用哈密顿方程）。我们用 Γ 代表相空间，S_t 代表把相点 ω 映射为 ω_t 的点变换（见图 10.1）。

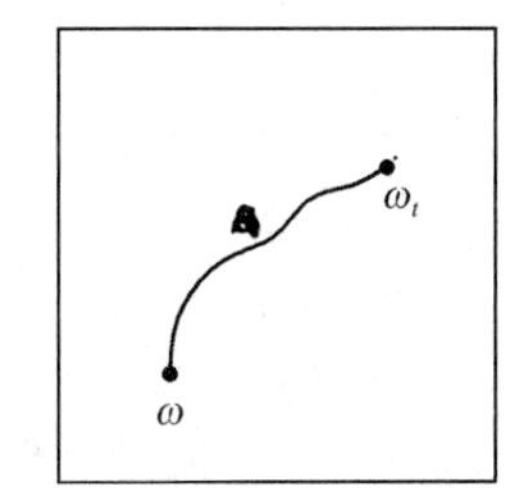

图 10.1 相空间 Γ 中对应于 $\omega\to\omega_t$（$\omega_t=S_t\omega$）的相轨道

另一种描述可以叫做吉布斯-爱因斯坦描述，它引入相空间上的分布函数 ρ。我们已经看到，相空间中的流动是体积（或测度）守恒的。分布函数对时间的变化用施加幺正算符 U_t（参见 2.12′，在那里 $U_t=e^{-iLt}$）来给出：

$$\rho_t(\omega)=U_t\rho(\omega)。\tag{10.1}$$

算符 U_t 是一个幺正算符（幺正算符如在量子力学中那样定义，参见式 3.11 和3.12′）。一个明显的区别是 U_t 作用在相空间中的函数上。但除此之外，经典力学的算符可以被约化为点变换。这些则只是“表观”的算符。实际上我们可以把式 10.1 写作：

$$\rho(t)=(U_t)(\omega)=\rho(S_{-t}\omega)。\tag{10.2}$$

作为一个例子，读者可以考虑一个自由粒子（$H=P^2/2m$）。于是，刘维方程的解（参见式 2.13）是：

$$\rho(t,p,q)=e^{-t\frac{p}{m}\frac{\partial}{\partial q}}\rho(0,p,q)=\rho\left(0,p,q-\frac{p}{m}t\right),\tag{10.3}$$

其解释是很明显的：该运动保持动量 p 不变，而坐标 q 移动一个量 $-\left(\frac{p}{m}\right)/t$。一般性质（式 10.2）可用同样的方法来验证。这个幺正算符 U_t 导出一个动力学群（参见第 9 章）：

$$U_tU_s=U_{t+s}\quad 对于\quad t,s\gtrless 0,\tag{10.4}$$

现在我们照着玻耳兹曼的方法去作（参见第 7 章中“玻耳兹曼动力论”一节）。为了得到不可逆性，我们必须能够把诸如马尔可夫过程（参见第 6 章）那样的一个概率论的描述和动力学联系起来。这里，基本的量是转移频率。因为我们现在是在处理相空间 ω，所以我们必须考虑量

$$P(t,\omega,\Delta),\tag{10.5}$$

它给出在时间 t 内从点 ω 到某个域 Δ 的转移概率。此量必须是 0 和 1 之间的一个正数。这里我们立即得到与轨道理论的一个基本区别。

假如轨道从 ω_0 至 ω_t，那么显然有

$$P(t,\omega,\Delta)=\begin{cases}1, & \text{如果 } \omega_t \text{ 在 } \Delta \text{ 中,} \\ 0, & \text{如果 } \omega_t \text{ 不在 } \Delta \text{ 中。}\end{cases} \tag{10.6}$$

这是一种完全简并的情形,因为在一个真正的马尔可夫链中,至少有某些转移概率既不是 0 也不是 1,否则就会回到决定论的描述。现在,对不可逆性问题可能有两种态度:或者,概率最终将不得不被追溯到我们对初始条件(因而还对轨道)的*无知*;或者,至少对某些类的动力学系统,存在着另一种描述,不同于用轨道所作的描述。因为轨道对应着一个点变换,所以这另一种描述在我们将要讨论的意义上必须是一种*非局域*的描述。

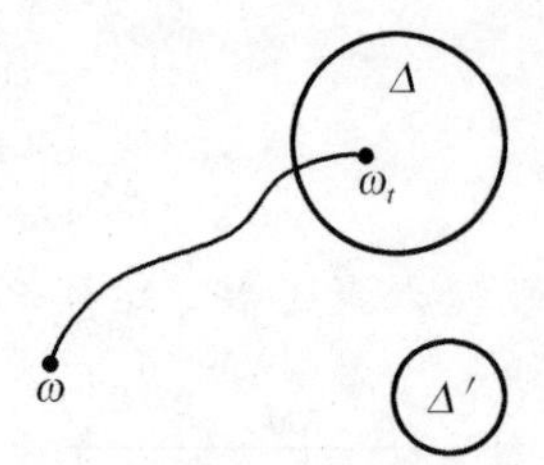

图 10.2 转移概率
$P(t,\omega,\Delta)=1$,
$P(t,\omega,\Delta')=0$

把这种情形和关于是否存在着“隐变量”的著名争论比较一下是使人感兴趣的。如我们在第 3 章中所知,量子力学的波函数代表一个概率幅。究竟是因为这个概率的真确还是由于我们的无知,使得我们平均出某些隐变量来?现在这个矛盾看来已经被解决了。实验已经表明(Aspect *et al.*, 1982;Röhrlich, 1983),量子力学中的概率是不可约化的。这里,问题有点相似:不可逆性究竟是无知的结果,还是一种新的深藏在时空结构中的非局域性的表现?

在我们能够回答这个问题之前,先让我们概括一下马尔可夫链的某些形式的特性。假设分布函数 $\tilde{\rho}_t$ 按照一个马尔可夫链在相空间中变化。和动力学中的情况(参见式 10.1)完全相同,我们可以写出

$$\tilde{\rho}t(\omega)=W_t\tilde{\rho}(\omega)。 \tag{10.7}$$

U_t 与 W_t 之间的基本区别是:一个动力学过程对过去和未来不作区分,而一个马尔可夫链是“面向时间”的,它描述向平衡态的趋近方式(例如在第 1 章所述的布朗运动问题)。

因此,我们现在得到的不是*群*的性质(式 10.4),而是*半群*的性质

$$W_tW_s=W_{t+s} \text{ 对于 } \quad t,s>0。 \tag{10.8}$$

此外,如果 $\tilde{\rho}$ 满足关系式 10.7,我们可以和在第 7 章中讨论玻耳兹曼模型时完全相同地把它与一个李雅普诺夫函数(或一个量 $\mathscr{H}$)联系起来。当然,我们也可以设想面向过去的马尔可夫链,它描述一些在 $t\to-\infty$(而不是 $t\to+\infty$)时趋于平衡态的过程。这样一种面向过去的半群将满足半群关系式

$$W'_tW'_s=W'_{t+s} \quad \text{对于} \quad t,s<0, \tag{10.9}$$

现在是对于所有*负*的时间成立。

那么,怎样在动力学与概率之间架起一座桥来?一种可能就是问一问我们是否能通过某个变换 Λ 把动力学的描述与概率论的描述联系起来。换句话说,对于一个按经典力学变化(因而也满足刘维方程)的分布函数 ρ,将有一个按马尔可夫链变化的分布函数 $\tilde{\rho}$ 与之对应:

$$\tilde{\rho}=\Lambda\rho。 \tag{10.10}$$

这恰是我们在第 8 章所作过的。在那里我们已经注意到,这一变换比起简单坐标变化来要基本得多,因此不能用幺正算符来表达。如果我们接受式 10.10,我们便得到如下的示意图:

$$\begin{array}{ccc} \rho_0 & \longrightarrow & \rho_t \\ \Lambda \downarrow & & \downarrow \Lambda \\ \tilde{\rho}_0 & \longrightarrow & \tilde{\rho}_t \end{array}$$

该图暗示 U_t 与 W_t 之间的一种值得注意的“互绞”关系。

事实上，因为

$$\tilde{\rho}_t = W_t\tilde{\rho}_o,$$

我们有与 ρ_o 无关的

$$\Lambda U_t\rho_o = W_t\Lambda\rho_o。 \quad (10.11)$$

我们有

$$\Lambda U_t = W_t\Lambda \ t \geqslant 0。 \quad (10.12)$$

如果 Λ 有一个逆，那么式 10.12 可以被写成一个类似的式子(参见式 3.13，但须记住 Λ 是非幺正的)

$$W_t = \Lambda U_t\Lambda^{-1}。 \quad (10.13)$$

因此架设动力学与概率之间的桥梁时我们所面临的中心问题就是构造 Λ。但是我们已经看到，U_t 对应着一个局域描述(用一个点变换所作的描述，参见式 8.2)，而 W_t 对应着一个非局域变换，因此，Λ 必须暗示出某些非局域性的因素。这里运动不稳定性(或弱稳定性，参见第 2 章)起着基本的作用。正是对于这样的系统，我们将真的能够构造出动力学的非局域描述，因此还能得出 Λ 的一个显式构造(参见下节)。

当然，动力学变化 U_t 的时间可逆性意味着，在存在着 Λ(它对于 $t\geqslant 0$ 的情形产生一个熵增加半群的变化 W_t)的同时，一定还存在着另一个变换 Λ'，对于此变换，下面的半群

$$\Lambda' U_t\Lambda^{-1} \equiv W'_t \text{（其中 } W'_t \text{ 满足式 10.9）} \quad (10.14)$$

是在相反的时间方向上的一个熵增加变化。但是，重要的是必须用不同的范围把这两个变换 Λ 与 Λ' 区分开。这使我们能把第二定律表述为一个*选择原则*。按照这个原则，这两个变换中只有一个变换给出可在物理上实现的态，以及它们由相应半群所制约的变化。

概括起来说，第二定律现在被表述为两句话：第一，它断言存在着对称破缺变换 Λ 和 Λ'，它们导出两个不同的熵增加半群 W_t 和 W'_t，对应于两个时间方向。第二，它断言存在着一个选择原则，它是由动力学繁衍出来的。按照这个原则，这两个对称破缺变换中只有一个给出物理上可以实现的态以及物理上观察到的变化。

引入变换算符 Λ 的系统可以叫做“*内在随机*”的系统。对于这样的系统，概率得到与任何“隐变量”无关的内在意义。除此之外，如果选择原则也有效，这样的系统可以称为*内在不可逆*的系统。

我们将要对第二定律的这一表述所蕴涵的动力学条件作更为详细的讨论。这里我们只提一下：只有当动力学运动具有高度不稳定性或对初始条件的敏感性(参见第 7 章“新的并协性”一节)时，带有上述性质的对称破缺变换 Λ 才有可能存在。说得更精确一点，就是，混合不稳定性是 Λ 存在的必要条件，科尔莫戈罗夫流(即 K 流，参见第 8 章“熵算符的构成和变换理论：面包师变换”一节)条件所隐含的更强的不稳定性是 Λ 存在的充分条件。

且不深入到K流的数学定义中去，让我们指出，这样的动力学系统有着重要的性质：即在每一相点处都有两个（比整个相空间的维数低的）流形，一个随着t的增加在动力学运动下逐渐收缩，另一个随着t逐渐扩张。这个收缩流形与扩张流形的思想在面包师系统的情形中得到了最好的说明。面包师系统也是K系统的最简单的数学例子。作为图8.1中所示的面包师变换的结果，一条竖直的线将逐渐收缩，在连续应用面包师变换之后，变成越来越短的竖直线（所谓“收缩”纤维）；而一条水平的线将在每次应用面包师变换后加长一倍（所谓“膨胀”纤维）。

如果收缩流形和扩张流形是存在的，那么它们显然是时间非对称的客体。收缩流形的运动在某种意义上像是一个单个的单元指向未来，它的所有的点都指向未来的同一结局，但是当我们回过头来逐渐向过去看去，它们却具有发散的历史。扩张流形则正好相反，它上面的点有着各不相同的未来行为，但当我们逐渐向过去看时，它们有着逐渐会聚的历史。

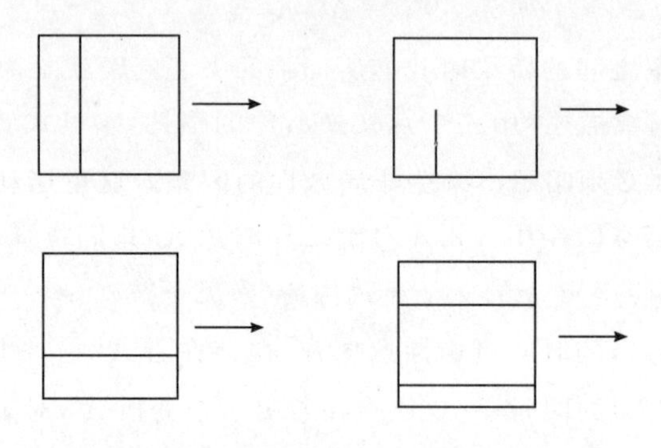

图10.3　面包师变换——收缩纤维和膨胀纤维

正是这种时间非对称客体的存在使人们能够去构造对称破缺变换Λ（或Λ'），方法是给扩张流形和收缩流形赋予非等价的作用。事实上可以证明，选择Λ（它给出$t \geqslant 0$时的熵增加变化）作为物理上可实现的对称破缺变换，这意味着把集中到收缩流形上的（奇异）分布函数排除在物理上可实现的态的集合之外（参见本章“从过去到将来”一节）。另一方面，如果对称破缺是通过Λ'发生的，那么必须把与扩张流形相联系的态看做是物理上不可实现的态。

当然，什么是物理上可实现的，什么不是，这是个经验问题。我们表述第二定律所得到的，就是把第二定律以及有关的“时间之矢”与制备某些类型初始条件的局限性（从基本层次上看）联系起来。令人感兴趣的是，在从物理上有意义的动力学系统模型中，被对称破缺变换Λ排除的那些类型的初始条件，正是人们从来没有在直觉上认为是可实现的那些。

例如，我们可以想象二维的洛伦兹气体。该模型包括有固定配置的一些圆盘（散射器），以及一些轻的点粒子，它们彼此之间没有相互作用，只是在这些散射器之间以不变的速度自由运动，且当达到某散射器时被弹性地反射。因为这些轻点粒子间的相互作用被忽略，所以研究一束这样的粒子的行为就可以简化为研究有一些固定的凸散射器和一个轻粒子的系统在相空间上分布函数的运动。大家知道，这个系统就是一个 K 流。

与这个系统相应的 K 划分的元胞或收缩纤维可以按如下的方法得到(参见图10.4)。令 ω_0 是相空间中的一个初始点，ω_t 是一段时间 t 之后的点。如果我们让该粒子在 ω_t 附近有不同的方向(而不是空间位置)，并且倒着追溯该运动至 $t=0$，以决定该粒子可能藉以出发的初始相点，那么我们就得到包含着给定点 ω_0 的曲线 Σ_t。至少在考虑 ω_0 的一个适当小的邻域时，曲线 Σ_t 是平滑的。现在，对于不同的 t 值(但对相同的初始点)，可以按上述方法构造出 Σ_t 来。

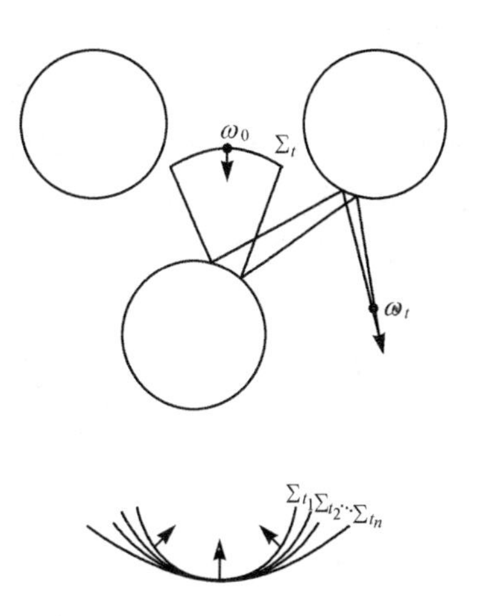

图 10.4

该系统的一个典型的收缩流型是极限曲线 Σ_∞，即曲线 Σ_t 族当 $t\rightarrow+\infty$时的极限。换句话说，集中在这样一条纤维上的一个(奇异)分布函数所代表的粒子束，其速度(的方向)和位置，有如此密切的内在关系，使得在与固定散射器反复碰撞之后，在无限的未来，它们全都会聚到同一位置上。因此，它们之间的关系类似于在一个内向的波前中所得到的那种，这个波前在无限远的未来将会聚到一个点上，导出 $t\geqslant 0$ 时熵增加的对称破缺变换 Λ 使我们能够将这种内向相关与在外向波前中出现的在时间上倒过来的相关区别开来，并能够把前者作为不能在物理上实现的相关而排除。

可以给出许多其他例子。在附录 B 中，我们研究在所有量子力学中都讲到的势散射问题。除了平面波外，我们还有外向的或内向的球面波。一般地讲，在物理直觉的基础上，只有外向的球面波能被观察到。我们将证明，我们把第二定律表述为一个选择原则，这确实能使我们摈除内向的球面波。

讲到这里，让我们回忆一下爱因斯坦和里兹的著名讨论(Einstein, Ritz, 1909)是有益的。里兹相信，第二定律是某个原理的表达方式，这个原理把动力学方程的某些解，例如电动力学中的超前波，从在自然界中那些在物理上被实现了的解中排除出去。另一方面，爱因斯坦却坚持，熵增加定律只具有从较小可能(命定)的态变到较大可能的态的统计意义。此外，在爱因斯坦看来，引入概率的思想意味着理论描述的不完善。

要证明里兹所想象的那种绝对排斥原则怎么能导出对熵增加的概率解释是很困难的，正是这个困难阻碍了里兹与爱因斯坦各自观点间的调和。如上节所讨论的，我们对第二定律的表述包括了里兹的观点，即第二定律在基本的层次上表达了可在物理上实现的态的极限。按照这个说法，人们看到爱因斯坦和里兹这两种观点并非是不可调和的，它们都只是第二定律的不完全的和部分的陈述。这两种观点间缺少的联系就是一种内在形式的对称破缺思想，它实际上表达了一个极限。但是，我们在下面会看到，这个表述也包括了爱因斯坦的观点，因为它暗示了从决定论的动力学变化到概率论的过程有一条通路，为此，变化果真从有序的态向较无序的态发展。人们由此看到，爱因斯坦观点和里兹观点并不像看上去那样是不可调和的，它们其实就是第二定律两个方面的不完全和部分的叙述。这两种观点间所缺少的联系是一种内在形式的对称破缺的思想，它一方面表达了对可在物理上实现的态的限制，另一方面把决定论动力学导向概率过程。

让我们强调指出，我们的观点完全不同于加德纳在他那很好的书《左右手都擅长的宇宙》(Gardner，1979)中所表达的那种很流行的观点。他写道："某些事件只向一个方向进行，并不是因为它们不会向另一个方向进行，而是因为它们几乎不可能倒着进行。"这是和我们的表述相矛盾的，我们认为，由于自然界的某些态被严格地禁止，即不会在自然界中发现，也不会由我们制备出来，因此，我们能把被允许的态与一个概率测度联系起来。

内部时间

为了说明我们确实能用变换 Λ(参见式 10.10)从动力学描述过渡到概率描述，我们首先要更详细地讨论第 8 章已引入的内部时间(参见式 8.22)。的确很明显，态的时间非对称性质甚至无法用通常的"外部"时间参量 t 去表达。为此目的，我们需要一个新的时间概念，使我们能够谈到每一态的(平均)"年龄"。这样的时间概念是由内部时间算符 T 给出的。代替式 8.22，我们也可以写出幺正算符 $U_t=(e^{-Lt})$ 和 T 之间的如下关系：

$$U_t^{\dagger}TU_t = T + t\cdot 1。\qquad (10.15)$$

这可以很容易地得到验证。这个关系式对于像在每单位时间间隔进行一次面包师变换那样的离散映射特别有用。

现在我们要讨论算符时间 T 的物理意义，并且证明它是一个非局域算符，它导出一种新的经典力学描述，适用于强不稳定系统。

我们再次转到上述的面包师变换图示。把这个变换称做 B，B^n 表示 B 重复 n 次(n 是正的或负的整数)。B^n 可用来建立一个系统的动力学变化的模型，该变化发生在单位时间间隔上。与 B^n 对应的幺正算符 U_n 是(参见式 10.2)：

$$(U_n\rho)(\omega) = \rho(B^{-n}\omega)。\qquad (10.16)$$

T 的正交本征函数的一个完备集可以按下面的办法来构造：令 χ_0 是这样一个函数，它假定正方形左半的值为-1，右半的值为$+1$。定义

$$\chi_n = U^n\chi_0。\qquad (10.17)$$

从 χ_0 开始，经过 n 次面包师变换(n 为正的或负的整数)后，我们得到 χ_n。若干个这样的函数示于图 10.5 中。从这个定义可以推出，χ_n 是 T 算符对应于"年龄"n 的一个本征函数：

$$T\chi_n = n\chi_n。\qquad (10.18)$$

此式的证明在附录 A 中给出。

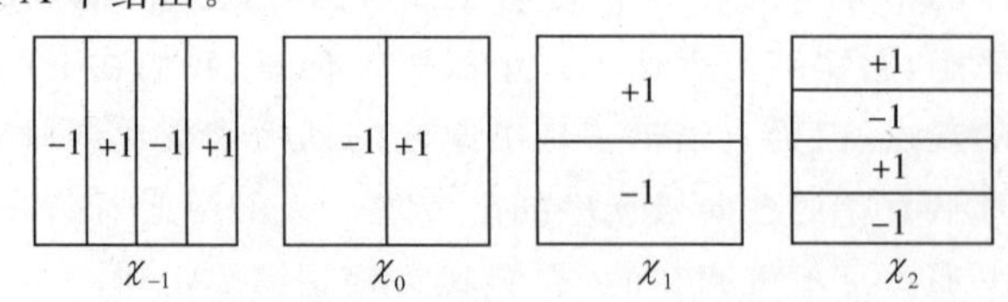

图 10.5　在面包师变换的情形中内部时间算符的本征函数

取所有可能的有限的 χ_n 之积，就得到 T 的本征函数的一个完备集(参见附录A)。当 m 是出现在积中的 χ_n 的指数 n 的最大值时，这样的积属于 T 的本征值 m。例如，$\chi_{-5}\chi_3$，$\chi_{-1}\chi_2\chi_3$ 和 χ_3 等等均是对应于本征值 $+3$ 的 T 的本征向量。我们把本征向量 T 的一个完备集记作 $\Phi_{n,i}$，指数 n 是 T 的本征值的标号，指数 i 是附加简并的标号(我们将常常略去这第二个指数 i)。本征函数 $\Phi_{n,i}$ 连同常数函数 t 组成正交函数的一个完备集。于是，每个分布函数 ρ 都可以用本征函数 Φ_n 展开：

$$\rho = 1 + \sum_{-\infty}^{+\infty} C_n \phi_n。 \tag{10.19}$$

我们将用记号 ρ 代表 ρ 的超过均匀平衡分布的剩余部分

$$\bar{\rho} = \rho - 1 = \sum_{-\infty}^{+\infty} C_n \phi_n。 \tag{10.20}$$

假设分布函数的年龄为零且对应于 χ_0

$$\rho = 1 + \chi_0。 \tag{10.21}$$

于是我们知道系统位于相空间的右半部分(参见图 10.5)，但它的位置究竟在哪里，我们没有更进一步的信息。反过来，如果我们知道它的准确位置，那么分布函数就是一个 δ 函数，且有

$$\begin{aligned} \rho &= \delta_{\omega_0}(x, y) = \delta(x - x_0)\delta(y - y_0) \\ &= 1 + \sum_{-\infty}^{+\infty} \phi_n(x_0, y_0)\phi_n(x, y)。 \end{aligned} \tag{10.22}$$

于是，所有的年龄都以相等的权重出现在式 10.22 中。因此我们看到，在用相点描述和用对应于不同内部年龄的“划分”描述这两者之间，有一种“并协性”(在量子力学的意义上)。内部年龄为我们提供了一个新的对系统的非局域描述。

如果存在着某个内部时间算符，我们就可以对每个态 ρ 赋予一个平均“年龄”$\langle T \rangle_\rho$，其关系由下式给出

$$\langle T \rangle_\rho = \frac{\langle \bar{\rho}, T_{\bar{\rho}} \rangle}{\langle \bar{\rho}, \bar{\rho} \rangle}。 \tag{10.23}$$

利用表达式 10.20 以及函数 ϕ_n 的正交归一性，得到

$$\langle T \rangle_\rho = \frac{\sum n C_n^2}{\sum C_n^2} = \langle n \rangle。 \tag{10.24}$$

利用式 10.15 很容易验证有：

$$\langle T \rangle_{\rho_t} = \langle T \rangle_{\rho_o} + t。 \tag{10.25}$$

也就是，与某个态 ρ 相联系的平均年龄，其增长与外部时间或钟表时间 t 的流过保持着同步①。

但是内部时间却十分不同于我们从钟表上读出的外部时间。它更紧密地对应于我们赋予一个人的年龄。这个判断不是由孤立取出的他身体的任一部分所决定的，而是对应于一个平均值，对应于一个包含所有部分的全局性的判断。这个内部时间的概念还很

① 此外，很容易验证：$d\langle \delta T^2 \rangle = 0$，其中 $\langle \delta T^2 \rangle = \langle T^2 \rangle - \langle T \rangle^2$。即弥散度保持不变。

接近于一些地理学家最近提出的思想，他们已经引入了“年代地理学”的概念（Parks，Thrift，1980）。当我们看一个城镇的结构时，或一个风景时，我们看到的是一些不同时代的因素共存且相互作用着。巴西利亚或庞贝[①]对应着某个完全确定的内部年龄，有点像面包师变换中的一个基本划分。相反，现代罗马的建筑物建于完全不同的时代，现代罗马对应着一个平均年龄，恰像一个任意的划分可以分解成对应于不同内部时间的一些划分那样。

在量子理论中，局域性是通过普朗克常量 h 引入的（参见附录 D）。令人非常惊奇的是，导致内部时间存在的运动不稳定性是经典力学中已经得出的局域性的又一个源泉（还见本章“熵垒”一节）。这一点具有意义深远的后果，因为我们现在可以容易地构造出第 8 章和本章上一节所引入的对称破缺变换 Λ，而且能够进行从动力学（即存在的物理学）到热力学（即演化的物理学）的过渡。

从过去到将来

一旦我们得到了内部时间，那么构造一个对称破缺变换算符 Λ，使它从幺正群 U_t 导出当 $t\to+\infty$ 时达到平衡态的半群 W_t，就的确是件很容易的事了。我们将看到，为此目的我们只需引入内部时间的一个递减函数 $\Lambda(T)$。我们已经看到（参见式 10.18）

$$T\phi_n = n\phi_n。 \tag{10.26}$$

因此，

$$\Lambda(T)\phi_n = \lambda_n\phi_n。 \tag{10.27}$$

T 的递减函数是指

$$0 \leqslant \lambda_{n+1} \leqslant \lambda_n。 \tag{10.28}$$

此外，我们还让 $\Lambda(T)$ 有一个厄米算符（参见式 8.28）。让我们考虑李雅普诺夫函数 $\Omega_{\tilde{\rho}}$（参见式 7.16 和式 8.4）。

$$\Omega_{\tilde{\rho}} = \int \tilde{\rho}^2 \mathrm{d}\omega = \int (\Lambda\rho)(\Lambda\rho)\mathrm{d}\omega = \int \rho\Lambda^2\rho\mathrm{d}\omega \tag{10.29}$$

与式 8.1 和式 8.4 一致。

让我们比较一下时间 0 时的 $\Omega_{\tilde{\rho}}$ 与时间 1（即一次面包师交换之后）时的 $\Omega_{\tilde{\rho}}$，我们有（参见式 10.19）

$$\rho_0 = \sum C_n\phi_n + 1 \tag{10.30}$$

和

$$\tilde{\rho}_0 = \sum_{-\infty}^{+\infty} C_n\lambda_n\phi_n + 1。 \tag{10.31}$$

同理有（参见式 10.17）

---

① 意大利古城，公元 79 年因火山爆发而埋没地下。——译者注。

$$\rho_1 = U\rho_0 = \sum_{-\infty}^{+\infty} C_n \phi_{n+1} + 1, \tag{10.32}$$

$$\tilde{\rho}_1 = \sum_{-\infty}^{+\infty} C_n \lambda_{n+1} \phi_{n+1} + 1。 \tag{10.33}$$

因此，从式 10.29 我们得到

$$\Omega_{\tilde{\rho}_1} - \Omega_{\tilde{\rho}_0} = \sum_{-\infty}^{+\infty} (\lambda_{n+1}^2 - \lambda_n^2) C_n^2 \leqslant 0。 \tag{10.34}$$

对比一下原来保持常量的 Ω_ρ 所得的结果，我们看到用变换后的分布函数所定义的 $\mathscr{H}$ 量是单调递减的。如果要求 $\tilde{\rho}$ 是一个真正的概率分布(量子论中的一个幺正算符)，那么还可以使条件 10.28 更严格一些。如在别处(参见附录 A)已证明的，这意味着

$$0 \leqslant \lambda_n \leqslant 1;$$

同时有

当 $n \to -\infty$ 时，

$$\lambda_n \to 1;$$

当 $n \to +\infty$ 时，

$$\lambda_n \to 0;$$

和

当 $n \to +\infty$ 时，

$$\frac{\lambda_{n+1}}{\lambda_n} \to 0。 \tag{10.35}$$

让我们验证一下，Λ 的确把保测的动力学群 U_t 变换成一个收缩半群，显然，U_t 是保测的，因为(对于 $t=m$)

$$U_m \phi_n = \phi_{n+m}。 \tag{10.36}$$

相反(参见式 10.13)，

$$\begin{aligned} W_m \phi_n &= \Lambda U_m \Lambda^{-1} \phi_n = \Lambda U_m \frac{\phi_n}{\lambda_n} \\ &= \Lambda \frac{\phi_{n+m}}{\lambda_n} = \frac{\phi_{n+m}}{\lambda_n} \phi_{n+m}。 \end{aligned} \tag{10.37}$$

作为式 10.28 的结果，随着时间的前进，与 ϕ_n 对应的面积在收缩。取[①]

$$\lambda_n = \frac{1}{1+a^n} = \frac{1}{1+\mathrm{e}^{t/\tau_c}} (\text{以及 } a > 1 \text{ 和 } \log a = 1/\tau_c) \tag{10.38}$$

可以满足不等式 10.28 和 10.35。

现在我们来说明变换后的态 $\tilde{\rho}$ 的物理意义(参见式10.10)。在给定参数时刻 t，ρ 和 $\tilde{\rho}$ 一般都是这样组成的，其中既有来自过去的贡献，也有来自将来的贡献，而且这里所谓过去和将来都是就内部时间 T 而言的。但是，在 ρ 中，将来与过去起着对称的作用，而在 $\tilde{\rho}$ 中就不再是这样了。这里，将来态的贡献受到“缓冲”。现在中包含着来自过去的贡献与来自“最近”将来的贡献。这一点和决定论的系统不同，在那里，现在既意味着过去，也意味着将来。令 λ_n 表示 n 的一个函数(参见图 10.6)。利用式 10.38 的形式，过去和将来之

① 更一般地，我们可以取 $\lambda_n = \exp[-\phi(n)]$，其中 $\phi(n)$ 是 n 的一个凸函数。

间的过渡层具有特征时间 τ_c 的量级。只有在 $\tau_c \to 0$ 的情形,我们才得到从过去到将来的一个锐的过渡(参见图 10.7)。

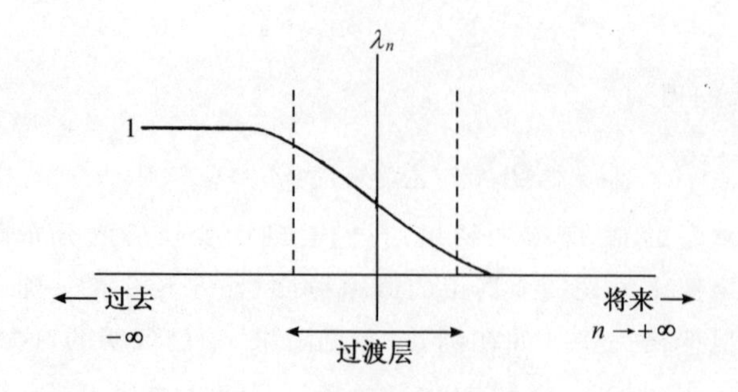

图 10.6　过去($n \to -\infty$)与将来($n \to +\infty$)之间的过渡

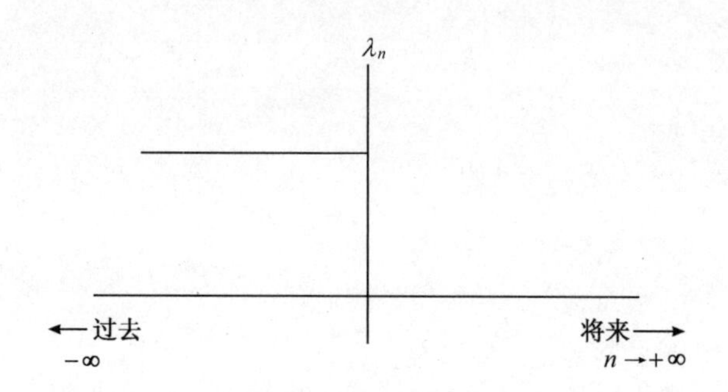

图 10.7　在 $\tau_c \to 0$ 的极限情形,过去($n \to -\infty$)与将来($n \to +\infty$)之间的过渡

我们看到,这种对时间的描述与传统的时间表示相比发生了多么剧烈的变化。在传统的表示中,人们相信时间与一条从遥远过去($t \to -\infty$)延伸到遥远未来($t \to +\infty$)的直线同构(参见图 10.8)。这样一来,现在就对应于一个单个的点,它把过去和将来隔开。可以说,现在从不知道的地方出现,又在不知道的地方消失。而且,既然现在被约化成一个点,它就无限地靠近过去和将来。在这种表示中,过去、现在和将来之间没有任何距离。与此相反,在我们的表示中,过去和将来被一个由特征时间 τ_c 量度的间隔所隔开,我们可以谈现在的"持续宽度"。

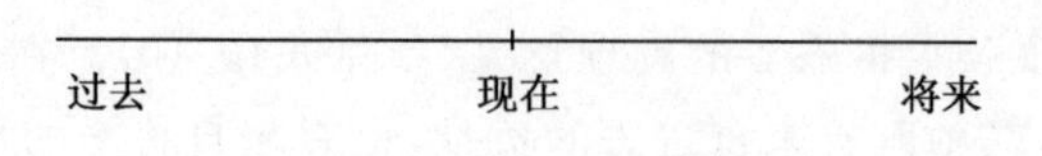

图 10.8　时间的传统表示

令人感兴趣的是,许多哲学家,如柏格森(Bergson, 1970)、怀特海(Whitehead, 1969),早就强调过需要赋予现在这样一种不可压缩的持续宽度。把第二定律作为一个动力学原理使用,正好导致这个结果,就像它还导出一个新的空间非局域性一样(参见本章"不可逆性和非局域性"一节)。

熵垒

在前几节里我们已经说明，像面包师变换所描述的那种高度不稳定的动力学系统确实是“内在随机”的系统。利用算符 Λ 可以把它们的变化映射成一个概率过程。但是，用一个当 $n \to -\infty$ 时，趋于零的 λ_n 序列，我们同样还能构造出一个变换 Λ'，并且得到一个在 $t \to -\infty$ 时达到平衡态的马尔可夫链。因此我们现在必须转到我们任务的第二部分，并且从内在随机的系统过渡到*内在不可逆的系统*。这两个半群之间的区别很明显地来源于一个限制，它可能存在于我们能在自然界中制备或观察的那样一类物质态中。

我们已在前面引入了收缩纤维与膨胀纤维的定义。现在我们需要证明，Λ 变换的确在收缩纤维与膨胀纤维之间引入了巨大差别。反过来说，我们是把收缩纤维还是把膨胀纤维选作可能的初始条件，这决定着我们保留哪个半群。膨胀纤维对应着分布

$$\rho_d(x, y) = \delta(y - y_0)。 \tag{10.39}$$

利用方程 ϕ_n 的展开式(参见式 10.26)，我们有

$$\rho_d(x, y) = \sum_{-\infty}^{+\infty} \left[\int \rho_d(x', y') \phi_n \mathrm{d}x' \mathrm{d}y' \right] \phi_n + 1$$

$$= \sum_{-\infty}^{+\infty} \left[\int \phi_n(x', y_0) \mathrm{d}x' \right] \phi_n + 1。 \tag{10.40}$$

现在看一下图 10.6 便可知道，只要涉及对应于负间隔时间的划分(如，$\chi_{-2}, \chi_{-1}, \cdots$)，就会出现带有交替正负号的竖条。因此，

$$\int \phi_n(x', y_0) \mathrm{d}x' = 0, \text{ 当 } n < 0。 \tag{10.41}$$

现在我们写出 ρ_d 的 Λ 变换。利用式 10.41，我们有

$$\tilde{\rho}_d(x, y) = \sum_{n \geqslant 0} \lambda_n \int \phi_n(x', y_0) \mathrm{d}x' \cdot \phi_n(x, y) + 1。 \tag{10.42}$$

和式 10.27 相比，当数 λ_n 这样地选择，使得有①

$$\sum_{n \geqslant 0} 2^{n-1} \phi_n < \infty。 \tag{10.43}$$

时，式 10.42 不再是一个奇异函数，而是一个规则函数。因为 $\tilde{\rho}_d$ 是一个规则函数，我们便可以把它插入到一个如式 10.29 的李雅普诺夫函数(或 $\mathscr{H}$ 量)的表达式中去。相反，如果我们以同样的方法去处理收缩纤维，我们便能验证 $\tilde{\rho}^0$ 仍是一个奇异函数，因而式 10.29 是发散的。

假如我们选择 Λ'，使它导致面向未来的半群，我们就要保留收缩纤维而摈弃膨胀纤维。我们已经强调过，熵为我们提供了一个选择原则。这个选择原则是一个新的原则，它不能从动力学推演出来，它限制着能被观察或制备的一类函数。这个选择原则是被动

---

① 读者会记起，对于一个奇异函数 $f(\alpha)$，不仅存在 $\int f(\alpha)\mathrm{d}\alpha$，而且存在 $\int |f(\alpha)| \mathrm{d}\alpha$。更详细的情况，包括简并的效果，请参见 Misra, Prigogine, 1983。

力学繁殖出来的(非常类似于量子论中的泡利不相容原理)。事实上,一个膨胀纤维(或收缩纤维),对于一切时间,都保持是一个膨胀纤维(或收缩纤维)。反过来说,我们可以指望,第二定律只对于这样一些系统成立,即那里存在着不允许时间反演的态。

我们为表述我们的选择原则,将要选择如式 10.39 的奇异函数,初看起来,这是令人奇怪的。但是,即使我们考虑接近于收缩纤维的规则分布,相应的"信息"(它的带有相反符号的熵)也将会变大。我们可以预料,制备这个态会越来越困难。我们看到,对于不稳定系统,在初始条件与由一个李雅普诺夫函数(它通过 Λ 而与系统的动力学有关)所测量的相应"信息"之间出现了某种关系。

此外,因为"信息"是通过对称破缺变换 Λ 引入的,所以对于某个态和对于时间(或速度)反演相对应的态,其值是不同的,这一点并不奇怪。这已经在第 7 章中(参见图 7.3)被证明了。

不可逆性和非局域性

我们已在前面强调指出,利用 Λ 变换我们把过去和量级为 τ_0 的"厚度"联系起来,因而引入了时间的"非局域性"。同样,Λ 还引入了相空间的非局域性。我们首先考虑一个简单的例子。假设(参见式 10.30 和图 10.5)

$$\rho_0 = 1 + \chi_n。\tag{10.44}$$

这样的分布函数在 $\chi_n = -1$ 的那部分相空间中等于零,而在 $\chi_n = +1$ 的部分不为零。现在考虑下面的"物理"分布(参见式 10.38)

$$\tilde{\rho}_0 = \Lambda\rho_0 = 1 + \lambda_n\chi_n = 1 + \frac{1}{1+\mathrm{e}^{n/\tau_c}}\chi_n。\tag{10.45}$$

现在 $\tilde{\rho}_0$ 在整个相空间中均不为零(因为 $0 \leqslant \lambda_n \leqslant 1$)。同样,如果初始分布是集中于相空间中某点 ω_0 附近的一个 δ 函数,则 $\Lambda\delta$ 表示一个非局域化的系综。可以容易地验证,在图10.7代表的那种特殊情形,它对应于一条通过点 ω_0 的收缩纤维(Misra, Prigogine, 1983)。向概率过程的过渡,同时引入空间的和时间的非局域化。在前面我们讲过空间的时间作用概念,现在还要回到这个问题上来,因为空间的非局域化将通过特征时间 τ_c 来量度。

对 δ 函数在动力学群 U_t 之下和半群 W_t 之下的变化进化比较,也是很令人感兴趣的。在动力学群之下,一个 δ 函数在时间上保持是 δ 函数;而半群却导致向概率的过渡,并打破了轨道的局域化。

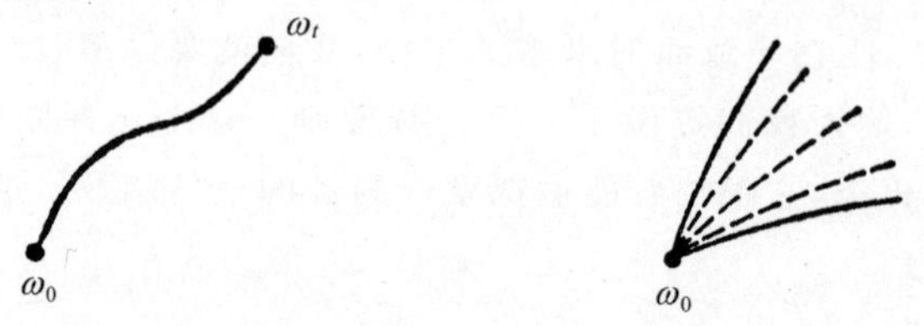

图 10.9 相点在动力学群 U_t 下的变化与在马尔可夫半群 W_t 的变化之比较

再次利用表达式10.38，很容易看到，经过一段时间之后，一条轨道的概念将消失，这段时间具有如下的量级

$$t/\tau_c。\qquad (10.46)$$

现在让我们更细致地考虑一下特征时间 τ_c 的意义，这个 τ_c 我们已经用来描述过时间和空间这两方面的非局域性。

我们已看到，在像K流（面包师变换是其最简单的例子）那样的不稳定系统中，每个点都位于一条收缩纤维与一条膨胀纤维的交点处。这个膨胀可用所谓李雅普诺夫指数来量度：相空间中两点间的距离 δ_L 将按下式随时间而变化

$$\frac{\mathrm{d}\delta_L}{\mathrm{d}t}=\frac{\delta_L}{\tau_L} \quad 或 \quad \delta_L(t)=\mathrm{e}^{t/\tau_L}\delta_L(0)。\qquad (10.47)$$

$1/\tau_L$ 是"平均"李雅普诺夫指数。式10.47是对应于一个不稳定鞍点的式4.52的一种特殊情形：色散方程的两个根均是实数，且有相反的符号。正根对应于一个膨胀，负根对应于一个收缩。

因此我们可以预料，在上面引入的特征时间 τ_c 与李雅普诺夫指数之间应当有密切的关联

$$\tau_c \approx \tau_L。\qquad (10.48)$$

实际上 τ_L 度量的是扫过相空间的速率。显然，这个速率还度量分布函数趋向平衡态的速率。这个论证还可以做得更精确一点（Goldstein，1981）。但我们在此不作更详细的讨论了。现在我们更清楚地看到我们通过构造 Λ 所实现的非幺正变换的意义："机械的"时间 τ_L 可以被理解为分布 $\tilde{\rho}$ 的弛豫时间。

玻耳兹曼-格拉德极限

应当特别指出，在某些特殊的极限情形下（如稀薄气体），研究不可逆性的传统方法得到恢复。所说的情形一般具有无限长的李雅谱诺夫时间 τ_L 或弛豫时间 τ_c。说得更精确一点，引入这样的一个极限情形，当 $t\to\infty$，且 $\tau_c\to\infty$ 时，有

$$\frac{t}{\tau_c}= 保持为有限值。\qquad (10.49)$$

在这种极限情形下，式10.49的幂得到保留，但含有"未被补偿"的幂 $(1/\tau_c)^n$，即没有乘以 t 的适当幂的表达式被略去了。这种极限情形在文献中常被称做玻耳兹曼-格拉德极限（它的明确的表述，请参见Prigogine，1962）。在这种情形下，图10.6中的过渡层非常大，而且对任何固定的 n，有

$$\lambda_{n \atop \tau_c\to\infty}=\frac{1}{1+\mathrm{e}^{n/\tau_c}}\to 1。\qquad (10.50)$$

由于这个原因，对引入一个新的具有破缺的时间对称性的分布 $\tilde{\rho}$ 来描述不可逆过程的这种需要被忽视了很长时间，在经典动力论（参见第7章）中，人们试图用满足刘维方程的分布函数 ρ 得到一个 $\mathscr{H}$ 定理。显然这是一个不协调的步骤。只有时间对称破缺的分布函数 $\tilde{\rho}$ 才能导出与第二定律相联系的概率过程。

向宏观表述的过渡

我们在本章中用来讨论不可逆性的概率框架是很一般的。还可以把它扩展到不是K流的系统，但是要能够定义如碰撞算符(参见式8.34和附录B)那样的量。我们仍然可以引入微观熵算符M和非幺正变换算符Λ。假设M和Λ的本征函数是ϕ_n(它们可以是本征分布)，我们有[1](参见式10.27和式10.29)

$$M\phi_n = |\lambda_n|^2\phi_n。\tag{10.51}$$

在那里，我们照旧定义一个内部时间T，其本征函数是M的本征函数，其本征值对应于动力学时间t(我们假定这些本征值是离散的，像在面包师变换中那样)。于是我们恢复了如下关系(参见式10.26)：

$$T\phi_n = n\phi_n。\tag{10.52}$$

不过这里有点不同：我们不再能指望T一般地满足式8.22或式10.15。这种情形是对K流而言的，因为动力学算符U_n只是简单地移动划分(参见式10.17)。现在。情形可能变得复杂得多。经过一个单位时间，一个划分可能被传到其他几个划分的组合中去。结果，平均时间$\langle T\rangle$不再与外部时间t保持同步。

一个给定的划分甚至有可能被移到一些划分中去，而其中的某些划分属于过去(ϕ_n趋近于ϕ_k的某个叠加，其中某些k大于n，而另一些小于n)。

对于更复杂的系统，这恰是我们所需要的：破缺变换把该系统“均匀地”向未来移动。不过，让我们想想这样的一段音乐，在我们听这段音乐时发现在它的演奏过程中，过去已经出现过的一些片断与另一些新片断同时出现。

这个例子表明隐藏在如内部时间这样的概念中的新结构有非同一般的价值，内部时间是我们为描述不可逆性的微观意义而引入的。

再考虑一下在这新图景下第二定律的宏观表示，将是很有启发性的(参见式1.2或式1.3)。为了进到宏观层次，我们略去内部时间中的涨落，于是我们可以把熵S看做是平均时间$\langle T\rangle$的函数。这时对于孤立系统，第二定律指出

$$\frac{\mathrm{d}S}{\mathrm{d}t} = \frac{\partial S}{\partial\langle T\rangle}\cdot\frac{\partial\langle T\rangle}{\partial t} \geqslant 0。\tag{10.53}$$

从这个宏观表述可以推测：我们确实有一个两个正量的乘积，前一个量表达出熵是内部时间的递增函数(而$\mathscr{H}$量是一个递减函数)，后一个量表达出，平均来讲，内部时间向着和动力学时间相同的方向流动。

让我们以几个一般的更带有认识论色彩的说明来结束本章。

---

① 注意：一般地说，Λ是一个星幺正算符，但不是一个厄米算符(参见式8.16和式8.28)。因此它的本征值不可能为实数；反之，M是一个厄米算符。

时空的新结构

正如我们在本章中已说明了的，把第二定律概括成一个基本的动力学原理，这对我们关于时间、空间和动力学的概念有着深远的影响。只要第二定律适用，我们就可以定义一个新的内部时间 T，使我们能够表述对称的破缺，而对称破缺正是第二定律的发源地。如我们已经证明的，这个内部时间仅存在于不稳定的动力学系统中。对于像用面包师变换所描述的那些情形，内部时间的平均值 $\langle T\rangle$ 与动力学时间保持同步。但是，即使在这样的场合，也不能把 T 和 t 混淆起来。我们可以用钟表来测量我们的平均内部时间，但这两种概念却完全不同；动力学时间标志着经典力学中点的运动，量子力学中波函数的运动。但只是在强得多的条件下（如运动的不稳定性），我们才能赋予这个系统一个内部时间。

为了谈及物理系统的变化，我们必须给它们某个宏观尺度上的熵产生，或者利用本章所介绍的概念对这个变化进行微观尺度上的讨论。这个不可逆性的因素十分经常地通过测量过程进入量子理论——但对不可逆性给出一个内在的描述，使时间变化映射到半群中去（参见附录 B），看来更令人满意得多。第二定律作为一个选择原则所起的作用，应当在广义相对论的发展中有特殊的益处，在那里，它应当导出一个对物理上可变时空的选择。众所周知，广义相对论建立在四维间隔 dS^2 的基础上。但是，描述这个间隔的特殊的时空坐标却被认为是任意的。一个很自然的附加要求是，时间坐标 t 应该是这样的，使得在使用这个时间时，熵是增加的。最近，洛克哈特、米斯拉和普里戈金(Lockhart, Misra, Prigogine, 1982)研究的一个例子说明：对于一个具有负曲率的空间超表面的宇宙模型，有可能引入一个与通常宇宙时间密切相关的内部时间。但是在一般情形中这是不对的。例如在格德尔(Gödel, 1979)的著名宇宙模型中，始终沿着时间增加方向的观察者能够重新进到该宇宙本身的过程中去。

我们在第 9 章中已经提过爱因斯坦的困境，他勉强地把不可逆性当做物理学的一个基本事实。但是，在他对格德尔文章（见 Schlipp, 1951）所作的评论中说出了他的怀疑：格德尔的没有时间的宇宙可能相应于我们所居住的宇宙。爱因斯坦写道："我们不能把电报拍到我们的时间里面去"，而且，

> 其中，根本的问题是：在热力学的意义上，发送信号是一个不可逆过程，一个与熵的增长相联系的过程（但根据我们现有的知识①，一切基本过程都是可逆的）。

在这里，有趣的是，爱因斯坦也没能避免把不可逆性看做是我们宇宙图景的一个组成部分。我们希望在另外的地方更详细地讨论这些问题。在理性思想黎明之际，亚里士多德已经区分出作为"运动"(kinesis)的时间和作为"产生与消亡"(metabole)的时间。前

① 爱因斯坦的原文中有加重符号。

者是动力学所研究的方面，后者是热力学所研究的方面。我们已经更加接近了把这两方面都协调地包括在一起的描述。要描述像测量的那种特殊动作的基本过程，这是很必要的(另参见附录 C)。

测量过程相应于人与其周围世界相互作用的一种特殊形式。要对这种相互作用进行更为详细的分析，必须考虑到，活的系统，包括人，有一个破缺的时间对称性。我们可能与同样具有破缺对称性的其他客体(或活的东西)进行相互作用，但我们也可能与时间对称的客体进行相互作用。就是说，我们可能在一个封闭的容器中制备一种液体，然后等该系统达到平衡态。假定在平衡态细微的均衡是有效的，那么这样一个系统可以表现出没有任何优惠的时间方向。但是，当我们控制这个系统(例如加热一部分而冷却另一部分)时，我们打破了这个时间对称性，且在某种意义上把我们的破缺的时间对称性传给了该系统。

生命导出生命，这是习惯的说法。在同样的意义上，不可逆性也可以被人的活动所传递。

不可逆性的微观理论不仅导出对时间与物质的关系以及时间与性质变化的关系这两个方面的更好解释，而且它还导致关于时空连续流真正结构的一种修正的看法。通常的时空轨道的概念在应用于不稳定系统时导致了严重的困难，我们可能已在面包师变换的情形中看到了这一点。如附录 A 中所说明的，当我们用无穷序列

$$\{u_i\} = \cdots u_{-3}, u_{-2}, u_{-1}, u_0, u_1, \cdots \tag{10.54}$$

表示一个点时，面包师变换导出如下移动

$$u'_i = u_{i-1}\text{。} \tag{10.55}$$

只要序列$\{u_i\}$是周期性的，面包师变换就产生也是周期性的轨道。这对一切有理数都是成立的。相反，无理点则导致覆盖整个相空间的遍历轨道。因此，一条具体轨道的性态高度敏感于初始条件。人们常说到轨道的随机性，但是，当我们通过 Λ 走向一个非局域性描述时，可以说我们是用“小”区域的性态代替了轨道的性态。和轨道描述相反，这种描述是稳定的。所有的区域均被分成越来越细的最终覆盖整个相空间的区域。

这是非常本质的一点。向半群的过渡已经把动力学系统的轨道随机性一笔勾销。这一点与出现在宏观层次上的实验情形是完全一致的。这并不意味着一切随机性均被消灭了。相反，在现在，人们对“混沌吸引中心”(参见 Nicolis，Prigogine，1984)有着更大的兴趣。这里，宏观轨道仍然保持着大量的随机性，这些随机性可能还是用李雅普诺夫数来表征的。我们将在“结语”一节中再回过头来讨论这个随机性的“层次”结构。

态和规律——存在与演化间的相互作用

现在让我们讨论第二定律微观表述所引起的动力学概念上的另一个改变。在传统的方法中，初始条件和变化规律之间是有根本区别的。初始条件相当于对某些“态”的说明，在经典力学中，态常常是相空间中的一个点，在量子力学中，态常常是一个波函数(即希尔伯特空间中的一个“点”)。而变化常常是由一个“规律”给出的。但是很清楚，在态

与规律中一定存在某种关系，因为态是以前的动力学变化的结果。用本章给出的概念框架，可以使这个关系更加明显。让我们回到表达式10.30和10.31，这是把分布函数ρ(或$\tilde{\rho}$)用内部时间算符的本征函数来展开的式子。我们已经强调，在式10.30中，将来与过去是对称地进入的。而且这个对称性是由如式10.32所示的幺正变换得出的。式10.32可以写成

$$\rho_1 = \sum_{-\infty}^{+\infty} C_{n-1}\phi_n + 1。 \qquad (10.56)$$

ϕ_n的系数被修改了，但基本的时间对称性保留下来。简言之，幺正的、保测的定律生出(即向着将来，也向着过去)时间对称的态。当我们考虑用于已变换的分布$\tilde{\rho}=\Lambda\rho$的公式10.31时，情形就根本不同了。随着$n\to+\infty$，λ_n逐渐减小，因此属于将来的那些划分所作的贡献被“阻尼”。过去与将来以不对称的方式登场：我们这里得到具有时间“极性”的态。这样的态只能是某种变化的结果，它们本身是时间极化了的，且在将来仍保持该极化状态。现在我们确实有(参见式10.37)

$$\begin{aligned} W\tilde{\rho} &= \sum_{-\infty}^{+\infty} C_n(\lambda_{n+1}\phi_{n+1}) + 1 \\ &= \sum_{-\infty}^{+\infty} C_{n-1}(\lambda_n\phi_n) + 1, \end{aligned} \qquad (10.57)$$

当$n\to\infty$时，阻尼因子λ_n是守恒的。

于是我们看到态和规律确实是密切联系在一起的。这里有初始条件的自守恒形式。当然，一个初始条件对应于一个我们任意选择的时刻，它可以没有任何可与所有其他时刻区分出来的基本性质。

这就导出在我看来是我们新概念框架的最有意义的结论的东西。如面向将来的熵增加定律那样的与时间有关的规律的存在，意味着：对这些系统而言，存在着与时间有关的态。

结　语

从经典的观点来看，初始条件是任意的，只有把初始条件与最终结果连接起来的规律才具有内在的意义。

如果真是这样，那么“存在”的问题除了在其制备时所包括的任意性之外就失去任何意义。但是这个初始条件的任意性对应于一种高度理想化的情形，这种情形我们的确可以随着我们的意愿去制造。当我们取复杂系统时，无论它是液体，还是更为复杂的某种社会情形，初始条件只服从于我们的任意性，但是这些初始条件是该系统先前变化的结果。

仅仅是在这种情形，“存在”和“演化”的关系问题才获得意义。我们在“态和规律——存在与演化间的相互作用”一节中看到，(在谈到内部时间时)我们可以定义时间对称的态和具有破缺的时间对称性的态。现在我们要求在我们可以制备或观察的态同支配其变化的规律之间的协调一致。确实，我们进行制备或观察时的时间没有任何优惠的

意义。因此一个对称的态应当出自另一个对称的态，且在被变换以后，随着时间的推移，进入一个对称的态。同样，一个具有破缺对称性的态应该出自一个属于同一类型的态，并且被变换成同一类型的态。

态的性质的不变性导出了态与规律之间的密切关系。或者用更带有哲学味的术语来说，它导出"存在"和"演化"间的密切关联。这样，"存在"与态联系起来，"演化"与变换这些态的规律联系起来。

从逻辑的观点看，"存在"与"演化"的问题至少有两个可能的解。在第一个解中，任何内在的时间因素都被消灭了。于是"演化"仅仅是"存在"的展开。

第二种解同时在存在和演化中引入了一个时间的破缺对称性。不过，存在和演化问题的这个解还不仅仅是一个逻辑上的解，它还包含了一个实际的成分。确实，只要我们一问"存在"或"演化"的含义，我们就已经通过这个问题引入了时间的方向。因此，只有向我们开放的那个解，才是与破缺时间对称性相联系的解。

注意，只有在热力学第二定律成立的世界中，上述存在与演化之间的关系才有意义。我们已经看到，第二定律适于这样的系统，它们提供了足够级别的不稳定性。不可逆性与不稳定性是密切关联的：只是因为明天没有被包含在现在之中，才使不可逆的有方向的时间得以出现。

因此我们得到结论，破缺的时间对称性是我们认识自然的一个根本要素。简单的音乐经验可以说明我们这句话的含义。我们可以在一个给定的时间间隔，比如说一秒内，演奏出一个声音的序列，从最弱音开始，以最强音结尾。我们可以用倒过来的顺序演奏这同一序列。显然，听到的印象是极不相同的。这只能说明，我们有内部的时间之矢，因而能区分出这两种演奏来。按照我们已在本书中概括的观点，这个时间之矢没有把人与自然对立起来，相反，它强调把人类嵌入变化的宇宙之中，而我们在一切层次的描述中发掘着这个变化的宇宙。

时间不仅是我们内部经验的一个基本的成分和理解人类历史（无论是在个别人，还是在社会的水平上）的关键，而且也是我们认识自然的关键。

从现代意义上说，科学至今已有三个世纪的历史了，我们可以区分出两个时刻，科学把我们带到物质存在的自然界的一个完全确定的映象上（借用了 Leclerc，1972 的表达方法）：

一个是牛顿的时刻，伴随着他那由不变的物质和运动态所组成的世界观，伴随着这样的一个概念，其中物质、空间和时间是无联系的，因为时间和空间都好像是被动的物质容器。

第二个阶段是爱因斯坦达到的。也许广义相对论的最伟大的成就就是时空不再与物质无关。时空本身就是由物质产生的。然而在爱因斯坦的观点里，把时空的局域性概念保持为该理论的一个组成部分仍是必要的。

现在，我们开始到达第三个阶段，这个时空局域性受到更为彻底的分析。令人惊奇的是，对时空微观结构的这个质问来自完全不同的方向：一个是量子论；一个是我在本书中力图说明的不可逆性的微观理论。而且，不可逆性，即时空中所含有的活动性，改变了时空的结构。时空的静态的内涵被所谓"空间的时间作用"这个更为动态的内涵所代替。

值得一提的是，我们看到了某些最近的结论与如柏格森、怀特海和海德格尔等哲学家的预期有多么接近。主要的区别是，在他们看来，这样的结论可能只是由于与科学的冲突而得到的；而我们现在把这些结论看做可以说是从科学研究的内部得出的。

怀特海在他的基本著作《过程与实在》(Whitehead, 1969)中强调，只有时空局域性是不够的，物质嵌入到影响的流中是根本的。怀特海强调，没有活动性，就不可能定义任何实体，任何的态。没有任何被动的物质能够导出一个有创造性的宇宙。

海德格尔的有影响的书《存在与时间》(Heidegger, 1927)，其题目本身就是一个表白，它强调了海德格尔反对没有时间的存在概念，它对应于从柏拉图开始的西方哲学的主流。斯坦纳(Steiner, 1980)在对海德格尔的评论中出色地概括道："有人性的人和自觉不是中心，不是存在的估价者。人只是一个受优惠的收听者和存在的响应者。"

我十分懂得，甚至对这些最近倾向的某些最突出的方面，本书的描述也是很不够的。不可逆性不仅存在于动力学系统的层次上，它还存在于宏观物理学的(即湍流)的层次上，或生物界，或社会中。因此我们察觉到内部时间的一个完整的层次结构。一方面，我们作为实体是一些对立行动的结果，不过可能由某单个的内部时间来表征。另一方面，作为集体的一员，我们属于我们参与的内部时间的一个更高的"层次"。看来，闵可夫斯基在其《真实的时间》(Minkowski, 1968)中所很好描写的我们的许多问题，很可能都来自我们内部的内部时间尺度与我们外面的外部时间尺度这两者之间的冲突。

无论如何，这个新形势可能要导出科学与人类其他文化对象之间的新桥梁。世界既不是一个自动机，也不是一片混沌。它是一个具有不确定性的世界，但也是这样的一个世界，其中个别的行动并非注定是无意义的。它不是用一个单个的真理所描述的世界。因此我觉得，令人感到非常满意的是：科学能帮助我们建立起桥梁，并且把对立的东西调和起来而不用否定它们。

COLLECTION OPUS

普里戈金著作

附录A
面包师变换的时间算符和熵算符

·Appendix A·

普里戈金花费了他一生的大部分精力，试图把生物学和物理学重新装到一起，把必然性和偶然性重新装到一起，把自然科学和人文科学重新装到一起。

第 8 章已经引入了面包师变换，现在我们将更详细地叙述我们如何把这个变换和时间算符 T（式 8.22）以及微观熵算符 M 相连结起来。

在这里给出的结果是近期米斯拉、普里戈金和库巴奇文章[1]的总结，在那里，可以找到全部证明及其结果向其他系统的种种推广。与面包师变换有关而在此不作论述的其他概念可以在莱博维茨，奥恩斯坦以及其他作者的重要文章[2~6]中找到。

相空间 Ω 是在平面上的单位正方形。正如我们在第 8 章（参见图 8.11）中看到的，面包师变换 B 把 Ω 的点 $\omega=(p,q)$ 转移到 $B\omega$，具有

$$B\omega=\left(2p,\frac{q}{2}\right) \quad 如果 \quad 0\leqslant p<\frac{1}{2},$$

$$B\omega=\left(2p-1,\frac{q}{2}+\frac{1}{2}\right) \quad 如果 \quad \frac{1}{2}\leqslant p<1。 \tag{A.1}$$

变换 B 描述一种在固定的时间间隔中发生的分立过程，这种过程趋向于把一个任意给定的表面元逐渐地分裂成碎片。作为一个例子，让我们应用面包师变换 B 到半个正方形 $0\leqslant q\leqslant\frac{1}{2}$ 之上，这结果再现于图 A.1 中。

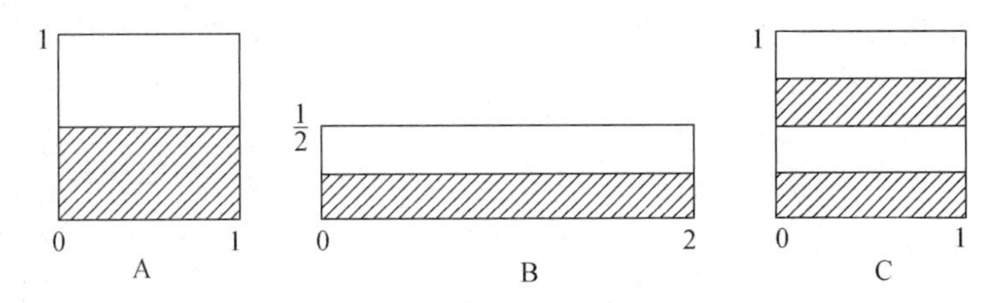

图 A.1 面包师变换应用于半正方形

当面包师变换 B 重复进行了若干次，开始的半个正方形被分裂成为图 A.2 所示的小而又小的长方形。

这个面包师变换容许一种叫做“伯努利移动”的不平常表象。为了了解这个关系，我们以一个二进制的小数展开写出坐标 p 和 q：

$$p=0.u_0u_{-1}\cdots,$$
$$q=0.u_1u_2\cdots。$$

这个记法意味着

$$p=\frac{u_0}{2}+\frac{u_{-1}}{2^2}+\cdots。$$

对于 q 有类似的表达式，在此 u_i 取值 0 或 1，因此，Ω 中的一点 ω 由双序列 $\{u_i\}$ 来表示，其中 $i=0,\pm1,\pm2,\cdots$。用一些具体的例子，可以容易地验证，这里与 $B\omega$ 对应的是序列 $\{u'_i\}$，其中 $u'_i=u_{i-1}$，我们很清楚

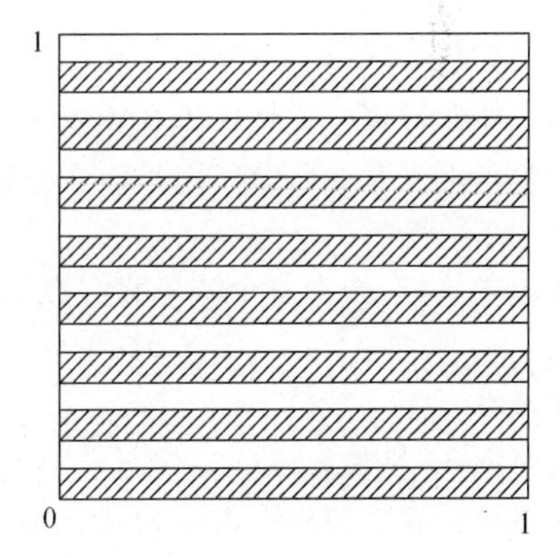

图 A.2 在半正方形上逐次实行面包师变换的效果

◀布鲁塞尔自由大学校景（彭丹歌摄）。

地看出，面包师变换引起序列的一个移动，这是人们谈及“伯努利移动”的主要理由[6]。

现在我们考虑在“相空间”上所有的平方可积函数的一个简单的正交基。设 X 是在 $(0,1)$ 上由

$$X(1)=1,$$
$$X(0)=-1 \tag{A.2}$$

定义的函数，对于每一个整数 n，在 Ω 上由

$$X_n(\omega)=X(u_n) \tag{A.3}$$

定义一个函数 $X_n(\omega)$。因此，在 Ω 的每一点上 $X_n(\omega)$ 的值唯一地依赖于坐标 p、q 的二进制展开中的第 n 位。

此外，我们对于每一有限的整数组 $(n_n,n_2,\cdots,n_N)=n$ 定义乘积函数 $X_n(\omega)$：

$$X_n(\omega)=X_{n_1}(\omega)X_{n_2}(\omega)\cdots X_{n_N}(\omega)。$$

我们采用记法

$$X_\phi(\omega)=1, \tag{A.4}$$

其中，$X_\phi(\omega)$ 对应于微正则系综，我们可以证实这函数组确实形成一套正交基。正如现今在量子力学中使用的那样（见第 3 章“量子化规则”一节），这意味着

$$\int_\Omega X_n(\omega)X_{n'}(\omega)\mathrm{d}\omega=\delta_{n,n'}。$$

在此 $\delta_{n,n'}$ 当 $n=n'$（即 $n_1=n_1'\cdots n_N=n_N'$）时等于 1，否则等于零。例如使用式 A.3，很容易验证（同样可见图 A.3 和图A.6）：

$$\int_\Omega=X_1(\omega)X_2(\omega)\mathrm{d}\omega=0。$$

还有，函数 $X_n(\omega)$ 与 X_ϕ 一起形成一完备组：在 Ω 上的每一个（平方可积）函数都能通过这些函数的适当的线性组合来展开。

在下面我们将使用两个平方可积函数 f_1,f_2 的标积，这标积定义为

$$\langle f_1,f_2\rangle=\int_\Omega f_1^\alpha(\omega)f_2(\omega)\mathrm{d}\omega.$$

面包师变换也能依据作用在函数 $\phi(\omega)$ 上的算符 U 来表示（正如在教科书中解释的，U 是一个幺正算符，见文献[5]）：

$$(U^n\phi)(\omega)=\phi(B^{-n}\omega)。 \tag{A.5}$$

使用式 A.3，作为一个结果我们有

$$(UX_j)(\omega)=X_j(B^{-1}\omega)=X(u_{j+1})=X_{j+1}(\omega), \tag{A.6}$$

简言之

$$UX_n=X_{n+1},$$

式中 $n+1$ 是整数组 $(n_1+1,n_2+1,\cdots,n_N+1)$。因此，面包师变换导致基函数的一个简单的移动。现在我们引入在 Ω 中区域 Δ 的一个特征函数，$\phi\Delta$；这函数在 Δ 上取值为 1，在 Ω 中的其余的地方等于零。我们能通过已经引入的基函数 X_n 来表达这样的特征函数。

其中面 A_i^j 是 $u_i=j$ 这样的点 ω 的集合，而 $A_{ii'}^{jj'\cdots}$ 是 $u_i=j,u_i{}'=j',\cdots$ 这样的点 ω 的集合，此外，我们已给出在这些面上 $X_i(\omega)$ 的值 $(i=0,1,2)$ 以及它们的特征函数 $\phi_{A_i^j}$ 的值。

作为一个例子，让我们考虑 $X_1(\omega)$，依照定义 $X_1(\omega)=X(u_1)$ 是一个函数，当 $u_1=0$ $\left(\text{即对于 } 0\leqslant p<\frac{1}{2}\text{ 时}\right)$取值为 -1，以及当 $u_1=1$ $\left(\text{即对于}\frac{1}{2}\leqslant p<1\right)$时取值为 $+1$。因此

$X_1(\omega)$在正方形的下半边 A_1^0 取值为-1,和在正方形的上半边 A_1^1 取值为$+1$。要写出正方形的分块(A_1^0,A_1^1)"原子"的特征函数现在是很容易的事,特征函数的表达式表述在图 A.3上。对于相应于固定分块的特征函数来说,类似的表达式是正确的。

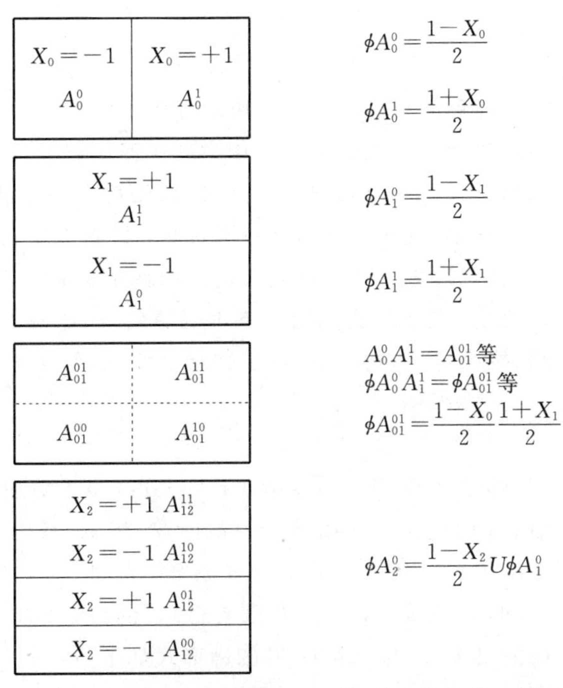

图 A.3 表示面 A_i^j 和它们的交 $A_{ii'}^{jj'\cdots}$ 的形状的若干例子

现在我们将研究 Ω 中一个任意区域的演化以及把这一演化与在这本书中一再讨论过的"弱稳定性"的思想联系起来(见第 2 章"弱稳定性"一节)。我们可以从式 A.5 得到变换后的区域 $B^1\Delta$ 的特征函数,为此,接连使用如下定义:

$$\phi B^1\Delta(\omega)=\begin{cases}1,\text{如果 } \omega\in B^1\Delta,\\0,\text{如果 } \omega\notin B^1\Delta\end{cases}=\begin{cases}1,\text{如果 } B^{-1}\omega\in\Delta,\\0,\text{如果 } B^{-1}\omega\notin\Delta\end{cases}$$

$$=\phi_\Delta(B^{-1}\omega)=(U\phi_\Delta)(\omega)。\tag{A.7}$$

因而我们有

$$\phi_{B^1\Delta}=U\phi_\Delta。\tag{A.8}$$

例如,在 n 次应用 B^1 之后,区域 A_1^0 变换成 $B^{-n}A_1^0=A_{n+1}^0$(参见图 A.3 中这些区域的形状以及通过基 X_i 给出的它们的特征函数)。

在一般情形中,我们可以考虑 Ω 的一个任意小的"原子",其特征函数是:

$$\phi_{\Delta_{m,n}}=\left(\frac{1\pm X_{-m+1}}{2}\right)\left(\frac{1\pm X_{-m+2}}{2}\right)\cdots\left(\frac{1\pm X_n}{2}\right)。\tag{A.9}$$

靠增加 n 和 m 的值,这样的"原子"能选择得我们想要的那样小。令人感兴趣的是在第$(m+1)$次应用变换 B^{-1}之后,$\Delta m,n$分裂成两个原子。

$$U^{m+1}\phi_{\Delta_{m,n}} = \left(\frac{1\pm X_2}{2}\right)\cdots\left(\frac{1\pm X_{n+m+1}}{2}\right)$$
$$= \left(\frac{1-X_1}{2}\right)\left(\frac{1\pm X_2}{2}\right)\cdots\left(\frac{1\pm X_{n+m+1}}{2}\right)$$
$$+ \left(\frac{1+X_1}{2}\right)\left(\frac{1\pm X_2}{2}\right)\cdots\left(\frac{1\pm X_{n+m+1}}{2}\right)$$
$$= \phi_{\Delta_{0,n+m+1}} + \phi_{\Delta'_{0,n+m+1}}。 \tag{A.10}$$

这样得到的两个“原子”是对称的且被 2^{n+m} 个子块所分离。

因此，我们看出，即使初始时刻系统是处在相空间中某个任意小的区域中，随着时间的推移，系统也将演化到相空间中分离开的不同的区域中去。并且我们只能估计在这些不同的区域中发现系统的概率。换句话说，每一个区域(不管多么小)包含引导到各式各样的区域中去的不同形式的“轨道”，这正是弱稳定性的真正定义。

在这些初步的考虑之后，现在让我们引入基本的算符 T，这算符 T 对应于“年龄”或对应于一个“内部”时间，按照定义，它满足(对于连续变换来说)关系式 10.15 或(用离散的时间)

$$U_n^{\dagger} T U_n = T + n。 \tag{A.11}$$

在面包师变换的情形，要构成 T 的明显的表达式是容易的(至于更加详细的材料，可参见文献[1])。我们已看出，当 U 应用于基函数 $\{X_n\}$ 的时候，使 X_n 移动到 X_{n+1}。

因此，X_n 是共轭算符 T 的本征矢量并不令人惊奇。此外，对于每一个 X_n，相应的本征值是 n_i 中的最大值(n 是 $n_1, n_2, \cdots, n_N$ 的有限集合)。例如，与 X_n 对应的本征值是 n，与 $X_0X_1X_2$ 对应的本征值是 2，等等。结果，T 的谱形式如下：

$$T = \sum_{n=-\infty}^{+\infty} nE_n。 \tag{A.12}$$

在这里 E_n 是在由函数 X_n：$X_iX_n(i<n)$，$X_iX_jX_n(i,j<n)$，等等产生的微正则系综的正交补中的子空间上的投影，我们可以证实.

$$U_n E_m U_n^{-1} = E_{m+n}。 \tag{A.13}$$

这里正好得出关系式 A.11。T 的本征值(年龄算符的数值)是从 $-\infty$ 到 $+\infty$ 的全部整数，这有一简明的物理意义，举例来说，如果我们考虑对应于年龄 2 的本征函数如 X_2，使用 U 变换使 X_2 进到对应于年龄 3 的本征函数 X_3，如此等等。注意：第一个不等式 10.28 从 Λ 保持为正的要求中直接得到。这一点可以容易地用表达下式的正定来验证：

$$\langle \phi_\Delta, \Lambda\phi_{\Delta'} \rangle \geqslant 0, \tag{A.14}$$

式中 ϕ_Δ 和 $\phi_{\Delta'}$ 是对应于类 Δ 和 Δ' 的特征函数[1]。戈尔茨坦、米斯拉和库巴奇[8]已经给出了一个简洁的推导。类似地，第二个不等式 10.35 得自下式的恒正性：

$$W_t = \Lambda U \Lambda^{-1}, \tag{A.15}$$

这导出第二个条件(式 10.35)。

参考文献

[1] B. Misra, I. Prigogine, and M. Courbage, *Proceedings of the National Academy of Sciences, U. S. A.* 76(1979):3607; *Physica* **98A**(1979):1.

[2] J. L. Lebowitz, *Proceedings of I. U. P. A. P. Conference on Statistical Mechanics* (Chicago, 1971).

[3] D. S. Ornstein, *Advances in Mathematics*, **4** (1970): 337.

[4] J. G. Sinai, *Theory of Dynamical Systems*, vol. 1 (Denmark: Aarhus University, 1970).

[5] V. I. Arnold, and A. Avez, *Ergodic Problems of Classical Mechanics* (New York: Benjamin, 1968).

[6] P. Shields, *The Theory of Bernouilli Shifts* (Chicago: University of Chicago Press, 1973).

[7] B. Misra and I. Prigogine, in *Long-Time Prediction in Dynamics*, edited by C. M. Horton, Jr., L. E. Reichl, and V. G. Szebeley (New York: John Wiley & Sons, 1983).

[8] S. Goldstein, B. Misra and Courbage, *J. Stat. Phys.* **25**(1982): 111.

得克萨斯大学校景

附 录 B

不可逆性与动力论方法

· *Appendix B* ·

普里戈金和他的所谓“布鲁塞尔学派”中的同事们的工作可能很好地代表了下一次的科学革命，因为他们的工作不仅与自然，而且与社会本身开始了新的对话。

10

相关的动力学

第 10 章给出的描述不可逆性的概念框架，其简单性主要来自时间 T 和刘维算符 L 之间的简单关系(参见式 8.22)。这使得我们明确地构造出用划分表达的 T 的本征函数(亦见附录 A)，并且最终得出变换算符 Λ 和熵算符 M。

除了 K 流动的情形，T 的 L 这种简单关系是不可能得到的。于是我们不得不转向现代形式的动力论方法(参见第 8 章)。这里，我们愿意给出一些定性的论述，并强调与第 10 章的类比。然后，我们将指出说明量子力学的势散射的某些结果。详细的说明见文献[3]。

利用算符 P 和 Q(参见式 8.29)，刘维方程可以分成一个联立的方程组

$$\mathrm{i}\frac{\partial\rho_0}{\partial t}=PLP\rho_0+PLQ\rho_c,\tag{B.1}$$

$$\mathrm{i}\frac{\partial\rho_c}{\partial t}=QLP\rho_0+QLQ\rho_c,\tag{B.2}$$

其中 $P\rho=\rho_0$ 是动量分布或能量分布，于是 ρ_c 描述出空间的相关。因此 ρ_0 又叫做“相关的真空度”。我们从方程组 B.1，B.2 看出，相关 ρ_c 可以这样地从真空度中通过 QLP 被创造，通过 QLQ 被传播，且通过 PLQ 被消灭。

从给定的 ρ_0 和 ρ_c 在某瞬间的条件出发，方程 2.2 和 2.3 可以用不同的方法来求解。讨论它们的一种便利方法涉及 L 的预解式：$(z-L)^{-1}$。z 在上半平面(即 $\mathrm{Im}\,z\geqslant0$)的值和正的时间联系在一起，z 在下半平面(即 $\mathrm{Im}\,z\leqslant0$)的值和负的时间相联系。

如在式 8.31 中那样，我们把 L 的预解式分解为几个部分预解式之和，相当于把单位元分解为 P 和 Q：

$$\begin{aligned}(z-L)^{-1}=&[P+\mathscr{C}(z)][z-PLP\\&-\psi(z)]^{-1}[P+\mathscr{D}(z)]+\mathscr{P}(z)。\end{aligned}\tag{B.3}$$

用这种方法，我们引入了动力论描述的几个基本算符，即传播算符 $\mathscr{P}(z)=(z-QLQ)^{-1}Q$，消灭算符 $\mathscr{D}(z)=PLQ\mathscr{P}(z)$，产生算符 $\mathscr{C}(z)=\mathscr{P}(z)QLP$，以及碰撞算符 $\psi(z)=PLQ\mathscr{P}(z)QLP$(亦见式 8.34)。

用这些定义可以容易地导出所谓“广义主方程”[1]：

$$\begin{aligned}\mathrm{i}\partial_t\rho_0(t)=&PLP\rho_0(t)+\int_0^t\mathrm{d}t'\hat{\psi}(t-t')\rho_0(t')\\&+\hat{\mathscr{D}}(t)\rho_c(0)。\end{aligned}\tag{B.4}$$

此处，比如说核 $\hat{\psi}(t)$ 是由碰撞算符 $\psi(z)$ 的逆拉普拉斯变换给出的。碰撞和相关之间的对

◀布鲁塞尔自由大学校景(彭丹歌摄)。

偶性明显地出现在方程 B.4 中：某瞬时 t 真空度分量 $\rho_0(t)$ 的变化率是正定的，受到它在早些时候的值 $\rho_0(t')$ 的影响（以非马尔可夫的方式），但它只在初始时刻受到相关 $\rho_c(0)$ 的影响。这样的相关可以被称做碰撞前的相关，因为它们在任何以算符 ψ 表示的碰撞生效之前出现。与此类似，新的相关可以从早些时候的相关真空度 $\rho_0(t')$ 中通过 $\mathscr{C}$ 诞生出来，不过这样的碰撞后的相关不以任何方式影响到不相关部分 $\rho_0(t)$ 的变化。如果广义主方程 B.4 中对初始相关的记忆渐渐淡漠而消失了，那么随着时间的延续，该变化将渐渐地被碰撞的效果所支配。

如我们在第 6 章已看到的，碰撞前的相关和碰撞后的相关间，其区别在分析洛喜密脱佯谬时起着决定性作用。一个简单的例子就是散射。这时我们有两种效果：一种是碰撞过程使粒子弥散（也就是说，它使得速度分布变得更加对称），另一种是在被散射的粒子与散射体之间产生了相关。实行速度反演（即在某个有限距离处放一个球面镜，并在球心处设一个靶子），可以明显看到相关的出现。简要地说，散射的作用如下：在正过程中，它把速度分布变得更加对称，而且出现相关；在逆过程中，速度分布变得更加不对称，而且相关消失。因此，通过对相关的考虑，可以在正过程（其顺序为碰撞⟶相关）和逆过程（其顺序为相关⟶碰撞）之间引入一个物理的分布。

如广义主方程 B.4 所说明的，长时间的行为与初态的制备是密切相关的。必须认识到，对所研究的系统来说，初始条件不能按照实验者或观察者的意愿任意地选择：初始条件本身一定是某个以前的动力学变化的结果。因此，表述一个对初态的选择原则，断定在自然界中只能制备或观察瞬态的碰撞前的相关，就成为十分自然的事了。

在对广义主方程 B.4 的研究中，人们作了大量的工作。应当记住，式 B.4 不过是刘维方程的另一种写法。因此，式 B.4 依然是描述决定论的时间可逆过程的。向不可逆性的过渡只能靠时间对称破缺变换 Λ。

让我们考虑一下运动不变量。从式 B.4 可以推测出有两类不变量：一类是“奇异不变量”，它们通过抵消碰撞前相关的碰撞效果而维持它们的常数值；另一类是“规则不变量”，它们是碰撞不变量。为了简化起见，在这个讨论中我们将假定只出现规则不变量。这样，我们可以得到这样的一些分布，当 $t \to +\infty$ 时它们趋向一个规则不变量（就是说，趋向于平衡态的分布），但当 $t \to -\infty$ 时它们趋向一个奇异不变量，反之亦然[2]。作为选择原则的第二定律排除了第二类分布以及所有其他在 $t \to +\infty$ 时不趋向平衡态的分布。我们已研究出的表达这些基本性质的方法就是所谓“子动力学”理论。简要地说，这个方法如下：

在 $z = +i0$ 的邻域中抽出预解式的适当的奇异点，这样我们就可以定义所谓“面向未来”的算符 Π，该算符有如下性质：Π 是一个幂等算符，$\Pi^2 = \Pi$（由于这个原因，我们又称它为“投向”算符），并且 Π 和刘维算符对易：$[\Pi, L]_- = 0$。这就是我们为什么讲子动力学的原因。通过同样的步骤，但是考虑 $z = -i0$ 的邻域，我们还可定义所谓“面向过去”的算符 Π'，它有这样的性质：$\Pi'^2 = \Pi'$，$[\Pi', L]_- = 0$。通过某个 L 反演，可以从 Π 得到 Π'。Π 算符和 Π' 算符是不同的（$\Pi' \neq \Pi$），但它们是有关联的。实际上，无论 Π 或 Π'，均不是厄米算符（$\Pi \neq \Pi^\dagger$；$\Pi' \neq \Pi'^\dagger$），但它们是“星-厄米”算符——就是说，当同时施行厄米共轭和 L 反演时，它们保持不变（参见第 8 章），即

$$\Pi = \Pi'^{\dagger} \equiv \Pi^{*}, \quad \text{(B.5)}$$

Π 和 Π' 还有另一些对称的性质(B. 3),这里将不用到它们。重要的是,$\Pi\rho$ 只对那些在 $t \to +\infty$ 时趋于规则不变量的分布函数 ρ 才是确定的(同样,$\Pi'\rho$ 对那些在 $t \to -\infty$ 时趋于规则不变量的 ρ 才是确定的)。

让我们对我们的论述和玻耳兹曼的最初表述作一简短的比较。玻耳兹曼考虑的是没有相关性的初始条件——就是说只有一个 P 分量(这相当于分子混沌状态)。虽然玻耳兹曼要挑选出一类特殊初始条件的革命思想看来比什么都重要,但他本人对此思想的实现是不能令人满意的。事实上,P 并不和 L 对易,$[P,L]_{-} \neq 0$,因此,随着时间的延续,任何分布函数都将获得一个 Q 分量。而且 P 对于 L 反演来说是不变量,$P = P'$,因而玻耳兹曼的考虑不能得出时间的一个优惠方向来。

下一步是构造变换算符 Λ。这是利用下面形式的关系式来做的:

$$\Pi = \Lambda^{-1} P \Lambda, \text{ 且有 } \Pi(\lambda \to 0) = P。 \quad \text{(B.6)}$$

式中 λ 是哈密顿量($H = H_0 + \lambda V$)中的耦合常数。一旦我们有了 Λ,我们也就有了微观熵算符 M(参见式 8. 3)。

现在让我们回过来讨论与第 10 章概念框架的关系。我们将再次把 ϕ_n 称作 M 的本征函数或本征分布(参见 10. 27)

$$M\phi_n = \lambda_n^2 \phi_n。 \quad \text{(B.7)}$$

于是我们可以把内部时间定义为算符,使它具有 M 的本征函数并且使它的本征值就是从"钟表上"读出的时间值:

$$T\phi_n = n\phi_n。 \quad \text{(B.8)}$$

但是与 K 流动不同,我们希望 T 与运动的幺正算符 U_t 间有一个简单的关系。随着时间的延续,ϕ_n 可能以极复杂的方式变为混合的,这个问题目前正被人们研究。

现在让我们转向一个例子。

超空间中的量子力学散射理论

不可逆性起源于经典系统或量子系统,而且在两种情形下,都只是在刘维算符 L 具有连续谱时,不可逆性才能出现。因此,对于量子系统,必须考虑大系统的极限(参见附录 C)。

第 3 章中已提到,量子理论可以用波函数 ψ 在希尔伯特空间中表述出来,或者用密度算符 ρ 在我们所谓"超空间"中表述出来。系统态的时间变化,在第一种情形中可通过薛定谔方程 3. 17 用哈密顿算符 H 来表达;在第二种情形中,可通过刘维-冯·诺伊曼方程 3. 36 来表达,其中包括了与 H 对易的刘维超算符 L。

因为作用在"超空间"上的 L 是因式化超算符的差(参见式 3. 35)

$$L = H \times 1 - 1 \times H, \quad \text{(B.9)}$$

所以超空间中的变化算符(参见式 3. 36)也取因式化的形式

$$e^{-iLt} = e^{-iHt} \times e^{-iHt}。 \quad \text{(B.10)}$$

看上去，从希尔伯特空间转到超空间，似乎什么也没有得到，但是当把不可逆性包括在描述中时，就不是这样了。实际上，假如果真存在着一种可能性把可观察量的代数扩大，以便包括不可逆性的话，那么相应的可观察量就只能被定义成一个不可因式分解的算符（参见附录C）。这样，不可逆性就引出了不能包括在希尔伯特空间框架中的可观察量，因此超空间在对可适用于量子系统的第二定律所做的一切表述中都起着中心的作用，而且在希尔伯特空间描述和超空间描述之间的简单对应关系 B. 10 消失了。

不可因式分解的算符的引入，导致量子理论基本描述的重大变化，因为纯态和混合态在超空间中须受到同等待遇。于是，不可逆性只能出现在由于某种固有的运动不稳定性而使得用经典轨道或量子波函数所作的描述已失去物理意义的时候。在两种关系中，不可逆性都导致“非局域性”，因为可以实现的态既不能约化为相空间中的“点”，也不能约化为希尔伯特空间中的“纯态”。不可逆性的微观理论所提出来的基本问题，在势散射的简单例子里已经遇到[3]。这就是我们将在此处集中讨论的问题。

这时，哈密顿量 H 包括一个动能部分 H_0 和一个（有限范围的）势 V：

$$H = H_0 + V。\tag{B. 11}$$

这个分解相当于用投影算符 P 和 Q 去分解式 8. 30。

薛定谔方程 3. 17 的一般解很容易用哈密顿量的本征态表达出来，如式 3. 21 那样。按照这个观点，散射理论归结为寻找幺正算符 U 的问题，这个幺正算符 U 把 H 在未扰动的基底中对角化（即在该基底中 H_0 是对角算符）。

当不存在束缚态时，由于 H 的谱与 H_0 的谱是吻合的，所以方程

$$U^{-1}HU = H_0。\tag{B. 12}$$

在适当的边界条件下得出默勒（Möller）算符 $U_\pm$[4]。它们对未扰动基底向量 $|k\rangle$ 的作用得到 H 的入射本征态和出射本征态：

$$|k^\pm\rangle = U_\pm|k\rangle。\tag{B. 13}$$

作为趋向于大体积的极限过程的结果，$U_\pm$ 或 $|k^\pm\rangle$ 含有一些称为分布的奇异函数，这必须谨慎地加以处理。

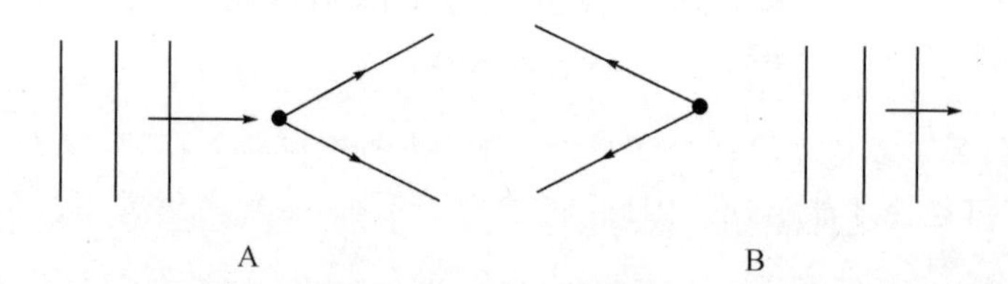

图 B. 1　散射的 $|k^+\rangle$ 态（A）和散射的 $|k^-\rangle$ 态（B）

散射态的物理意义在每一种关于散射理论的教科书中均有讨论。入射态 $|k^+\rangle$ 描述的是带有一个处于平面波态的入射粒子和一个处于（比如说球面）散射波态的出射粒了的那些态。出射态 $|k^-\rangle$ 包括一个出射平面波和一个入射球面波。一般地说，在物理直觉的基础上，一类定态解，即 $|k^+\rangle$，对应于实际的实验；而 $|k^-\rangle$ 永远不可能被制备或观察。这个重要的论述是作为一些“技术上的”特别考虑，比如对实现适当初始条件的“实践上的”不可能性的考虑结果而提出的。因此，十分令人感到满意的是，我们能够给出一个比

较深刻的理由，证明排除入射球面波（以及更一般地，排除"超前"势）是合理的。因为我们证明了只有相应于出射球面波的那些态才在面向未来的耗散半群中。这种情形非常类似于第 10 章所使用的收缩纤维和膨胀纤维。这里，和 K 流动的情形一样，也无法描述什么"公共的未来"。

有关本附录上一节所包括的那个方法，我们在这里只能再补充几点说明。

在大系统的极限下用波函数描述散射，涉及适当的解析开拓，即李普曼-斯温格（Lippman-Swinger）方法。对于研究波函数的二次泛函（式 3.32）的密度算符来说，这一点也是对的。但是对密度算符，这个解析开拓并非仅仅包括取解析连续波函数的平方。

这个观察和范霍夫（van Hove）所作的评述有密切关系，范霍夫指出，必须把散射看做是波函数与其复共轭间"结构干涉"的结果，因此不能独立地去解决散射的时间变化，因为它们给出密度算符的时间变化。

这段话影响到量子论中时间的真正含义。因为可观察量的期望值以二次形式依赖于（与时间有关的）波函数，所以有一个"双倍"时间相关性。但是当要引入像碰撞那样的过程（不可逆过程就发源于此）时，必须把这个双倍的时间序列重新排到一个单个的事件序列中去。换句话说，在密度算符本身的层次上必须直接实现解析开拓。这样，子动力学算符 Π 和变换算符 Λ 就可以明确地构造出来。基本的结果是，Λ 可以作用到随出射波 $|k^+\rangle$ 收缩的态上，同时作用到包含 $|k^-\rangle$ 发散的态上。

此外，截面现在极清楚地作为如下刘维算符的 Λ 变换而出现（参见式 8.7）：

$$-\mathrm{i}\Phi_{kkk'k'} = -\mathrm{i}(\Lambda L\Lambda^{-1})_{kkk'k'} = 2\pi\delta(\omega_k - \omega_{k'})\,|t^+_{kk'}(\omega_k)|^2, \tag{B.14}$$

其中 $t^+_{kk'}$ 是通常的转移矩阵或散射理论中的 t 矩阵的元素（带有一个具有正虚部的自变量）。当然，这个公式是经典的。但值得注意的是，截面绝不可能从幺正变换中得出。实际上可以从有关 L 的公式 B.9 验证出，L_{iijj} 这样的元素等于零，经过一个幺正变换后，仍然为零。因此，像散射截面或寿命这一类概念，实际上是一个包括不可逆性的非幺正描述的组成部分。

参考文献

[1] I. Prigogine, C. George, F. Henin and L. Rosenfeld *Chemica Scripta* **4** (1973):5.

[2] I. Prigogine and C. George, *Proc. Natl. Acad. Sci. U. S. A.* **80**(1983): 4590.

[3] C. George, F. Mayné and I. Prigogine, *Advances in Chemical Physics*, (1984).

[4] 见任何散射理论教科书，如 M. L. Goldberger, K. M. Watson, *Collision Theory*, Wiley (1964).

得克萨斯大学校景

附 录 C
熵、测量和量子力学中的叠加原理

· *Appendix C* ·

在 20 世纪的科学史中，普里戈金对中国传统文化和中国传统哲学思想高度关注，除了从生物学转向科学技术史的李约瑟之外，可能难有第二人可以与之相比。

普里戈金在为中国学者编著的《普利高津与耗散结构理论》一书的“序”中写道：“我相信，我们正是站在一个新的综合、新的自然观念的起点上。也许我们最终有可能把强调定量描述的西方传统和着眼于自发组织世界描述的中国传统结合起来。”

ULB
UNIVERSITE LIBRE DE BRUXELLES
UNIVERSITE D'EUROPE
2
Plaine

纯态和混合态

正如第 3 章所表明的，我们得出了量子力学中在纯态（波函数）和由密度矩阵表示的混合态之间的基本区别。在量子力学中占支配地位的纯态有点儿类似在经典力学中的轨道：正如薛定谔方程指出的（见方程 3.17 和 3.18），随着时间的演化，纯态变换成另一些纯态。此外，可观察量被定义为把希尔伯特空间中的一个矢量映射成它自己的厄米算符。这些算符再次保持纯态，于是量子力学的基本规律被表述得甚至不需求助与混合态相对应的密度矩阵描述。采用后者只被当做是一种实践上的便利或近似。这类似于在经典力学中所考虑的情形。在经典动力学中，与纯态相对应的基本要素是动力学系统中的轨道（可专门参阅第 2 章和第 7 章）。

在第 3 章中，量子力学是完备的吗？这个问题已被提出。我们已经看到，之所以不顾过去的 50 年中量子力学已有的惊人成功而提出这个问题，其原因之一是它难以体现测量过程（见第 3 章“测量问题”一节）。我们已看出，测量过程把一个纯态转换为一个混合态，因而不能用薛定谔方程来描述，薛定谔方程是把一个纯态转换为另一个纯态。

尽管有过许多的讨论（参见文献[1]的极好的叙述），这个问题离开解决还很远。以迪斯帕格纳特的话来说（见文献[1]第 161 页）：“（测量）问题被一群有影响的理论物理学家当做是不存在的或价值不大的问题，而他们的人数较少但却在稳定增长的同事们则认为是提出了几乎不可克服的难题。”

在这个论战中，我不愿意采取过分强硬的立场，因为就当前的目的而言，测量过程只是对量子力学中不可逆性问题的一个说明。

不论人们采取什么立场，纯态和混合态的基本区别以及纯态在理论中占优惠地位这两点必须放弃。因而问题是要对纯态和混合态之间区别的消失提供一个基本的根据。值得注意的事实是作为理论的基本对象的熵算符 M（见第 8 章“不可逆性以及经典力学和量子力学表述的扩展”一节）的引入恰好需要取消纯态与混合态之间区别。

本附录的目的是简略地给出这个叙述的一个证明。至于更详细的情形，读者可参考米斯拉、库巴奇和我的文章[2]，本附录是在这篇文章的基础上写成的。

熵算符和运动生成元

为什么我们必须越出量子力学的标准表述的范围？在量子力学的标准表述中，按照薛定谔方程（式 3.17）哈密顿算符是运动的生成元。假设我们具有（见方程 7.27，为了方便起见，我们改变 D 的符号）

◀布鲁塞尔自由大学校景（彭丹歌摄）。

$$i[H, M] \equiv D \geqslant 0。\tag{C.1}$$

于是 D 可看做微观熵产生算符。看来很自然地要假设 M 和 D 的测量彼此相容，正如大家所熟知的，这意味着：

$$[M, D] = 0。\tag{C.2}$$

对于后面讨论的全部内容来说，方程 C.2 作为“充分条件”来考虑。这个条件可以减弱，可是在这里我们不想进行更详细的讨论。

至于一个算符 M 为什么不能满足条件 C.1 和 C.2，其基本理由是哈密顿算符 H 在量子力学中扮演着一个双重角色（见第 8 章“粒子和耗散：非哈密顿的微观世界”一节的）：除了生成时间演化外，它也表示系统的能量，因此它必须是有下界的，即

$$H \geqslant 0。\tag{C.3}$$

为了看出哈密顿量 H 为正与条件 C.1 和 C.2 之间的不能共存性，让我们考虑等式

$$\begin{aligned}\frac{d}{dt}\langle e^{-iMt}\psi, He^{-iMt}\psi\rangle &= -i\langle e^{-iMt}\psi, [H, M]e^{-iMt}\psi\rangle \\ &= -\langle \psi, D\psi\rangle。\end{aligned}\tag{C.4}$$

在这里，最后的等式是由 M 与 D 的对易得出的，所以有 $e^{iMt}De^{-iMt} = D$。从 0 到 t 积分式 C.4 的两边，现在得出：

$$\langle e^{-iMt}\psi, He^{-iMt}\psi\rangle - \langle \psi, H\psi\rangle = -t\langle \psi, D\psi\rangle,$$

或

$$\langle \psi, H\psi\rangle = t\langle \psi, D\psi\rangle + \langle e^{-iMt}\psi, He^{-iMt}\psi\rangle。\tag{C.5}$$

这是因为

$$H \geqslant 0$$

且对于所有的 t，我们有

$$\langle \psi, H\psi\rangle \geqslant t\langle \psi, D\psi\rangle$$

可是，除 $D=0$ 的平凡情况以外，显然这是不可能的。

在量子力学通常的表述中熵算符的不存在和定义一个时间算符 T 的不可能（是泡利[3]所指出的），这两者之间存在着令人感兴趣的联系。这样的一个时间算符应当是正则共轭于时间演化群的生成元 H；或（同样可参见第 3 章“量子力学是完备的吗？”一节和第 8 章“熵算符的构成和变换理论：面包师变换”一节）

$$i[H, T] = I。\tag{C.6}$$

然而，如果存在一个满足式 C.6 的自伴算符 T，则一个满足式 C.1 和式 C.2 的熵算符 M 可以通过直接取 M 为 T 的一个单调函数来得到：

$$M = f(T).$$

这样，在量子力学中定义熵算符 M 的不可能性，在量子力学中时间算符的不存在，以及时间-能量测不准关系的解释与证实等问题都是联系在一起的。它们共同起因于如下事实：在通常的量子力学的表述中，时间平移群的生成元 H 同样也是系统的能量算符。于是，为了有可能去定义熵算符 M，克服这个简并性是必要的。达到这个目的最简单的道路是采用所谓的量子力学的刘维表述（见第 3 章“薛定谔表象和海森伯表象”一节），在这个表述中的基本对象是描述时间演化的密度算符群。正如第 3 章所指出的，现在时间平移群的生成元是由方程（见式 3.35 和式 3.36）

$$L\rho = [H, \rho]\tag{C.7}$$

所定义的刘维算符。因此让我们来研究 M 的存在与由刘维算符生成的时间演化之间的联系。

熵超算符

采用量子力学的刘维表述所得到的最重要的优点是时间演化群的生成元 $\boldsymbol{L}$ 在物理上不再被限制为有下界的。真的，如果 H 的谱从零扩展到 $+\infty$，则 L 的谱是整个实践。于是，定义 M 作为“超算符”的可能性(见第 8 章中“不可逆性以及经典力学和量子力学表述的扩展”一节)不会被上面给出的讨论所排除，M 应满足关系式

$$\mathrm{i}[L,M] = D \geqslant 0$$

和

$$[M,D] = 0. \tag{C.8}$$

如同在经典力学中一样，我们必须外加补充条件(见第 2 章中“遍历系统”一节)；M 不能存在于下面两种情形之中：

(1) H 有纯粹的分立谱，

(2) H 有连续但有界的谱。

在物理学的语言中，这意味着对于一个有限而广延的包含有限数目的粒子的系统熵超算符不可能存在。这清楚地表明，与经典力学相比问题要复杂得多——因为在附录 A 中，对于只包含单个自由度的有限的经典系统我们已经构成了 M。

现在熵超算符 M 的重要性质是它必须是不能因式分解的，这意味着 $M\rho$ 不采取

$$M\rho = A_1\rho A_2 \tag{C.9}$$

的形式，式中 A_1 与 A_2 是通常的自伴算符。首先应注意，如果 M 是可以因式分解的，采用诸如保持厄米性等一般的性质，它可写成如下更简单的形式

$$M\rho = A\rho A。 \tag{C.10}$$

这样一个可因式分解的算符应保持纯态。确实，它应当简单地把 $|\psi\rangle$ 转变成 $A|\psi\rangle$(见方程 3.30)。

因此，M 的不可因式分解是一个很重要的性质。确实，如果 $M\rho$ 是由式 C.10 所给出的，不难加以证实，M 的对易关系(式 C.8)可导致如下的对于 A 的关系：

$$\mathrm{i}[H,A] = D_1 \geqslant 0,$$

$$\mathrm{i}[D_1,A] = cA^2, \tag{C.11}$$

式中 c 是一个实数。

出现的三种情况(对应于 $c=0, c>0$, 和 $c<0$)能分别地排除如下：

(1) $c=0$，上面给出的讨论表明 $[H,A]=D_1=0$。然后，这与式 C.10 一起导致关系式

$$\mathrm{i}[L,M] \equiv D \equiv 0。 \tag{C.12}$$

这意味着 M 是一个运动不变量。

(2) $c>0$，在这个情形中，有

$$D_1 > 0,$$

$$i[D_1, A] = cA^2。 \quad (C.13)$$

这个情形能通过与本附录上一节所述形式上的类似来加以研究,正的算符 D 扮演 H 的角色,A 起着 M 的作用,cA^2 起着 D 的作用,因此我们可以直接计算出 $A^2=0$,因此 M 如同被式 C.10 所给出的那样。

这样,上面所进行的讨论引导我们得出如下的结论:对于无限的量子系统,存在着扩大可观察量的代数以包括表示非平衡熵的算符 M 的可能性。可是,算符 M 只可以被定义为一个不可因式分解的超算符。于是,在可观察量中间包括熵算符(必须是不可因式分解的),要求纯态失去它在理论中占据的优惠地位,要求在同等的基础上对待纯态和混合态。在物理上,这意味着对于具有作为一个可观察量的熵的系统,在纯态与混合态之间的区别必须不再有运算上的意义,并且应当在实现量子态的相干叠加的可能性上加以限制(见第 3 章中"测量问题"一节)。

明显地,作为我们的熵算符理论的一个逻辑上的结果而得出的这个结论,应当依据关于纯态和混合态之间失去区别的物理原因的分析,而得到进一步的阐释。

我们已经一再讨论了经典系统的情形(见第 3,7,8,9 章)我们已经看出目前存在两个已知的机制导致运动的不稳定性,这不稳定性又禁止对十分确定的轨道的"观察"。可以预斯,具有一个熵算符的量子系统,其纯态与混合态之间丧失区别的物理原因就是上面讨论的不稳定性的某种适当的量子类似。

另外,如同在经典力学中那样,可以存在一种以上的机制。一个机制可能是存在类似与经典系统强混合性质的;另一个可能是存在量子系统的庞加莱突变(见第 8 章"熵算符和庞加莱突变"一节)。在附录 B 中,我们讨论了经典系统的一个简单的例子。在那里当 $z\to 0$,渐近碰撞算符 $\boldsymbol{\Psi}(z)$ 不等于零。类似的情况存在于量子情形且在动力学方程的推导中起着重要的作用(看式 8.34)。当然,量子不稳定性机制的严格的数学表述是未来的工作。虽然如此,令人满意的是:当热力学第二定律通过算符 M 的存在被解释成一种动力学原理时,它要求我们放弃纯态和混合态的区别,恰巧在这种场合这种区别被认为是在物理上不可观察的。

参考文献

[1] B. d'Espagnat, *Conceptual Foundations of Quantum Mechanics*, 2d ed. (Menlo Park, California: Benjamin, 1976).

[2] B. Misra, I. Prigogine, and M. Courbage, *Proceedings of the National Academy of Sciences, U. S. A.* **76** (1979):3607.

[3] 见 M. Jammer, *The Philosophy of Quantum Mechanics* (New York: Wiley-Interscience, 1974), p. 141.

附录D
量子理论中的相干性与随机性

·*Appendix D*·

这个异乎寻常的发展带来了西方科学的基本概念和中国古典的自然观的更紧密的结合。正如李约瑟在他论述中国科学和文明的基本著作中经常强调的，经典的西方科学和中国的自然观长期以来是格格不入的。西方科学向来强调实体（如原子、分子、基本粒子、生物分子等），而中国的自然观则以“关系”为基础，因而是以关于物理世界的更为“有组织的”观点为基础的。

ULB

算符和超算符

在第 9 章中我们强调了不稳定性在统计物理学建立中所起的重要作用。附录 A 表明：从决定论的动力学出发，通过一个适当的非幺正的不丢失任何信息的“表象变换”，就有可能得到随机（马尔可夫）过程。只要系统的动力学有适当高度的不稳定性，就有可能去确定这个表象变换。这就证明，概率论的理论可以依然是“完备”的和“客观”的。

附录 A 中所采用的观点是：当一个（经典）动力学系统足够地不稳定时，我们就不能再谈轨道，我们就被迫采取一种根本不同的方法，去研究相空间中分布函数（或轨道束）的演化。在这样的条件下，不可能完成从分布函数到相空间中单个点的转变（见第 9 章“时间和变化”一节）。

在量子理论中，坐标和动量仍然有它们的意义，且测量可以在适当的相空间中划分出该系统所在的一个区域来。

于是，人们会问：是否存在另外一些（例如和量子理论的表述有关的）情形，在那里从相空间的分布函数到单个轨道的转变也是不可能的？

通常，我们采取另一种态度：到单个轨道的转变是在经典力学与量子力学两者间的关系问题尚未提出之前完成的。但是，经典的轨道概念与量子的波函数概念是如此不同，以至很难用一种有意义的方法对它们进行比较。

这里所遇到的这类问题，与在经典理论中遇到的完全不同。那里，我们处理的是不稳定的“无序”系统——实际上，它们是这样的无序，以致我们有可能去确定与熵密切相关的李雅普诺夫函数。相反，从经典力学到量子力学的过渡并没有影响经典动力学的基本可逆性（见第 3 章）。此处，如第 3 章“不稳定粒子的衰变”一节中所提到的，一切有限的量子力学系统都具有一个分立的能谱，因此有一个纯的周期运动。量子理论在这个意义上导致一种比经典理论更加“相干”的运动行为。这可以作为一种有力的物理论据，去反对任何要用“隐”变量或传统的随机模型来理解量子理论的企图。反之，这个增加的相干性似乎表明，量子理论应当对应于一种“超决定”的经典理论。换句话说，量子效应看来会导致相空间中相邻经典轨道之间的相关。这就是以一种直觉方式表达出来的古老的玻尔-索末菲的面积为 h 的相格概念。

为把这个概念用一种新的精确的方式表达出来[1]，我们必须重新引入算符与超算符之间的区别[2]。这种区别已在第 8 章“不可逆性以及经典力学和量子力学表述的扩展”一节中讨论过。我们还提到过（见方程 3.35 和附录 C），刘维算符是一个可因式分解的超算符。按照定义，一个可因式分解的超算符 F 可以写作 $A_1 \times A_2$（见方程 C.9）。其意义是

$$F\rho = (A_1 \times A_2)\rho = A_1 \rho A_2。\tag{D.1}$$

使用这个记法，对于刘维超算符，我们有：

◀布鲁塞尔自由大学校景（彭丹歌摄）。

$$L=\frac{1}{\hbar}(H\times I-I\times H)。\tag{D. 2}$$

量子超算符的可因式分解性是一个基本的性质,这一点不和经典超算符相类似。例如经典刘维算符 L_{cl} 也是一个超算符,因为它作用在分布函数上(分布函数是两组变量 q 和 p 的函数,因此类似于一个连续矩阵)。但是,L_{cl} 是用一个泊松括号(见方程 2.13)来表达的并且是不可因式分解的。

在经典超算符与量子超算符之间建立一个简单的对应关系将为洞察量子力学结构提供一个来源。

经典的对易规则

在只有一个自由度的经典系统中,可以引入四个基本算符(其中的两个是乘法超算符):

$$Q,P,\ \mathrm{i}\frac{\partial}{\partial P},\ -\mathrm{i}\frac{\partial}{\partial Q}。\tag{D. 3}$$

使用大写字母是为了强调我们把它们看做是作用在分布函数上的超算符。乘以 i 是为了得到厄米超算符。

显然,这四个量满足两条独立的非对易规则:一个是关于 P 与 $\mathrm{i}(\partial/\partial P)$ 的,另一个是关于 Q 与 $-\mathrm{i}(\partial/\partial Q)$ 的(见第 3 章中"算符及并协性"一节)。相反,经典轨道理论是完全用 Q 与 P 的函数建立起来的,不允许任何的非对易关系。

量子理论介于一个中间的位置,因为它导致量子力学算符 Q_{op} 与 P_{op} 之间单一的非对易关系。在这个意义上,量子力学含有的决定论甚于经典系综理论,而逊于经典轨道理论。

经典非对易规则的意义是什么呢?我和乔治最近的一篇文章[1]对这个问题作了详细的讨论。可以指望从与量子力学的类比中得到下面的对应关系:

超 算 符	本 征 分 布
Q	完全确定的 Q 值
P	完全确定的 P 值
$-\mathrm{i}\frac{\partial}{\partial Q}$	Q 中的均匀分布
$\mathrm{i}\frac{\partial}{\partial P}$	P 中的均匀分布

因此,经典非对易规则有一个简单的意义:例如,一个分布函数不可能对应于一个完全确定的 Q 值而同时又与 Q 无关。这样一来,经典的测不准关系表达了一个"逻辑上"的矛盾。但是,任何东西也不能阻止我们有一个分布函数,它同时对应于 P 与 Q 的完全确定的值,因而对应于一条经典的轨道。

量子的对易规则

现在让我们对四个可因式分解的超算符引入量子机制。这些超算符是由算符 q_{op}，p_{op} 表达出来的，q_{op} 和 p_{op} 满足海森伯测不准关系：

$$[p_{op}, q_{op}] = \frac{\hbar}{i}。\tag{D.4}$$

这四个超算符是：

$$\frac{1}{2}(q_{op} \times I + I \times q_{op}),\ \frac{1}{2}(p_{op} \times I + I \times p_{op}),$$

$$\frac{1}{\hbar}(q_{op} \times I - I \times q_{op}),\ \frac{1}{\hbar}(p_{op} \times I - I \times p_{op})。\tag{D.5}$$

在经典超算符 D.3 与量子超算符 D.5 之间有着值得注意的同构。对易规则是相同的，而且我们可以写出下面的对应关系：

$$Q \leftrightarrow \frac{1}{2}(q_{op} \times I + I \times q_{op}),$$

$$i\frac{\partial}{\partial P} \leftrightarrow \frac{1}{\hbar}(q_{op} \times I - I \times q_{op}),$$

$$P \leftrightarrow \frac{1}{2}(p_{op} \times I + I \times p_{op}),$$

$$-i\frac{\partial}{\partial Q} \leftrightarrow \frac{1}{\hbar}(p_{op} \times I - I \times p_{op})。\tag{D.6}$$

这个对应关系使我们能把“类似”的物理意义归属于这些量的集合。但这就意味着，利用线性组合和定义 D.1，我们有下面的对应：

$$P_{op} \leftrightarrow P - i\frac{\hbar}{2}\frac{\partial}{\partial Q},\ q_{op} \leftrightarrow Q + i\frac{\hbar}{2}\frac{\partial}{\partial P}。\tag{D.7}$$

这个结果似乎是最使人感兴趣的。希尔伯特空间算符 p_{op}，q_{op} 不能用定义在一个轨道上的量 P，Q 来表达，它们还包含作用在分布函数上的超算符。现在我们清楚地看到为什么经典力学的纯态在希尔伯特空间不再能实现：经典超算符通过普适常数 h 的耦合阻止对应于完全确定的 Q 值和 P 值的本征系综的实现。

如果我们要努力从一个连续分布函数走向一个单个点（一个 δ 函数），那么表达式 D.7中的导数就会趋于无穷，我们就会得到能量无穷大的态。这正表达出由 h 列出的相空间中相关的概念。

我们看到，过去常被提倡的系综观点说明了量子力学相对于经典理论的位置。量子力学的特点并不是出现了非对易的算符。这个特点总可以被纳入经典的系综理论。新的独特的特点是四个基本超算符（表达式 D.5）用表达式 D.7 所给出的两个组合而进行的约化。只有当具有物理维数的一个作用量（动量×坐标）的普适常数存在时，这才是可能的。因此，希尔伯特空间中动量和坐标的概念不再是独立的，量子理论似乎是一种超决定的经典理论，在其中相邻点的运动不能被独立地预言。虽然永远也不会有一种量子力学的“经典”理论，但与这种物理情景非常类似的将会是一个弦的经典运动，在其中相邻点的运动同样不再能被独立地预言——如果我们真能这样做，这将会导致该弦的剧烈变形，以及导致能量可以任意大的态。

结　语

如在本附录开头所提过的，我们也可以把非对易算符和一个经典并协性原理引入经典系综理论的框架之中。但是，这个原理具有平凡的意义：我们不能构造关于分布函数 ρ 的互相矛盾的说法。量子力学的新特点是可以构造出的系综的类型受到 h 的限制。此外，我们不再能限制单个轨道，因此并协性原理成为量子力学中的一个基本原理。

应当强调，在这种研究量子理论的方法中，无论在哪一点上，我们都不能消除来自观察者或是其他主观因素的涨落。

至于在统计力学中，从系综到轨道的转变被相空间结构的一种改变所阻止。在统计力学中，运动的不稳定性起着关键的作用(见第 9 章与附录 A 和 C)。这里，描述量子系综的动态算符的结构导出一种既完备又是概率论的理论。

因此，在爱因斯坦-玻尔关于量子理论基础的著名辩论中(见文献[3])，处于核心的困难问题已开始采取新的形式：考虑完备而客观的概率论确实是可能的。概率的因素绝不是无知的表现，而可能是动态理论结构中新的基本特点的表现。

参考文献

[1] C. George and I. Prigogine, *Physica* **99A** (1979): 369.

[2] I. Prigogine. Cl. George, F. Henin, and L. Rosenfeld, *Chemica Scripta*, **4**(1973) 51.

[3] 关于 Wigner, Moyal, Bopp 等工作的参考文献可见 M. Jammer, *The Philosophy of Quantum Mechanics* (New York: Wiley 1974), 其中有一个详尽的文献目录.

参考文献

· References ·

早在两千年前，庄子就写道：天其运乎！地其处乎！日月其争于所乎？孰主张是？孰维纲是？孰居无事推而行是？意者其有机缄而不得已邪？意者其运转而不能自止邪？

我们相信，我们正朝着一种新的综合前进，朝着一种新的自然主义前进。也许我们最终能够把西方的传统（带着它对实验和定量表述的强调）与中国的传统（带着它那自发的、自组织的世界观）结合起来。

BES
Physique des particules élément.
LABORATOIRE DE PHYSIQUE GENERALE

Allen, P. M. 1976. *Proc. Natl. Acad. Sci. U. S.* 73(3):665.

Allen, P. M., Deneubourg, J. L., Sanglier, M., Boon, F., and do palma, A. 1977. Dynamic urban models. Reports to the Department of Transportation, under contracts TSC-1185 and TSC-1460.

Allen, P. M., and Sanglier, M. 1978. *J. Soc. Biol. Struct.* 1:265～280.

Arnold, L. 1973. *Stochastic differential equations*. New York: Wiley-Interscience.

Arnold. L., Horsthemke, W., and Lefever. R. 1978. *Z. Physik* B29:367.

Aspect, A., Grangier, P., and Roger, G. 1982. *Phys, Rev. Lett.* 49: 91.

Babloyantz, A., and Hiernaux, J. 1975. *Bull. Math. Biol.* 37:637.

Balescu, R. 1975. *Equilibrium and non-equilibrium statistical mechanics*. New York: Wiley-Interscience.

Balescu, R., and Brenig, L. 1971. Relativistic covariance of non-equilibrium statistical mechanics. *Physica* 54:504～521.

Barucha-Reid, A. T. 1960. *Elements of the theory of Markov processes and their applications*. New York: McGraw-Hill.

Bellemans, A., and Orban, J. 1967. *Phys. Letters* 24A: 620.

Bergson, H. 1963. L'evolution créatrice. In *Oeuvres*, Editions du Centenaire. Paris: PUF.

Bergson, H. 1970. *Ceuvres*, Edition de Centane Paris: PUF.

Bergson, H. 1972. Durée et simultanéite. In *Mélanges*. Paris: PUF.

Bohr, N. 1928. *Atti Congr. Intern. Fis. Como*, 1927, vol 2. [Also *Nature suppl.* (1928) 121:78.]

Bohr, N. 1948. *Dialectica* 2:312.

Boltzmann, L. 1872. *Wien. Ber.* 66:275.

Boltzmann, L. 1905. *Populäre Schriften*. Leipzig. (English translation published in 1974 by Roidel, Dordrecht/Boston.)

Bray, W. 1921. *J. Am. Chem. Soc.* 43:1262.

Briggs, T., and Rauscher, W. 1973. *J. Chem. Educ.* 50:496.

Caillois, R. 1976. Avant propos à la dissymétric. In *Cohérences aventureuses*. Paris: Gallimard.

Chandrasekhar, S. 1943. *Rev. Mod. Phys.* 15(1).

Chandrasekhar, S. 1961. *Hydrodynamic and hydromagnetic stability*. Oxford: Clarendon.

Chapman, S., and Cowling, T. G. 1970. *Kinetic theory of non-uniform gases*. 3d ed. Cambridge University Press.

Clausius, R. 1865. *Ann. Phys.* 125:353.

Courbago, M., and Prigogine, I. 1983. *Proc. Natl. Acad. Sci. U. S.* 80:2412～2416.

Currie. D. G., Jordan, T. F., and Sudarshan, E. C. G. 1963. *Rev. Mod. Phys.* 35:350.

d'Alembert, J. 1754. Dimension, article in *l'Encyclopédie*, vol. N.

◀布鲁塞尔自由大学普通物理实验室(彭丹歌摄)。

De Donder, Th. 1936. *L'affinité*. Rovised edition by P. Van Rysselberghe. Paris: Gauthier-Villars.

d'Espagnat. B. 1976. *Conceptual foundations of quantum mechanics*. 2d ed. Reading, Massachusetts: Benjamin.

Dewel, G., Walgracf. D., and Borckmans, P. 1977. *Z. Physik*. B28:235.

Dirac, P. A. M. 1958. *The principles of quantum mechanics*. 4th ed. Oxford: Clarendon. (lst ed. 1930.)

Ehrenfest, P., and Ehrenfest, T. 1911. Begriffliche Grundlagen der Statistischen Auffassung der Mechanik. *Encyl. Math. Wiss*. 4:4 (English translation, *The conceptual foundations of statistical mechanics*, published in 1959 by Cornell University Press, Ithaca.)

Eigen, M., and Schuster, P. 1978, *Naturwissenschaften* 65:341.

Eigen, M., and Winkler, R. 1975. *Das Spiel*. München: Piper.

Einstein, A. 1917. Zum Quantensatz von Sommerfeld und Epstein. *Verhandl. Deut. Phys. Ges.* 19: 82～92.

Einstein, A. and Besso, M. 1972. *Correspondence* 1903～1955. Paris: Hermann.

Einstein, A., and Born, M. 1969. *Correspondence* 1916～1955. Seuil. (See letter of September 7, 1944.)

Einstein, A., Lorentz, H. A., Weyl, H., and Minkowski, H. 1923. *The principle of relativity*. London: Methuen. (Dover edition).

Einstein, A., and Ritz, W. 1909. *Phys. Z*. 10:329.

Farquhar, I. E. 1964. *Ergodic theory in statistical mechanics*. New York: Interscience.

Feller, W. 1957. *An introduction to probability theory and its applications*. vol. l. New York: Wiley.

Forster, D. 1975. *Hydrodynamic fluctuations. broken symmetry, and correlation functions*. New York: Benjamin.

Gardner, M. 1979. *The Ambidextrous Universe: Mirrow Asymmetry and Time-Reversal Worlds*. New York: Charles Scribner's Sons.

George, Cl., Henin, F., Mayné, F., and Prigogine, I. 1978. New quantum rules for dissipative systems. *Hadronic J*. 1:520～573.

George, Cl., Prigogine, I., and Rosenfeld, L. 1973. The macroscopic level of quantum mechanics. *Kon. Danske Videns. Sels. Mat-fys. Meddelelsev* 38:12.

Gibbs, J. W. 1875～1878. On the equliibrium of heterogeneous substances. *Trans Connecticut Acad*. 3:108～248: 343～524 (*See Collected Papers*. New Haven: Yale University Press.)

Gibbs, J. W. 1902. *Elementary principles in statistical mechanics*. New Haven: Yale University Press. (Dover reprint.)

Glansdorff, P., and Prigogine, I. 1971. *Thermodynamic theory of structure, stability, and fiuctuations*. New York: Wiley-Interscience.

Gödel, K. 1979. *Rev. Mod. Phys.* 21:447～450.

Goldbeter, A., and Caplan, R. 1976 *Ann Rev. Biophys. Bioeng*. 5:449.

Goldstein, H. 1950. *Classical mechanics*. Reading, Massachusetts: Addison-Wesley.

Goldstein, S. , 1981. *Israel J. Math.* 38: 241～256.

Goldstein, S. , Misra, B. , and Courbage, M. 1981. *J. Stat. Fhys.* 25: 111～126.

Golubitsky, M. , and Schaeffer. D. 1979. An analysis of imperfect bifurcation.
Proceedings of the Conference on Bifurcation Theory and Application in Scientific Disciplines. *Ann. N. Y. Acad. Sci.* 316: 127～133.

Grecos. A. , and Theodosopulu, M. 1976. On the theory of dissipative processes in quantum systems. *Acta Phys. Polon.* A50: 749～765.

Haraway, D. J. 1976. *Crystals, fabrics, and fields.* New Haven: Yale University Press.

Hawking, S. 1982. *Comm. Math. Phys.* 87(3): 395～415.

Heidegger, M. 1927. *Sein und Zeit* Tubingen: Ed. Niemayer.

Heisenberg, W. 1925. *Z. Physik* 33:879.

Henon M. and Heiles, C. 1964. *Astron. J.* 69:73.

Hirschfelder, J. O. , Curtiss, C. F. , and Bird, R. B 1954. *The molecular theory of liquids.* New York: Wiley.

Hopf, E. 1942. *Ber. Math. Phys. Akad. Wiss.* (Leipzig) 94:1.

Horsthemke, W. , and Malek-Mansour, M, 1976. *Z. Physik* B24:307.

Jammer, M. 1966. *Conceptual development of quantum mechanics.* New York: McGraw-Hill.

Jammer, M. 1974. *The Philosophy of quantum mechanics.* New York: Wiley

Kauffmann, S. , Shymko, R. , and Trabert, K. 1978. *Science* 199:259.

Kawakubo, T. , Kabashima, S. , and Tsuchiya, Y. 1978. *Progr. Theo. Phys.* 64:150.

Kolmogoroff, A. N. 1954. *Dokl. Akad. Nauk. USSR* 98:527.

Körös, E. 1978. In *Far from eduilibrium*, ed. A. Pacault and C. Vidal. Berlin: Springer Verlag.

Koyré, A. 1968. *Etudes Newtoniennes.* Paris: Gallimard.

Lagrange, J. L. 1796. *Thèorie des fonctions analytiques.* Paris: Imprimerie de la République.

Landau, L. , and Lifschitz, E. M. 1960. *Quantum mechanics* Oxford: Pergamon.

Landau, L. , and Lifschitz, E. M. 1968. *Statistical physics.* 2d. ed. Reading, Massachusetts: Addison-Wesley.

Leclerc, Ivor. 1958. *Whitehead's melaphysics.* London: Allen & Unwin.

Leclere, Ivor. 1972. *The Nature of Physical Existence.* New York: Humanities Press.

Lefever, R. , Herschkowitz-Kaufman M. , and Turner, J. W. 1977. *Phys. Letters* 60A:389.

Lemarchand, H. , and Nicolis, G. 1976. *Physica* 82A: 521.

Lockhart, C. M. , Misra, B. , and Prigogine, I. 1982. *Phys. Rev. D* 25:921～929.

McNeil, K. J. ,and Walls, D. F. 1974. *J. Statist. Phys.* 10:439.

Margalef, E. 1976. In *Séminaire d'écologie quantitative* (third session of E4, Venice)

Martinez, S. , and Terapegui, E. 1983. *Phys. Letters* 95A:143.

Maxwell, J. C. 1867. *Phil. Trans. Roy. Soc.* 157:49.

May, R. M. 1974. *Model ecosystems.* Princeton, New Jersey: Princeton University Press.

Mehra, J. , ed. 1973. *The Physicist's conception of nature.* Dordrecht/Boston: Reidel.

Mehra, J. 1976. The birth of quantum mechanics. Conseil Européen pour la Recherche Nucléaire, 76～10.

Mehra. J. 1979. *The historical development of quantum theory: The discovery of quantum mechanics*. New York: Wiley-Interscience.

Minkowski, E. 1968. *Le Temps Vecu*. Neuchatel, Switzerland: De la Chaux et Niestlé.

Minorski, N. 1962. *Nonlinear oscillations*. Princeton, New Jersey: Van Nostrand. Misra, B. 1978. *Proc. Natl. Acad. Sci. U. S.* 75:1629.

Misra, B., and Courbage, M. In press.

Monod, J. 1970. *Le hasard et la nécessité*. Paris: Seuil. (English translation, *Chance and necessity*, published in 1972 by Collins, London.)

Morin, E. 1977. *La méthode*. Paris: Seuil.

Moscovici, S. 1977. *Essai sur l'histoire humaine de la nature*. Collection Champs Philosophique. Paris: Flammarion.

Moser, J. 1974. *Stable and random motions in dynamical systems*. Princeton, New Jersey: Princeton University Press.

Nicolis, J., and Benrubi, M. 1976. *J. Theo. Biol.* 58:76.

Nicolis, G., and Malek-Mansour. M. 1978. *Progr. Theo. Phys. suppl.* 64:249～268.

Nicolis, G., and Prigogine, I. 1971. *Proc. Natl. Acad. Sci. U.S.* 68:2102.

Nicolis, G., and Prigogine, I. 1977. *Self-organization in non-equilibrium systems*. New York: Wiley.

Nicolis, G., and Prigogine, I. In press. Non-equilibrium phase transitions. *Sci. Am.*

Nicolis, G., and Turner, J. 1977a. *Ann. N.Y. Acad. Sci.* 316:251.

Nicolis, G., and Turner, J. 1977b. *Physica* 89A:326.

Noyes, R.M., and Field, R.J. 1974. *Ann. Rev. Phys. Chem.* 25:95.

Onsager, L. 1931a. *Phys. Rev.* 37:405.

Onsager, L. 1931b. *Phys. Rev.* 38:2265.

Pacault, A., de Kepper, P., and Hanusse, P. 1975. *C.R. Acad. Sci. (Paris)* 280C:197.

Paley, R., and Wiener, N. 1934 *Fourier transforms in the complex domain*. Providence, Rhode Island: American Mathematical Society.

Planck, M. 1930. *Vorlesungen über Thermodynamik*. Leipzig. (English translation, Dover.)

Poincaré, H. 1889. *C.R. Acad. Sci. (Paris)* 108:550.

Poincaré, H. 1893a. Le mécanisme et l'expérience. *Rev. Metaphys.* 1:537.

Poincaré, H. 1893b. *Les méthodes nouvelles de la mécanique céleste*. Paris: Gauthier-Villars. (Dover edition, 1957.)

Poincaré, H. 1914. *Science et méthode*. Paris: Flammardon.

Poincaré, H. 1921. Science and hypothesis. In *The foundations of science*. New York: The Science Press.

Popper, K. 1972. *Logic of scientific discovery*. London: Hutchinson.

Prigogine, I. 1945. *Acad. Roy. Belg., Bull. Classe Sci.* 31:600.

Prigogine, I. 1962a. *Introduction to nonequilibrium thermodynamics*. New York: Wiley-Interscience.

Prigogine, I. 1962b. *Nonequilibrium statistical mechanics*. New York: Wiley.

Prigogine, I. 1975. Physique et métaphysique. In *Connaissance scientifique et philosophie*. Publication no. 4 of the Bicentennial, Royal Academy of Belgium.

Prigogine, I. Forthcoming. *The microscopic theory of irreversible processes*. New York: Wiley.

Prigogine, I., and George, C. 1977. New quantization rules for dissipative systems. *Intern. J. Quantum Chem*. 12(suppl. 1):177~184.

Prigogine, I., George, C., Henin, F., and Rosenfeld, L. 1973. A unified formulation of dynamics and thermodynamics. *Chem. Scripta* 4:5~32.

Prigogine, I., and Glansdorff, P. 1971. *Acad. Roy. Belg., Bull. Classe Sci*. 59:672~702

Prigogine, I., and Grecos, A. 1979. Topics in nonequilibrium statistical mechanics. In *Problems in the foundations of physics*. Varenna: International School of Physics "Enrico Fermi."

Prigogine, I., Herman, R., and Allen, P. 1977. The evolution of complexity and the laws of nature. In *Goals in a global community: A report to the Club of Rome*, vol. 1, ed. E. Laszlo and J. Bierman. Oxford: Pergamon.

Prigogine, I., Mayne, F., George, C., and De Haan, M. 1977. Microscopic theory of irreversible processes. *Proc. Natl. Acad. Sci. U.S.* 74:4152~4156.

Prigogine, I., and Stengers, I. 1977. The new alliance, parts 1 and 2. *Scientia* 112: 319~332;643~653.

Prigogine, I., and Stengers, I. 1979. *La nouvelle alliance*. Paris: Gallimard.

Prigogine, I., and Stengers, I. Forthcoming. *Science and metascience*. New York: Doubleday.

Rice, S., Freed, K. F., and Light, J. C., eds. 1972. *Statistical mechanics: New concepts, new problems, new applications*. Chicago: University of Chicago Press.

Rosenfeld, L. 1965. *Progr. Theoret. Phys. Suppl.* Commemoration issue, p. 222.

Ross, W. D. 1955. *Aristotle's physics*. Oxford: Clarendon.

Sambursky, S. 1963. *The physical world of the Greeks*. Translated from the Hebrew by M. Dagut. London: Routledge and Kegan Paul.

Schlögl, F. 1971. *Z. Physik*. 248:446.

Schlögl, F. 1972. *Z. Physik*. 253:147.

Schrödinger, E. 1929. Inaugural lecture (Antrittsrede), 4 July 1929. (English translation in *Science, theory, and men*, published in 1957 by Dover.)

Serres, M. 1977. *La naissance de la physique dans le texte de Lucréce: Fleuves et turbulences*. Paris: Minuit.

Sharma, K., and Noyes. R. 1976. *J. Am. Chem. Soc* 98:4345.

Snow, C. P. 1964. *The two cultures and a second look*. Cambridge University Press.

Spencer, H. 1870. *First principles*. London: Kegan Paul.

Stanley, H. E. 1971. *Introduction to phase transitions and critical phenomena* Oxford University Press.

Steiner, G. 1980. *Martin Heidegger*. New York: Penguin Books.

Theodosopulu, M., Grecos, A., and Prigogine, I. 1978. *Proc Natl Acad Sci. U. S.* 75:1632.

Theodosopulu, M., and Grecos, A. 1979. *Physica* 95A:35.

Thom, R. 1975. *Structural stability and morphogenesis*. Reading Massachusetts: Benjamin.

Thomson, W. 1852. *Phil. Mag.* 4:304.

Tolman, R. C. 1938. *The principles of statistical mechanics*. Oxford University Press.

Turing, A. M. 1952. *Phil. Trans. Roy. Soc. London, Ser. B.* 237:37.

von Neumann, J. 1955. *Mathematical foundations of quantum mechanics*. Princeton, New Jersey: Princeton University Press.

Welch R. 1977. *Progr. Biophys. Mol. Biol.* 32:103~191.

Whitehead, A. N. 1969. *Process and Reality: An Essay in Cosmology*. New York: The Free Press.

Whittaker, E. T. 1937. *A treatise on the analytical dynamics of particles and rigid bodies*: 4th ed. Cambridge University Press. (Reprint, 1965.)

Winfree, A. T. 1974. Rotating chemical reactions *Scientific American* 230:82~95.

Winfree, A. T. 1980. *The geometry of biological time*. New York: Spring Verlag.

译后记

· Postscript of Chinese Version ·

本书对耗散结构理论作了一个简明、扼要而又比较系统的介绍，为具有一定物理学、化学和热力学知识的读者说明了一个远离平衡态的开放系统怎样从混沌无序演化为复杂的结构，本书还着重讨论了时间问题。

(一)

本书的作者伊利亚·普里戈金教授是比利时布鲁塞尔自由大学索尔维国际物理学和化学研究所所长兼美国奥斯汀得克萨斯大学统计力学和复杂系统研究中心主任。他的原籍是俄罗斯,1917年1月25日生于莫斯科,父亲罗曼·普里戈金(Roman Prigogine)是化学工程师。1921年随其家庭移栖国外,经过几年漂泊不定的生活之后,于1929年定居比利时,1949年取得了比利时国籍。

普里戈金在布鲁塞尔上小学和中学,青年时代的兴趣集中在历史学、考古学和哲学方面,对音乐特别是钢琴也很爱好。后来他转攻物理学和化学,1941年在比利时自由大学获博士学位,1951年起任该校理学院教授,曾任比利时皇家科学院院长,后被选为美国全国科学院外籍通讯院士,不久前又被选为苏联科学院通讯院士。他还做过不少国家的客座教授,获得过多种奖金和奖章。

普里戈金长期从事化学热力学方面的研究。早期他研究的问题有溶液理论、对应状态理论以及处于凝结阶段的同位素作用理论,取得了一系列的成果。他对历史和哲学的爱好激发了他探讨时间单向性的兴趣,他在物理化学领域中进行的大量工作使他从感性和理性上丰富了对不可逆过程的理解。普里戈金在回顾他的科学生涯时曾经写道:"热力学为我们提供的这许许多多的观点和各种各样的前景中,使我感受强烈,并抓住了我的注意力的是这样一点:一切都明显地表现出'时间的单向性'这个不可逆现象。从这点出发,我总是把任何一项富有建设性的作用都归功于某种'过程',而不是采取传统的'静止'的态度对待。"[①]当人们还将不可逆现象当做令人讨厌的因素而极力回避的时候,他却敏感地意识到对不可逆过程的研究可能会带来重大的成果。此后,他集中精力研究不可逆过程热力学,于1945年得出了最小熵产生原理,这一原理和翁萨格倒易关系一起为近平衡态线性区热力学奠定了理论基础。这是普里戈金早期对热力学的一个重大贡献。

最小熵产生原理在近平衡态线性区取得的成功促使他试图将这一原理延拓到远离平衡的非线性区去,但是,经过多年努力,这种尝试以失败告终。普里戈金从挫折中吸取了有益的启示,认识到系统在远离平衡态时,其热力学性质可能与平衡态、近平衡态有重大原则差别。在远离平衡的非线性区,系统的状态出现了多种可能性,表现出更加复杂

◀普里戈金生前在布鲁塞尔自由大学的办公桌(彭丹歌摄)。

① 普里戈金,《我的科学生活》,参见《普利高津与耗散结构理论》,陕西科学技术出版社,1982年版,第5页。

的性质，因此研究工作应当另辟蹊径。以普里戈金为首的布鲁塞尔学派在这一新认识的指导下重新进行了探索。经过多年努力，他们终于建立起一种新的关于非平衡系统自组织的理论——耗散结构理论。普里戈金在回顾他们这一段科学历程时曾经说，当他了解到翁萨格倒易关系和最小熵产生原理一般说来只是在不可逆现象的线性范围内有价值时，就提出了这样一个问题：在“翁萨格倒易原理之外，但仍在宏观描述的范围之内，远离平衡的稳定状态会是什么样子呢？”“这些问题使我们耗费了近 20 年心血，即从 1947 年到 1967 年，最后终于得到了‘耗散结构’的概念。”①

1969 年，普里戈金在一次“理论物理学和生物学”的国际会议上，正式提出了耗散结构理论。这一理论指出：一个远离平衡的开放系统（不管是力学的、物理的、化学的、生物的乃至社会的、经济的系统），通过不断地与外界交换物质和能量，在系统内部某个参量的变化达到一定的阈值时，经过涨落，系统可能发生突变即非平衡相变，由原来的混乱无序状态转变为一种在时间上、空间上或功能上的有序状态。这种在远离平衡的非线性区形成的新的稳定的宏观有序结构，由于需要不断与外界交换物质或能量才能维持，因此称之为“耗散结构”。普里戈金在谈到宏观现象中存在的两种结构——耗散结构与平衡结构之间的区别时曾经指出：“平衡结构不进行任何能量或物质的交换就能维持。晶体是平衡结构的典型。”“反之，‘耗散结构’只有通过与外界交换能量（在某些情况也交换物质）才能维持。一个非常简单的例子是热扩散电池，其浓度梯度由能量流维持着”②，这就表明，是否耗散能量是两类结构的根本区别。

耗散结构理论研究一个开放系统在远离平衡的非线性区从混沌向有序转化的共同机制和规律。这一理论不仅可以应用于物理学、化学和生物学领域，而且还成为描述社会系统的方法。因而受到了不同学科的学者的广泛重视。普里戈金由于对非平衡热力学特别是建立耗散结构理论方面的贡献，荣获了 1977 年诺贝尔化学奖。

（二）

本书对耗散结构理论作了一个简明、扼要而又比较系统的介绍，为具有一定物理学、化学和热力学知识的读者说明了一个远离平衡态的开放系统怎样从混沌无序演化为复杂的结构，例如大气的循环花纹、化学波的形成和传播、单细胞生物的聚集等。本书还着重讨论了时间问题。我们知道，在经典力学中以及量子力学和相对论力学中，时间仅仅是描述运动的一个几何参量。力学问题可以放在四维时空中研究，它们的基本方程，无论是牛顿运动方程，还是薛定谔方程，对于时间来说都是可逆的、对称的。在这些方程

---

① 普里戈金，《我的科学生活》，参见《普利高津与耗散结构理论》，陕西科学技术出版社，1982 年版，第 6 页。

② 普里戈金，《结构，耗散和生命》，参见《普利高津与耗散结构理论》，陕西科学技术出版社，1982 年版，第 22 页。

中，过去和未来没有区别，因而它们所描述的是一个静止的世界。在物理学中第一个描述了时间的不可逆性的是热力学第二定律，这个定律用熵增加原理第一次把进化的观念、历史的因素引入到物理学中。在本书中，普里戈金对研究时间的不可逆性，即过去和未来的不对称性，提出了一种新的方法，他描述了一个进化着的而不是静止的世界。本书的主题是讨论不可逆过程，讨论时间在描述物质世界演化过程中的作用。在普里戈金看来，不可逆性可能是有序的源泉、相干的源泉和组织的源泉。为此，他曾打算将本书取名为"时间——被遗忘的维数"，以说明他对时间问题的重视。

《从存在到演化》一书共分三篇十章，前面有一个序言，后面有四个附录。在第 1 章中作者着重讨论了物理学中的时间问题，说明了有不同层次的时间概念。然后，他将物理学按对时间的观念不同分为存在的物理学和演化的物理学两大部分。上篇讲存在的物理学，包括经典力学和量子力学两章，存在的物理学对时间是可逆的，即过去和未来是对称的。中篇讲演化的物理学，包括热力学、自组织和非平衡涨落等三章。演化的物理学对时间是不可逆的，即过去和未来是不对称的。下篇讲从存在到演化的桥梁，其中的动力论、不可逆过程的微观理论和变化的规律等三章，主要讲从存在的物理学到演化的物理学的过渡。在第二版中增加的第 10 章"不可逆性与时空结构"通过构造对称破缺变换使不可逆性和不允许时间反演的半群联系起来，从而把热力学第二定律概括为一个动力学基本原理，在我们关于空间、时间和动力学的概念上导出了深远的后果，并在存在和演化之间架起了一座桥梁。这样，本书就比较全面而扼要地勾画了耗散结构理论的轮廓，叙述了普里戈金自己的科学观点，并阐发了其工作的哲学意义。

与普里戈金和尼科利斯合著的另一本专门的学术著作《非平衡系统的自组织》(*Self-organization in non-equilibrium systems*, New York, Wiley, 1977)一书不同，本书对耗散结构理论的数学部分作了较多的删减，突出了它的物理内容和科学意义，是一本具有导论性质的入门书。正如普里戈金本人在为本书所作的序中所说的："本书在一个中等水平上写成，因此要求读者熟悉理论物理学和化学的基本工具，不过，我希望，通过采用这种中等水平，我可以为大量的读者提供一个简捷的介绍。"因此，本书可供各个领域中具有一定物理学和化学知识的读者学习、研究和应用耗散结构理论时参考。

(三)

普里戈金教授对中国十分友好。1978 年 6 月，钱三强副院长率领中国科学院代表团访问比利时等西欧各国时，开始与以普里戈金为首的布鲁塞尔学派有了直接联系。1978 年 11 月，郝柏林等同志应邀到布鲁塞尔参加了普里戈金主持的第十七届索尔维国际物理学会议。1979 年 8 月，普里戈金教授应钱三强副院长邀请来华讲学，到西安参加了我国"第一届全国非平衡统计物理学术会议"并在会上作学术报告。1980 年 7 月，布鲁塞尔学派另一位主要成员尼科利斯教授应北京师范大学等单位邀请来华讲学，出席了在大连召开的“第二届全国非平衡统计物理学术会议”，并在会上作了学术报告。近几年来，普里戈金曾多次邀请我国学者到比利时布鲁塞尔自由大学索尔维国际物理学和化学研究所和美国奥斯汀得克萨斯大学统计力学和热力学研究中心去工作、进修、访问，并经常与我国有关单位交换学术资料，交流彼此的研究成果，这对我国在非平衡热力学和统计物理学方面的研究起了良好的推动作用。

普里戈金非常关心本书在中国的出版。1979 年他来华访问前，就向译者赠送了此书的英文打字稿，此书正式出版后又向我们赠送了本书的德文版(1979)和英文版(1980)。1980 年，他亲自为本书的中文版写了序言。1984 年本书出了第二版，他不仅立即寄来了修改稿，并且又给中文译本写了一个序言，说明了修改的原因和增加的主要内容。在前后两个序言中他热情洋溢地表达了他对中国学者的友好感情和对中国哲学的浓厚兴趣，并希望本书中文版的出版能对中国广大青年学者研究耗散结构理论提供一定的帮助。

本书的译文初稿是根据 1979 年的英文打字稿翻译的，以后又根据 1980 年和 1984 年的英文版并参照 1979 年的德文版作了增补校订。

在书中人名的译法上，凡在历史上较为著名、已为各界公认的人名，一般采用习惯译名，并以国内主要辞书上的译名为准。但本书所涉及的人名国籍较多，而英文版中所列的人名均为英文译音，因而给中文译法带来一定困难。我们在翻译时力求准确，但也难免有误。

由于本书涉及的知识领域很广，新的科学名词较多，译者的科学知识和外文水平有限，因而译文肯定有不少不妥之处，恳请读者批评指正。

本书在翻译出版的过程中，得到了郝柏林、漆安慎、陈浩元、安文铸等同志的支持和帮助，谨在此表示衷心的感谢。

译者谨记

1984 年 12 月

附 录 I

1977 年诺贝尔化学奖颁奖词和讲演词

· *Appendix I* ·

普里戈金的伟大贡献在于建立了远离平衡状态的非线性热力学理论，这一理论令人满意。他发现了全新类型的现象和结构，如今这种普遍的、非线性的不可逆热力学已奇迹般地在各种领域中得到了广泛的应用。

颁 奖 词

（瑞典皇家科学院斯蒂格·克莱桑教授致词）

曾国屏 译　　沈小峰 校
（清华大学教授）（北京师范大学教授）

伊利亚·普里戈金以他在热力学领域的发现，而荣获本年度的诺贝尔化学奖。热力学作为科学理论是最为错综复杂的一门分科，具有无穷无尽的现实意义。

热力学的历史可追溯到19世纪初叶。主要是由于道尔顿(Dalton)的工作，原子论获得了公认，人们开始普遍接受这样一种观点，即人们所称做热的东西，只不过是物质的最小组分的运动。后来，热机的发明使得人们越来越迫切要求对热和机械功之间的相互作用进行精确的数学研究。

许多卓越的科学家为19世纪热力学的发展作出了贡献，他们的名字不仅将永存于科学史中，而且已被用做重要的单位术语。除了道尔顿以外，还有瓦特(Watt)、焦耳(Joule)和开尔文(Kelvin)，他们的名字分别被用来作为原子量、功率、能量和从绝对零点起计算的绝对温标的单位。亥姆霍兹(Helmholtz)、克劳修斯(Clausius)和吉布斯(Gibbs)也做了重要工作，他们采用统计方法探讨了原子和分子的运动，实现了热力学和统计学的综合——我们称做统计热力学。他们的名字已被用来称呼一些重要的自然定律。

这个发展过程在20世纪初叶获得了一些结论，热力学开始被看做其发展基本上已告完成的一门科学分支。不过，它仍然有某些局限，它在绝大部分情况下只能处理可逆过程，也就是通过平衡态而发生的过程。甚至对同时进行热传导和电传导的热偶这种简单的可逆系统，在昂萨格(Onsager)建立起倒易关系以前，也不可能得到满意的处理。昂萨格因而获得了1968年的诺贝尔化学奖。在不可逆过程的热力学的发展中，这个倒易关系是向前迈出的巨大一步，但是，其中预先假设了一种线性近似，只能运用于相对接近平衡的情形。

普里戈金的伟大贡献在于建立了远离平衡状态的非线性热力学理论，这一理论令人满意。他发现了全新类型的现象和结构，如今这种普遍的、非线性的不可逆热力学已奇迹般地在各种领域中得到了广泛的应用。

普里戈金一直着迷于解释这样的问题：有序结构——例如生物学系统——如何能够从无序发展而来。即使是利用昂萨格关系，热力学中经典的平衡原理仍然展示出，接近平衡态的线性系统总是要发展成无序状态，这种状态对于扰动是稳定的，无法解释有序结构的出现。

普里戈金及其助手们却选择这样的系统进行研究，这些系统遵循非线性动力学定律，而且保持与其环境的接触以便能进行能量交换，换言之，就是开放系统。如果这些系

◀普里戈金与夫人、儿子在家中(普里戈金夫人提供)。

统被驱使而远离平衡，就形成了完全不同的情形，会形成新的系统，它们表现出在时间和空间上都有序，而且它们对于扰动是稳定的。普里戈金已把这些系统称做耗散系统，因为它们是通过耗散过程而形成并得以保持的，耗散过程的发生则是由于系统与环境之间的能量交换；这种交换一旦停止，耗散系统也就不复存在了。也可以这样认为，它们在与其环境的共生之中生存。

普里戈金用来研究这种耗散结构对于摄动的稳定性的方法，已引起了普遍的极大兴趣。它使得研究那些变幻无常的问题成为可能，这里仅略举几例，如城市交通问题、昆虫社会的稳定性、有序生物结构的发展以及癌细胞的生长。

在此，值得特别提到的还有三个人，他们协助普里戈金工作多年，其中首先是格兰斯多夫(P. Glansdorff)，此外还有莱费尔(R. Lefever)和尼科利斯(G. Nicolis)，他们重要的创造性贡献，推动了科学的发展。

这样一来，普里戈金对不可逆热力学的研究已从根本上改造了这门科学，使之重新充满活力；他所创立的理论，打破了化学、生物学领域和社会科学领域之间的隔绝，使之建立起了新的联系。他的著作还以优雅明畅而著称，使他获得了“热力学诗人”的美称。

普里戈金教授，我已尝试简要地勾画出您对非线性不可逆热力学的伟大贡献，现在我怀着愉快的心情，荣幸地向您表示瑞典皇家科学院的最高祝贺，并请您从国王陛下手中接过您的诺贝尔奖。

讲演词

时间、结构和涨落*

伊·普里戈金

郝柏林　于渌　译

（中国科学院院士、第三世界科学院院士）（中国科学院院士）

物理学和化学中的时间(t)问题，与热力学第二定律的表述密切相关。因此，这一篇演说的另一个合适的标题是“热力学第二定律的宏观方面与微观方面”。

热力学第二定律在科学史上起过的基本作用远远超出了它原有的范围。只要指出玻尔兹曼关于气体运动论的工作，普朗克量子论的发现，以及爱因斯坦的自发辐射理论，就足以说明这一点，所有这些成就都是以热力学第二定律为基础的。

这篇演说的主题是我们才处于理论化学和理论物理学新发展的起点，其中，热力学

---

* 本文考虑了热力学第二定律的宏观和微观方面所引起的基本概念问题；指出非平衡可以成为有序的根源，而不可逆过程能导致物质的新型的，称为“耗散结构”的动力状态；概述了这类结构的热力学理论。文中也提出了不可逆过程的一种微观定义，同时提出了一种变换理论，它允许人们引用非么正的运动方程，这些方程明显地展示出不可逆性和趋向热力学平衡。布鲁塞尔自由大学这个小组在这些领域中的工作也作了简要的评论。看来在理论化学和理论物理学的这一新发展中，热力学概念的作用将与日俱增。

（郝柏林、于渌译自 *Science*, vol. 201, No. 4358, I September 1978）

概念将发挥更为基本的作用。由于本论题的复杂性，我在这里主要限于讨论概念问题。概念问题既有宏观方面，又有微观方面。例如，从宏观看，经典力学已经很好地说明了诸如晶体之类的平衡结构。

热力学平衡可由亥姆霍兹自由能的最小值来表征。通常的定义是

$$F = E - TS。\tag{1}$$

式中，E 是内能，T 是绝对温度，S 是熵。是不是我们周围的"组织"形式大多数都具有这样的性质呢？谁只要提出这样一个问题，他就可以知道答案是"不"。显然在一个城市或活的机体中，我们面临着类型颇为不同的功能序。为了得到这类结构的热力学理论，我们必须说明非平衡可能是有序的根源，不可逆过程能导致物质的新型动力状态，我称之为"耗散结构"。我在后面关于熵产生，热力学稳定性和对化学反应的运用各节中，将讨论这类结构的热力学理论。

这类结构对于今天的化学和生物学具有特殊重要性。它们显示出一致的、超分子的特征，在诸如包含酶振荡的生物化学循环中有新奇的表现。

这类一致的结构是怎样作为反应碰撞的结果而出现的呢？后面关于大数定律的一节中将简要地讨论这个问题。我想强调指出，通常的化学动力学相当于"平均场"理论，这理论和范德瓦耳斯状态方程理论或外斯的铁磁理论十分相像。正像这些理论一样，平均场理论在产生新的耗散结构的不稳定点附近失效。这里（像在平衡态理论中的一样）涨落起着重要的作用。

在最后两节中，我将回到微观方面，并评述我们小组在布鲁塞尔自由大学近年来在这方面所完成的工作。这些工作导致了不可逆过程的微观定义。然而，这一步发展只有通过建立一种变换理论才可能实现。这个理论允许人们引入明显地展示出不可逆性和趋向热力学平衡的非么正的运动方程。

引进热力学因素导致（经典和量子）力学的重新表述。这是最令人惊异的一个特点。自从20世纪初以来，我们已经有能力在基本粒子的微观世界或者宇宙尺度的宏观世界中去发现新的理论结构。现在我们知道，甚至在与我们自身属于同一层次的现象中，引入热力学因素也导致新的理论结构。如果我们要建立一套理论方法，其中时间要具有与不可逆性甚至与"历史"相联系的全部含义，而不仅仅是一个与运动有关的几何参数，那么，引进热力学因素就是必须付出代价。

熵产生

深入到热力学第二定律的核心，我们就看到"可逆"过程与"不可逆"过程的基本差别[1]。这最终导致了熵 S 的引进和热力学第二定律的表述。克劳修斯的经典表述是关于孤立系统的，这些系统与外界既不交换能量，也不交换物质。第二定律只是确认存在着一个函数 S，它单调上升，直到处于热力学平衡态才达到最大值，

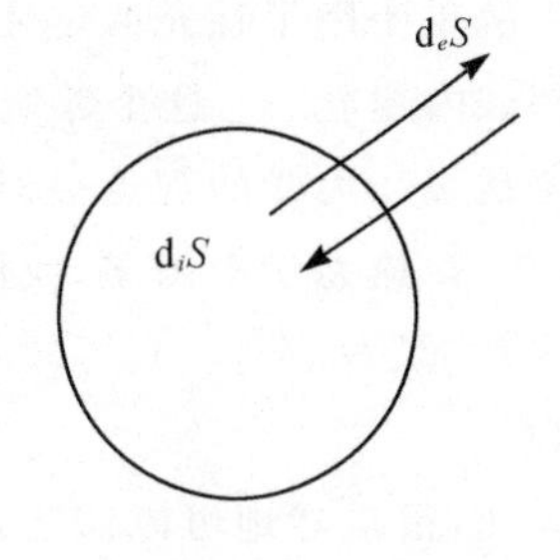

图1 系统内外的熵交换

$$\frac{dS}{dt} \geqslant 0 \tag{2}$$

很容易把这个公式推广到对外界交换能量和物质的系统(图 1)。这时我们就必须把熵的变化 dS 区分为两项,第一项是经过系统边界的熵转移 d_eS,第二项是系统内部产生的熵 d_iS。第二定律认为系统内部的熵产生总是正值(或零)

$$d_iS \geqslant 0 \tag{3}$$

这里在可逆过程和不可逆过程之间有基本差异。只有不可逆过程对熵产生有贡献。显然第二定律表现的正是这样一个事实,即不可逆过程导致时间的单向性。时间的正方向和 S 的增加相联系。我想强调指出,时间的单向性出现在第二定律中的这种顽强和特殊的方式。这个定律的表述就暗示着存在一个具有特殊性质的函数,即对于孤立系统来说,这个函数只能随时间增加。这类函数在李雅普诺夫(Lyapounov)的经典工作所开创的现代稳定性理论中有重要作用。因此它们被称为李雅普诺夫函数(或泛函)。

对于孤立系统来说,熵是一个李雅普诺夫函数。亥姆霍兹或吉布斯自由能这一类热力学势,也是其他"边界条件"(如给定温度或体积)下的李雅普诺夫函数。

这个系统在所有这些情形下演化到一个平衡态,是由热力学势的存在来表征的。这个平衡态是许多非平衡态的"汇聚点"(attractor)。这是最重要的一个方面,早就被普朗克[1]恰当地强调过了。

然而,热力学势只存在于一些例外情形中。方程(3)这个不等式并不包含一个函数的全微分,在一般情形下也就不容许人们作为李雅普诺夫函数的定义。在重新回到这个问题之前,我想着重指出:热力学第二定律建立 150 年以来,它看来仍然更像一个纲领,而不是在通常意义下解释得很周详的理论,因为关于熵产生没有说出任何明确的东西(除了它的正负号以外)。甚至这个不等式的适用范围仍未确定。这是热力学的应用范围基本上限于平衡过程的主要原因之一。

为了把热力学推广到非平衡过程,我们需要一个对于熵产生的准确表达式。由于假定了甚至在平衡态之外,S 也只依赖于在平衡态时的同一些变量,因而在这一方向上取得了一些进展。这就是"局部"平衡假定[2]。一旦采纳这个假定,我们就得到单位时间内的熵产生 P:

$$P = \frac{d_iS}{dt} = \sum_{\rho} J_{\rho} X_{\rho} \geqslant 0 \tag{4}$$

式中,J_{ρ} 是所包含的各种不可逆过程(化学反应、热流、扩散)的速率,而 X_{ρ} 是相应的广义力(亲和力、温度梯度、化学势梯度)。方程(4)是不可逆过程宏观热力学的基本公式。

我使用了补充假定才推得熵产生的明显表达式(4)。这个公式只能在平衡态的某个邻域内建立[3]。这个邻域限定了局部平衡区,在后面关于非么正变换理论的一节中,我还要从统计力学的观点去讨论它。

在热力学平衡态,我们对全部不可逆过程同时有

$$J_{\rho} = 0 \tag{5a}$$

和

$$X_{\rho} = 0 \tag{5b}$$

因此,很自然地可以假定,至少在平衡附近,各种流和各种力之间存在着线性齐次关系。这一方案自然而然地包括了许多经验定律,例如热流正比于温度梯度的傅里叶定律,或

者扩散流正比于浓度梯度的斐克(Fick)扩散律。这样,我们就得到描述线性不可逆过程热力学[4]的以下关系式

$$J_\rho = \sum_{\rho'} L_{\rho\rho'} X_\rho \tag{6}$$

线性不可逆过程热力学受到两项重要原理的支配。其一是昂萨格(Onsager)倒易关系[5],它说明

$$L_{\rho\rho'} = L_{\rho'\rho} \tag{7}$$

当相应于不可逆过程 ρ 的流 J_ρ 受到不可逆过程 ρ' 的力 $X_{\rho'}$ 影响时,流 $J_{\rho'}$ 也受到力 X_ρ 的影响,而且比例系数也是相同的。

昂萨格关系的重要在于它们的普遍性。它们被许多实验检验过。它们的适用性表明,非平衡热力学和平衡热力学一样,可以导致与任何特殊的分子模型无关的普遍结果。倒易关系的发现,在热力学史上确实是一个转折点。

另一项适用于平衡附近的重要原理是最小熵产生理论[6],它说明对于足够接近平衡的稳态,熵产生达到最小值。与时间有关的态(相应于同样的边界条件)具有更高的熵产生。最小熵产生定理比线性关系式(6)要求更多的限制条件。它只在严格线性的理论框架内适用,这时对平衡态的偏离必须很小,使得唯象的系数 $L_{\rho\rho'}$ 可以看做常数。

最小熵产生定理表达了非平衡系统的一种"惯性"。当规定的边界条件阻止系统达到热力学平衡(即熵产生为零)时,系统就在"耗散最小"的状态安定下来。

自从提出这个定理以后,已经明白,这一性质严格说来只适用于平衡态的邻域。多年来曾经作过很大努力,试图把这个定理推广到离平衡更远的情形。当最后证明远离平衡时热力学行为可能十分不同,事实上甚至与最小熵产生定理背道而驰时,人们才大为惊异。

值得一提的是,这类新型行为出现在早被经典流体力学研究过的一些典型情况中。首先根据这一观点来分析的一个例子是所谓"贝纳尔(Bénard)不稳定性"。考察恒定重力场中两个无穷平面之间的水平液体层。令下平面处于温度 T_1,而上边界处于温度 T_2,且 $T_1 > T_2$,当"逆"梯度 $(T_1 - T_2)/(T_1 + T_2)$ 的数值足够大时,静止状态变得不稳定,开始有对流。由于对流提供了新的热输运机制,熵产生也就增大。更有甚者,失稳后出现的流动状态比静止状态更有组织。事实上必须有宏观数量的分子在宏观时间内以一致方式运动,才能显出流动花纹。

这里有一个非平衡可以成为有序的根源这个事实的很好例子。在关于热力学稳定性理论,以及关于对化学反应的运用各节中,我们将看到这一情况并不限于流体力学的情况,而且还在化学系统中出现,可是要对反应律加上一些明确规定的条件。

有趣的是,由正则分布表达出来的玻尔兹曼有序原理,对于贝纳尔对流的产生所赋予的概率几乎是零。每当出现远离平衡的新的一致状态时,包含在组态计数中的概率论观念就要失效。就贝纳尔对流而论,我们可以设想,总有一些小对流作为平均状态附近的涨落出现;但是当温度梯度低于一定临界值时,这些涨落就逐渐衰减以至消失。然而在某个临界值以上,一定的涨落会被放大而引起宏观流动。这样就产生了新的超分子有序,它基本上对应一个由于和外界交换能量而稳定下来的巨大涨落。这就是由产生耗散结构来表征的有序。

在进一步讨论耗散结构的可能性之前，我想评论一下热力学稳定性理论中与李雅普诺夫函数理论有关的若干方面。

热力学稳定性理论

对应热力学平衡的状态，或是线性非平衡热力学中对应最小熵的产生的稳定态，自然都是稳定的。我已经引入了李雅普诺夫函数的概念。按照最小熵产生定理，在平衡周围的严格线性区域内，熵产生确实是这样一个李雅普诺夫函数。如果系统受到扰动，熵产生将增加，但系统的反应是回到熵产生的最小值。

与此类似，对应熵的最大值的封闭平衡态是稳定的。如果我们在平衡值附近扰动这一系统，就得到

$$S = S_0 + \delta S + \frac{1}{2}\delta^2 S, \tag{8}$$

式中 S_0 是平衡熵。然而，由于平衡态是最大值，一阶项消失，因而稳定性由二阶项 $\delta^2 S$ 的符号决定。

格兰斯多夫和普里戈金曾经证明[3]，$\delta^2 S$ 是在平衡附近与边界条件无关的一个李雅普诺夫函数，用经典热力学可以明确地算出这个重要表达式。我们得到[3]

$$T\delta^2 S = -\left[\frac{C_v}{T}(\delta T)^2 + \frac{\rho}{\chi}(\delta v)_{N_r}{}^2 + \sum_{rr'}\mu_{rr'}\delta N_r \delta N_{r'}\right] < 0, \tag{9}$$

式中，C_v 是定容比热，ρ 是密度，$v=1/\rho$ 是比容，(下标 N_r 表示 v 变分时组分保持不变)，χ 是等温压缩率，N_r 是组分 r 的克分子份数，而 $\mu_{rr'}$ 则是导数

$$\mu_{rr'} = \left(\frac{\partial \mu_r}{\partial N_{r'}}\right)_{pT}, \tag{10}$$

式中，p 是压力。

吉布斯最早提出的经典热力学基本稳定性条件如下：

$$C_v > 0 \qquad \text{(热稳定性)},$$

$$\chi > 0 \qquad \text{(力学稳定性)},$$

$$\sum_{rr'}\mu_{rr'}\delta N_r \delta N_{r'} > 0 \qquad \text{(对于扩散的稳定性)。}$$

这些条件表明 $\delta^2 S$ 是负二次函数。此外，用初等的计算就可以证明，$\delta^2 S$ 的时间导数和 P 的关系是[3]（见方程(4)）

$$\frac{1}{2}\frac{\partial}{\partial t}\delta^2 S = \sum J_\rho X_\rho = P > 0。 \tag{11}$$

正是因为方程(9)和(11)中的不等号，$\delta^2 S$ 才是李雅普诺夫函数。李雅普诺夫函数的存在保证了一切涨落的衰减。基于这种理由，对于平衡附近的大系统用宏观方法进行描述就足够了。涨落只能起次要作用，表现为对宏观定律的修正，而对于大系统则可忽略不计(图 2)。

我们现在准备研究下面的基本问题：能否把上述的稳定性外推到离平衡更远的情况？当我们考虑偏离平衡较大但仍然保持宏观描述的框架时，$\delta^2 S$ 能否起李雅普诺夫函

数的作用？我们围绕一个非平衡态再来计算扰动量 $\delta^2 S$。在宏观描述的范围内(9)式中的不等号仍然成立。然而，$\delta^2 S$ 的时间导数不再如同(11)式那样与总的熵产生有关，而只是与这个熵产生的扰动相联系。换言之，我们现在有[3]

$$\frac{1}{2}\frac{\partial}{\partial t}\delta^2 S = \sum_\rho \delta J_\rho \delta X_\rho \tag{12}$$

(12)式等号右边就是格兰斯多夫和普利戈金称之为“盈余熵产生”的量。应当着重指出，δJ_ρ 和 δX_ρ 是对在定态时的 J_ρ 和 X_ρ 值的偏离，而我们正通过扰动检验这个定态的稳定性。现在，与平衡或靠近平衡的情况相反，对应盈余熵产生的(12)式等号右边通常并不具有确定的符号。如果对一切 $t>t_0$ 的情况(t_0 是扰动的开始时刻)都有

$$\sum_\rho \delta J_\rho \delta X_\rho \geqslant 0, \tag{13}$$

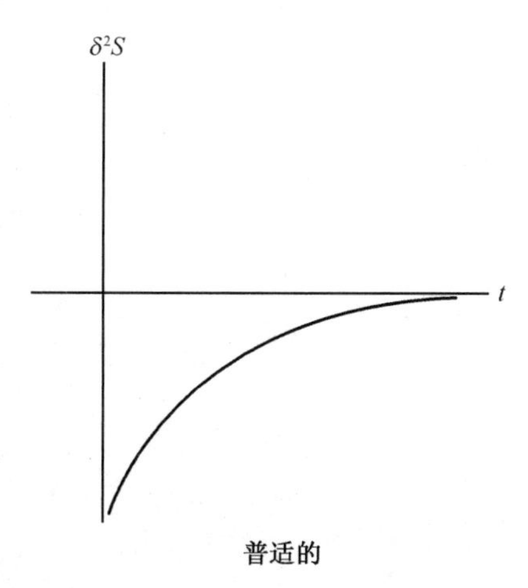

图2 平衡附近二阶盈余熵$(\delta^2 S)_{eq}$的时间演化。

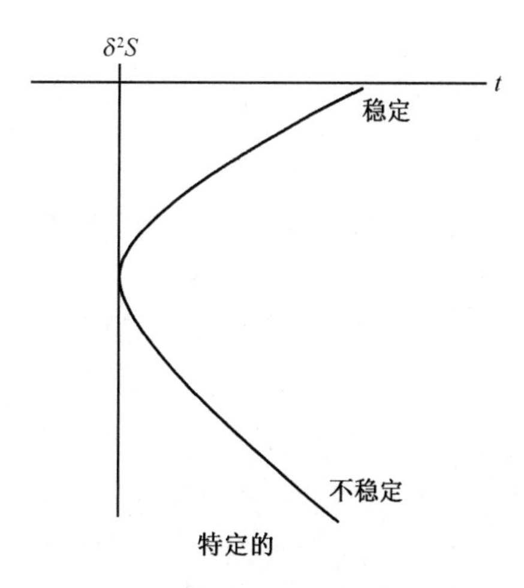

图3 渐近稳定，边缘稳定和不稳定情形下二阶盈余熵$(\delta^2 S)$的时间演化。

则 $\delta^2 S$ 确实是李雅普诺夫函数，而且稳定性是有保证的(图3)。在线性范围内，盈余熵产生和熵产生本身具有相同的符号，我们重新得到和最小熵产生定理一样的结果。然而，在远离平衡的区域，情况就改变了。这里化学动力学的形式起着主要的作用。

在下一节中我将考察几个例子。对于适当类型的化学动力学，系统会变得不稳定。这一结果表明，平衡规律和远离平衡的规律之间有着本质上的差别。平衡规律是普适的。然而远离平衡的行为会变得极为特殊。这当然是一件好事，因为它允许我们引入各种物理系统的行为特征，而这在一个平衡的世界中是无法理解的。

所有这些考虑都是非常普通的。它们可以推广到可能产生宏观运动的系统中，推广到表面张力的问题中，或是推广到有外场的效应中[7]。例如，在我们引进了宏观运动的情形下，应当考虑如下表达式[3]

$$\delta^2 Z = \delta^2 S - \frac{1}{2}\int \frac{\rho u^2}{T}\mathrm{d}V \leqslant 0 \tag{14}$$

式中，Z 是李雅普诺夫函数，它确定盈余熵，而 u 是宏观对流速度。这里对整个体积 V 积分，以便计入所有 u 的空间依赖性。我们可以再次计算 $\delta^2 Z$ 的时间导数，其形式将更为复杂。由于结果可在其他地方[3]找到，这里不再重复。我只想指出内部对流的自发激励

不能从处于热力学平衡的静止状态中产生出来。作为特例,这当然也适用于贝纳尔不稳定的。

对化学反应的运用

现在回过来进化学反应的情况,一般的结论是,为了破坏(13)式的不等性,我们需要有自催化反应。更确切地说,自催化步骤是破坏热力学分支稳定性的必要(但非充分)条件。我们来考虑一个简单例子,即所谓"布鲁塞尔器(Brusselator)",它对应以下反应式[8]:

$$A \longrightarrow X, \tag{15a}$$

$$2X + Y \longrightarrow 3X, \tag{15b}$$

$$B + X \longrightarrow Y + D, \tag{15c}$$

$$X \longrightarrow E。 \tag{15d}$$

初始反应物和最终产物是A、B、D和E,它们保持不变,而两种中间组分X和Y的浓度可以随时间变化。令反应常数等于1,我们得到方程组

$$\frac{dX}{dt} = A + X^2Y - BX - X \tag{16a}$$

及

$$\frac{dY}{dt} = BX - X^2Y \tag{16b}$$

它容许有稳态

$$X_0 = A, Y_0 = \frac{B}{A}, \tag{17}$$

式中,X_0 和 Y_0 是X和Y在稳态的浓度。利用热力学稳定性判据或利用正则模式分析,可以证明,只要

$$B > B_c = 1 + A^2, \tag{18}$$

式(17)这组解就变得不稳定。

超过B的临界值 B_c 之后,我们得到"极限环",即X,Y空间中的任何始点都趋向同一个周期轨道。因此这里重要之点在于,与洛特卡-沃特拉(Lotka-Volterra)型的振荡化学反应不同。振荡频率是诸如浓度、温度等这些宏观变量的确定函数。化学反应导致相干的时间行为:它变成了一个化学钟。在文献中这通常称为霍夫(Hopf)分岔点。

计入扩散之后,不稳定的种类变得益发多了。因此,近若干年来许多学者研究了方程(15)所示的反应式。有扩散存在时,方程(15)中的反应式变成

$$\frac{\partial X}{\partial t} = A + X^2Y - BX - X + D_X\frac{\partial^2 X}{\partial r^2}, \tag{19a}$$

$$\frac{\partial Y}{\partial t} = BX - X^2Y + D_Y\frac{\partial^2 Y}{\partial r^2}。 \tag{19b}$$

式中,D_X 和 D_Y 是组分X和Y的扩散系数。除了极限环之外,现在还可能有不均匀的稳态。我们可以把它称为特林(Turing)分岔点,因为特林1952年在其关于形态发生学的经典论文[9]中,最先注意到化学动力学中有可能出现这类分岔点。有扩散存在时,极限环

也可能与空间位置有关，并且引起化学波。

如果我们把对应热力学分支的解看做基本解，就可以把结果整理得有条理一些。其他的解可以作为从这个基本解相继产生的分岔而得到，也可以从一个非热力学分支作为高阶分岔而得到，这发生在离开平衡的距离更远的地方。

有意义的一个普遍特征是，耗散结构对于描述化学系统环境的整体特征很敏感，这包括它们的尺寸和形状、在表面上所加的边界条件等等。所有这些特性对于导致耗散结构的不稳定性的类型有着决定性的影响。

远离平衡时，在化学动力学和反应系统的"时空结构"之间出现意想不到的关系。确定有关的反应常数和输运系数的数值的相互作用，确实是短程相互作用(价力、氢键、范德瓦耳斯力)所造成的。然而，除此之外，输运方程的解还和系统的整体特征有关。在平衡附近，热力学分支上这种依赖性是很简单的，但在远离平衡的条件下，对化学系统就成为有决定意义的。例如，耗散结构的出现通常要求系统的尺寸超过某个临界值。临界尺寸是描述反应扩散过程的诸参数的复杂函数。因此，我们可以说：化学不稳定性包括长程序，系统通过长程序起着整体的作用。

耗散结构总有三个互相联系的方面：由化学方程表现出来的功能，由不稳定性引起的时空结构，以及触发不稳定性的涨落。这三个方面的相互影响，导致一些简直难以想象的现象，其中包括"通过涨落的有序"，下面我就要对此作分析。

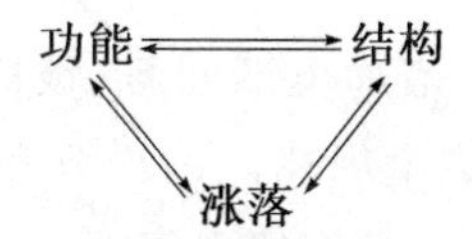

一般说来，当我们增加某个特征参数(例如布鲁塞尔器中的分岔参数B)的数值时，会相继出现分岔点。在图4中对于参数值 λ_1 只有单一解，而对 λ_2 值则有多重解。

饶有兴味的是，分岔在一定意义上把"历史"引进物理学中来了。假定观察结果向我们指出，一个具有如图4那样的分岔图的系统正处于状态 C，而且是通过增加 λ 的值达到这个分岔状态的。对这个状态 X 的解释就暗示着关于这一系统过去历史的知识，因为它必须经过分点 A 和 B。这样我们就在物理学和化学中引入了历史因素，而这一点似乎向来是专属于研究生物、社会和文化现象的各门科学的。

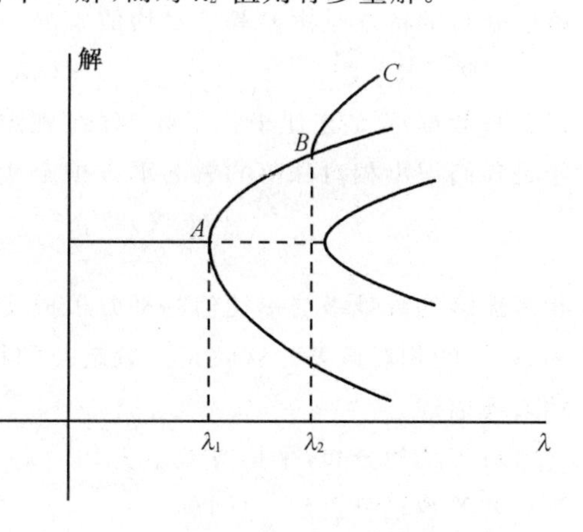

图4 相继分岔

对具有分岔现象的系统的每种描述，都包含决定论和概率论两种因素。我们在下一节中将更详细地看到，在两个分岔点之间系统遵从决定论的规律，例如化学动力学的规律，而在分岔点领域，则涨落起本质作用，并且决定系统将走到那一分支上去。

我不准备在这里探讨分岔点理论和它的各种见解，例如托姆(Thom)提出的突变理论[10]等等。这些问题在尼科利斯和普里戈金最近的专著[8]中都有所讨论。我也不再列举化学和生物学中目前已知的一致结构的例子。许多实例都可以在文献[8]中找到。

大数定律和化学反应统计学

让我们现在转而讨论耗散结构形成的统计方面。通常的化学反应动力学是以碰撞平均数(更确切地说是反应碰撞平均数)的计算为基础的。这些碰撞是随机发生的。但是，这种杂乱行为如何能导致一致结构呢？显然，必须引入新的特征。简言之，这就是大数定律成立条件的失效；结果是反应粒子在不稳定附近的分布不再是随机分布。

首先，我得指出大数定律的含义。为此，我考察一个在许多科学技术领域中有重要意义的典型概率描述——泊松分布。这个分布包含变量 X，它可取整数 0，1，2，3……。根据泊松分布，X 的概率分布是

$$\Pr(X) = e^{-\langle X\rangle} \cdot \frac{\langle X\rangle^X}{X!} \tag{20}$$

等式(20)中的 $\langle X\rangle$ 是 X 的平均值。诸如电话叫号、饭店中的等待时间、给定浓度介质中的粒子数涨落等很多情形，都遵从这个规律。泊松分布的一个重要特点在于 $\langle X\rangle$ 是分布的唯一参数。概率分布完全由变量的平均值确定。

由等式(20)很容易得到所谓的“方差”，它规定平均值附近的离差

$$\langle(\delta X)^2\rangle = \langle(X - \langle X\rangle)^2\rangle \tag{21}$$

泊松分布的特点是离差等于平均值本身

$$\langle(\delta X)^2\rangle = \langle X\rangle \tag{22}$$

我们来考察 X 是正比于粒子数 N(在规定的体积中)或正比于体积 V 的广延量的情形。于是我们得出相对涨落的著名平方根定律

$$\frac{[\langle(\delta X)^2\rangle]^{1/2}}{\langle X\rangle} = \frac{1}{\langle X\rangle^{1/2}} \sim \frac{1}{N^{1/2}} \text{或} \frac{1}{V^{1/2}}。 \tag{23}$$

相对涨落的数量级与平均值的平方根成反比。因此，对于量级为 N 的广延量我们求得量为 $N^{-1/2}$ 的相对偏差。这就是大数定律的特点。因此，我们可以忽略大体系的涨落，并采用宏观描述。

对于其他分布，平均方差不再如(22)式那样等于平均值。但只要大数定律适用，平均方差的数量级仍然一样，即

$$\frac{\langle(\delta X)^2\rangle}{V} \sim \text{有限数，当 } V \to \infty \text{ 时。} \tag{24}$$

现在我们来考虑一个化学反应的随机模型。像过去通常的做法那样，将化学反应与“生灭”型的马尔科夫链联系起来是自然的[11]。这直接导致 $P(X_1 t)$，即种类 X 在时刻 t 的分子数为 X 的概率所满足的主方程：

$$\frac{\mathrm{d}P(X_1 t)}{\mathrm{d}t} = \sum_r W(X-r \to X)P(X-r,t) - \sum_r W(X \to X+r)(PX_1 t) \qquad (25)$$

式中,W 是种类 X 由 $(X-r)$ 个分子变到 X 个分子的跃迁概率。在(25)式右端有得失两项的竞争。与经典的布朗运动的特征区别在于跃迁概率,$W(X-r\to X)$ 或 $W(X\to X+r)$,对占有数是非线性的。化学反应往往是非线性的,而这导致重要的区别。例如,很容易证明,对应于线性化学反应

$$A \rightleftharpoons X \rightleftharpoons F, \qquad (26)$$

X的定态分布是泊松分布(对于给定的A和F的平均值)[12]。但是,当1971年尼科利斯和普里戈金证明[13]化学反应链

$$A + M \longrightarrow X + M \qquad (27a)$$

$$2X \longrightarrow E + D \qquad (27b)$$

的中间物X的定态分布不再是泊松分布时,使人非常惊异。从宏观动力理论的观点看,这是非常重要的。实际上马来克-曼索尔和尼科利斯已证明[14],一般说来,宏观化学方程必须考虑偏离泊松分布所引起的修正项。这就是为什么现在如此重视研究化学反应随机理论的基本原因。

例如,尼科利斯和图尔奈尔[16]广泛地研究了施洛格尔反应[15]

$$A + 2X \rightleftharpoons 3X \qquad (28a)$$

$$X \rightleftharpoons B \qquad (28b)$$

他们证明,这个模型导致"非平衡相变",与经典的范德瓦耳斯方程描述的情形非常类似。在临界点附近,以及在共存曲线附近,等式(24)所表述的大数定律失效,因为$\langle(\delta X)^2\rangle$变得与体积的更高方次成比比。正如平衡态相变的情形,这种失效可通过临界指数表达出来。

对于平衡态相变的情形,临界点附近的涨落不仅幅度大,而且延伸距离广,雷马冒德和尼科利斯[17]对非平衡相变曾研究过同样的问题。为了使计算有可能进行,他们考察了一系列盒子。每个盒子里都进行(15)式所描述的"布鲁塞尔器"式反应。此外,不同盒子之间有扩散。他们利用马尔科夫方法计算了两个不同盒子X的占有数之间的关联。人们会预期,化学的非弹性碰撞和扩散结合起来将导致杂乱行为。但实际不是这样。在图5～7中表示出临界点以下和临界点附近的关联函数。十分清楚,在临界点附近有长程化学作用的关联。与我前面讨论过的系统类似,这个系统的行为有整体性,虽然化学相互作用是短程的。杂乱引起有序。此外,数值模拟表明,仅在粒

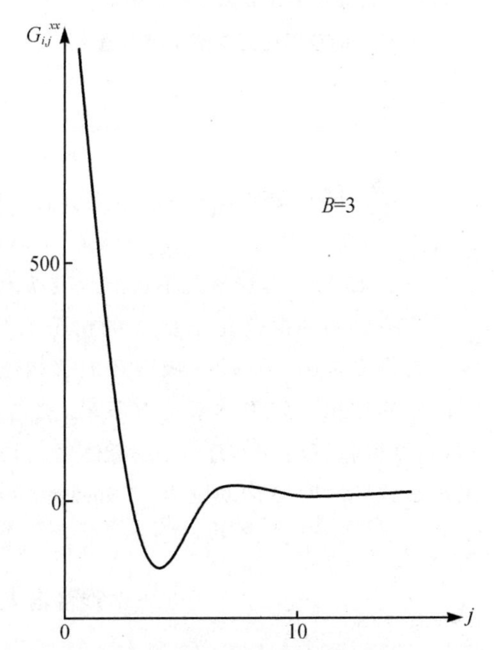

图5　远低于分岔参数 B 的临界值时,空间关联函数 G_{ij}^{xx} 随距离的变化

$A=2, d_1=1, d_2=4$
(d_1 与 d_2 是A与B的扩散系数)。

子数 $N\to\infty$ 的极限才趋向于“长程的”时间有序。

为了哪怕是定性地理解这一结果，让我们考察一下与相变的类比。当我们将顺磁物质冷却时，达到所谓的居里点，在这温度以下体系的行为像铁磁体，在居里点以上，所有的方向具有同样的作用。居里点以下有对应于磁化方向的特殊方向。

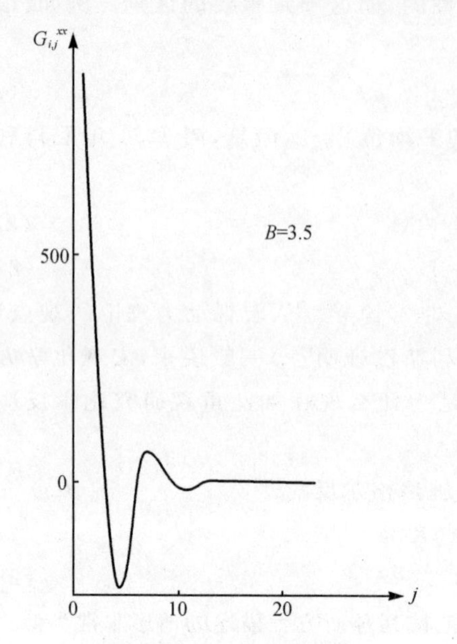

图 6　当分岔参数 B 趋近临界值时，G_{ij}^{xx} 的范围比图 5 所示稍有增加

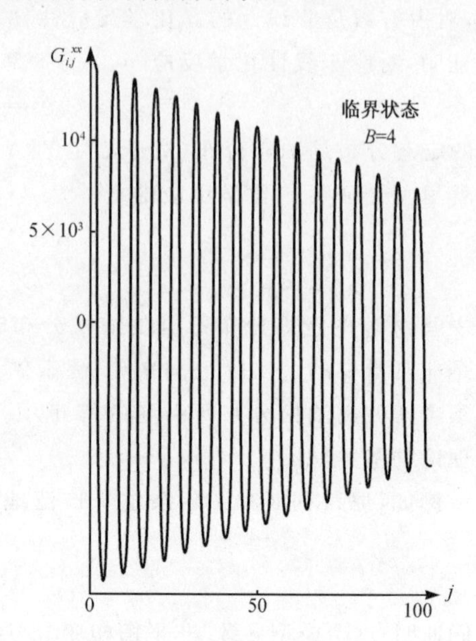

图 7　空间关联函数的临界行为

参数与图 5 中一样，关联函数同时表现出随距离的线性衰减和周期振荡，其波长与宏观浓度花纹的波长相同。

宏观方程中没有东西决定磁化所取的方向。原则上，所有方向同样可能。假若铁磁体只包含有限数目的粒子，这个特殊方向不可能永远维持下去。它会转动。但是，假使我们考察一个无限体系，涨落就不再能改变铁磁体的方向。长程序一旦产生，就永远保持。

铁磁体系和振荡化学反应的情形有惊人的相似之处。当远离平衡时，体系开始振荡。它将沿极限环运动。极限环上的相位是由初始涨落决定的，而且与磁化强度的方向起同样的作用。如果体系是有限的，涨落逐步取得优势，干扰转动。但如果体系是无限的，则可得长程时间有序，与铁磁体系的长程空间有序非常类似。由此可知，周期反应的出现是破坏时间对称的过程，正如铁磁性是破坏空间对称的过程一样。

李雅普诺夫函数的力学解释

我现在来更严密地考察熵的力学意义，更具体地说，是我前面引用过的李雅普诺夫函数 $\delta^2 S$ 的力学意义。

让我先简要地概括一下玻尔兹曼对这个问题的表达方法。即使到了今天，玻尔兹曼的著作仍然是一个里程碑。人所共知，玻尔兹曼推导$\mathscr{H}$定理时的实质性的一条是用分子的速度分布函数f所满足的输运方程

$$\frac{\partial f}{\partial t}+v\frac{\partial f}{\partial x}=\int \mathrm{d}\omega \mathrm{d}v_1\ \sigma[f'\ f_1'-ff_1] \tag{29}$$

代替准确的运动方程(用我下面要谈到的刘维方程表示)，式中$\mathrm{d}\omega$是碰撞中的有效立体角，σ是截面，v是速度。

只要采纳这个方程，很容易证明玻尔兹曼的$\mathscr{H}$量

$$\mathscr{H}=\int \mathrm{d}vf\log f \tag{30}$$

满足不等式

$$\frac{\mathrm{d}\mathscr{H}}{\mathrm{d}t}\leqslant 0 \tag{31}$$

因此它起着李雅普诺夫函数的作用。

用玻尔兹曼方法得到的进展是惊人的。但是，还有许多困难[18]。首先有实际的困难，例如难于将玻尔兹曼的结果推广到更普遍的情形(如稠密气体)。气体运动论最近几年有了惊人的进展，但是，当你检阅气体运动论或非平衡统计力学的最新教科书时，你不会找到任何在更普遍的情形下成立的类似玻尔兹曼$\mathscr{H}$定理的东西。因此，玻尔兹曼的结果仍旧是很孤立的，与我们所赋予热力学第二定律的普遍性适成截然不同的对照。

不仅如此，我们还有理论上的困难。最严重的可能是洛施密特的可逆佯谬。简言之，如果将分子速度反向，就回到初始态。在这个趋向初始态的过程中，玻尔兹曼的$\mathscr{H}$定理(31式)被破坏。我们得到“反热力学行为”，这一结论可以进行检验，譬如说，用计算机模拟的办法。

玻尔兹曼$\mathscr{H}$定理失效的物理原因在于速度反向所引入的长程关联。也许有人认为，这种关联是例外，可以忽略。但是，人们如何才能找到一个区分反常关联和正常关联的判据，特别是当考察稠密体系的时候?

如果我们不是讨论速度分布函数，而是考察相应于相空间密度ρ的吉布斯系综，情形就会变得更糟。它的时间演化得自刘维方程

$$\mathrm{i}\frac{\partial \rho}{\partial t}=L\rho, \tag{32}$$

式中，$L\rho$在经典力学中是泊松括号$\mathrm{i}\{H,\rho\}$，在量子力学中是对易子$[H,\rho]$(H是哈密顿量)。如果我们考察如

$$\Omega=\int \rho^2\mathrm{d}p\mathrm{d}q>0 \tag{33}$$

这样的正凸泛函，式中q是坐标，p是与q共轭的动量，或在量子力学中

$$\Omega=\mathrm{tr}\rho^+\ \rho>0, \tag{34}$$

则容易证明

$$\frac{\mathrm{d}\Omega}{\mathrm{d}t}=0 \tag{35}$$

是刘维方程(32)的推论，方程(33)或(34)所规定的Ω不是李雅普诺夫函数，经典力学或量子力学的规律似乎妨碍我们构成一个李雅普诺夫泛函，使它能起熵的作用。

由于这个原因，常常有人说，不可逆性引用到力学中来只能通过力学规律以外的附加近似（如粗粒平均）的方法[19]。我总是难于接受这个结论，特别是鉴于不可逆过程的建设性作用。难道耗散结构是由于错误所造成的吗？

考查一下为什么玻尔兹曼的气体运动论可以导出$\mathscr{H}$定理而刘维方程却不能，我们就可以得到关于从那个方向可能解决这一佯谬的启示。刘维方程（32）显然是Lt不变的。如果我们同时反转刘维算子L（经典力学中可通过速度反向作到）和时间t的符号，刘维方程仍旧不变。另一方面，很容易证明[18]，玻尔兹曼方程的碰撞项破坏Lt对称，因为它对L具有偶对称。因此，我们可以把问题换一个提法：怎样才能破坏经典力学和量子力学中固有的Lt对称呢？我们的观点一直是，力学和热力学的描述是在一定意义上"等价"的体系演化的表示，它们通过一个非么正变换相联系。让我扼要地指出我们应如何前进。我所遵循的方法是在布鲁塞尔和奥斯汀与同事们密切合作下发展起来的[20-22]。

非么正变换理论

既然（34）式已证明是不对的，我们从如下形式的李雅普诺夫函数

$$\Omega = \mathrm{tr}\rho^{+} M\rho \geqslant 0 \tag{36}$$

出发（这里M是正定算子），它具有非增长的时间微导数

$$\frac{\mathrm{d}\Omega}{\mathrm{d}t} \leqslant 0 \tag{37}$$

可以肯定，这一点并不总是可能的。在简单的力学情形，如果运动是周期性的，不管是经典力学还是量子力学，都不可能有李雅普诺夫函数存在，由于过了一段时间后体系会回到原始状态。M的存在与刘维算子谱的类型有关。在经典遍历理论的范围内，密斯拉[23]最近已对这个问题进行了研究。这里我将追究一下（36）式中的M算子可能存在所导致的一些推论，这个量可看成"熵的微观表示"。由于这个量是正定的，一个普遍性的定理允许我们把它表示成一个算子的积，譬如说Λ^{-1}和它的厄米共轭$(\Lambda^{-1})^{+}$的乘积

$$M = (\Lambda^{-1})^{+} \Lambda^{-1} \tag{38}$$

（这相应于取正定算子的"平方根"）。将此式代入（36）式，即得

$$\Omega = \mathrm{tr}\,\tilde{\rho}^{+}\,\tilde{\rho}, \tag{39}$$

式中，

$$\tilde{\rho} = \Lambda^{-1}\rho, \tag{40}$$

这是一个最有意思的结果，因为（39）式正是我们前面要找的那种类型的方程。但是，我们看到，这个表述式仅在新的表示中才存在，它通过变换（40）式与原来的表示相联系。

首先让我们写下新的运动方程。考虑到（40）式，求得

$$\mathrm{i}\,\frac{\partial\tilde{\rho}}{\partial t} = \Phi\,\tilde{\rho}, \tag{41}$$

式中，

$$\Phi = \Lambda^{-1} L \Lambda。 \tag{42}$$

现在来利用运动方程（32）的解。可以用更准确的不等式

$$\Omega(t) - \mathrm{tr}\rho^{+}(0)\mathrm{e}^{\mathrm{i}Lt} M \mathrm{e}^{-\mathrm{i}Lt}\rho(0) \geqslant 0 \tag{43}$$

和
$$\frac{d\Omega}{dt} = -\operatorname{tr}\rho^{+}(0)e^{iLt}i(ML-LM)e^{-iLt}\rho(0) \leqslant 0 \tag{44}$$

代替方程(36)和(37)因此微观"熵算子"M可能与L不对易。对易子正好表示可以叫做"微观熵产生"的量。

这使我们自然地想起海森伯的测不准关系和玻尔的互补原理。在这里也发现非对易性是非常有意思的,但现在是在通过算子L表示的力学与通过M表示的"热力学"之间的非对易。这样,我们得到了一种新的、非常有意思的,在具有轨道或波函数的力学与具有熵的热力学之间的互补性。

变到新表示后,求得熵产生方程(44)

$$\frac{d\Omega}{dt} = -\operatorname{tr}\rho^{-}(0)e^{i\Phi^{+}t}i(\Phi-\Phi^{+})e^{-i\Phi^{+}t}\rho(0) \leqslant 0。\tag{45}$$

这一结果意味着Φ与其厄米共轭Φ^{-}的差不为零,

$$i(\Phi-\Phi^{+}) \geqslant 0 \tag{46}$$

因此,我们得到一个重要的结论,即变换了的刘维方程(41)中新的运动算子不再是厄米的,与刘维算子不一样。这表明,我们需要越出通常的幺正(或反幺正)变换类,去扩展量子力学算子的对称。幸亏这里很容易决定现在要讨论的变换类。既可用老的也可用新的表示来算出平均值。结果应该一样。换句话说,我们要求

$$\langle A\rangle = \operatorname{tr}A^{+}\rho = \operatorname{tr}\widetilde{A^{+}}\tilde{\rho}。\tag{47}$$

而且,我们对那些明显依赖于刘维算子的变换感兴趣。实际上这是此一理论的非常具体的动机。我们已看到,玻尔兹曼型的方程具有破缺的Lt对称。我们希望通过这种变换来精确地实现这种新的对称[20]。这只有考虑与L有关的变换$\Lambda(L)$,才可能做到。最后,利用密度矩阵ρ与可观察量具有同样的运动方程,只是将L变换成了$-L$,我们求得基本条件

$$\Lambda^{-1}(L) = \Lambda^{+}(-L), \tag{48}$$

这里,它代替通常加在量子力学变换上的幺正条件。

不必惊讶,我们确实找到了一种非幺正变换律。幺正变换非常像坐标变换,它不影响问题的物理过程。不管用哪个坐标系,体系的物理过程还是不变的。但这里我们对付的是一个完全不同的问题。我们希望从一种类型的描述,即力学的描述,过渡到另一种"热力学"的描述。这正是我们需要在表示中作更剧烈的变化(如用新变换律方程(48)来表示)的原因。

我把这种变换称为"星-幺正"变换,并引入记号

$$\Lambda^{*}(L) = \Lambda^{+}(-L) \tag{49}$$

我把Λ^{*}称为与Λ相联系的"星-厄米"算子(星总是意味着反演$L \longrightarrow -L$)。于是等式(48)表明,对于星-幺正变换,逆变换等于其星-厄米共轭。

现在我们来考察(42)式。利用L,以及(48)、(49)式都是厄米算子的性质,得

$$\Phi^{*} = \Phi^{+}(-L) = -\Phi(L), \tag{50}$$

或
$$(i\Phi)^{*} = i\Phi。\tag{51}$$

运动算子是"星-厄米"的,这是一个非常有意思的结果。为了具有星-厄米,算子可

以是厄米的，且对 L 反演具有偶对称（即 $L \longrightarrow -L$ 时不变号）。也可以是反厄米的，且具有奇对称（即 $L \rightarrow -L$ 时变符号）。因此，一般的星-厄米算子可写成

$$i\Phi = (ie\overset{e}{\Phi}) + (i\overset{o}{\Phi}) \tag{52}$$

这里上标 e 和 o 分别表示新的时间演化算子 Φ 的偶对称和奇对称部分。表示存在一个李雅普诺夫函数 Ω 的耗散条件（46 式），现在变为

$$i\overset{e}{\Phi} > 0 \tag{53}$$

这就是获得“熵产生”的偶对称部分。

让我来概括一下已得到的结果。我们得到了一种新型的微观方程（就像经典力学和量子力学中的刘维方程一样），它明显地显示出一个可与李雅普诺夫函数联系的部分。换句话说，方程

$$i\frac{\partial \rho}{\partial t} = (\overset{o}{\Phi} + \overset{e}{\Phi})\rho \tag{54}$$

包含“可逆”部分 $\overset{o}{\Phi}$ 和“不可逆”部分 $\overset{e}{\Phi}$。这个新方程的对称完全与玻尔兹曼唯象输运方程一样，因为在 L 反演下，流的项具有奇对称，而碰撞项具有偶对称。

这样，可逆过程与不可逆过程之间的宏观的热力学的差异转变为微观的描述。我们所得到的可以看成是微观可逆力学与宏观不可逆热力学之间的“缺少的环节”图式如下：

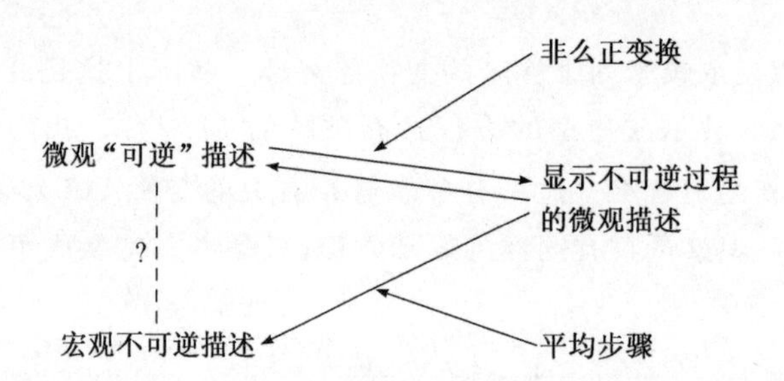

通过变换 Λ 来有效地构成李雅普诺夫函数 Ω(36)式，必须牵涉到对相应于刘维算子的预解式的奇异性作一番仔细的研究[21]。

对于稍微偏离热力学平衡的情形可以证明（如最近西奥多索普路等人[24]所作的那样），如果此外只保留守恒量的时间演化，则李雅普诺夫泛函 Ω(36)式准确地归结为宏观量 $\delta^2 S$(9)式。因此，至少是在线性区域，我们已完全普遍地建立了非平衡热力学与统计力学的联系。这是在适用于稀薄气体的玻尔兹曼理论范围内早已取得结果[25]的推广。

结 束 语

通过非么正变换理论引进热力学不可逆性导致力学结构的深刻变化。它把我们从群引到半群，从轨道引到过程。这种进化与本世纪来我们对物理世界描写的某些主要变化是一脉相承的。

爱因斯坦的相对论的一个最重要方面是我们不能脱离限制信号传播速度的光速问

题来讨论时间和空间的问题。同样,消去“不可观测量”在海森伯创始的量子理论基本方法中起了重要作用。

爱因斯坦和玻尔曾经常强调相对论和热力学的类比。我们不能以任意的速度传播信号,我们也不能造出一个为第二定律所禁戒的永动机。

从微观角度看,后一个禁戒意味着,如果体系满足热力学第二定律,从力学角度看可以明确规定的量是不可观测的。例如,体系的轨道作为整体是不可观测的。如果可观测,我们就能在每个时刻区分两个轨道,热平衡这个概念就失去其意义。力学和热力学互相制约。

有意思的是,现在有另外一些理由似乎表明,力学相互作用和不可逆性的关系会起到比迄今已意识到的更深刻的作用。在表述量子力学时曾如此重要的可积分的体系的经典理论中,所有的相互作用都可以通过相应的正则变换消去。如果真是要讨论的力学体系(特别是涉及基本粒子及其相互作用的情形)的正确原型吗?我们应该不应该先转到非正则表示,使我们在微观水平上区分可逆过程与不可逆过程,然后再消去可逆部分,得到可以明确规定的但仍然相互作用着的组成部分?

这些问题也许再过几年会搞清楚。但已有的理论进展已容许我们区分时间的不同水平:与经典力学或量子力学联系的时间,通过李雅普诺夫函数与不可逆性联系的时间,通过分岔与“历史”联系的时间。我相信,时间概念的这种多样化会使理论物理和理论化学与研究自然界其他方面的学科更好地结合。

参 考 文 献

[1] M. Planck, *Vorlesungen über Thermodynamik* (Teubner, Leipzing, 1930; 英译本, Dover, New York).

[2] I. Prigogine, *Etude thermodynamique des phénomènes irréversibles*, theiss, University of Brussels (1945)

[3] P. Glansdorff, I. Prigogine, *Thermodynamics of Structure, Stability and Fluctuations*. (Wiley—Interscience. New York, 1971)

[4] 线性不可逆过程理论的标准参考书是 S. R. de Groot 和 P. Mazur 的专著 *Non-Equilibrium Thermodynamics* (North-Holland, Amsterdam, 1969).

[5] L. Onsager, *Phys. Rev.* 73, 405 (1931).

[6] I. Prigogine, *Bull. Cl. Sci. Acad. R. Belg.* 31,600 (1945)

[7] R. Defay, I. Prigogine, A. Sanfeld, *J. Colloid Interface Sci*. 58, 598 (1977)

[8] G. Nicolis & I. Prigogine, *Self-Organization* in *Nonequilibrium Systems* (Wiley-Interscience. New York, 1977),第7章

[9] A. M. Turing, *Phil. Trans. R. Soc. London Ser.* B 237, 37 (1952)

[10] R. Thom, *Stabilité Structurelle et Morphogénèse* (Benjamin, New York, 1972)

[11] 标准参考书是 A. T. Barucha-Reid, *Elements of the Theory of Markov Processes and Their Applications* (McGraw-Hill, New York, 1960)

[12] G. Nicolis & A. Babloyantz, *J. Chem. Phys.* 51, 2632 (1969)

[13] G. Nicolis & I. Prigogine, *Proc. Natl. Acad. Sci. U. S. A.* 68, 2102 (1971)

[14] M. Malek—Mansour & G. Nicolis, *J. Stat. Phys.* 13, 197 (1975)

[15] F Schlögl, *Z Phys*, 248, 446 (1971); *ibid*, 253, 147 (1972)

[16] G. Nicolis & J. W. Turner, *Physica* 89A, 326 (1977)

[17] H. Lemarchand & G. Nicolis, *ibid.* 82 A, 521 (1976)

[18] I. Prigogine, 见 *The Boltzmann Equation*, E. G. D. Cohen, W. Thirring, Eds. (Springer—Verlag, New York, 1973), p. 401

[19] 关于这一观点的精辟表述见 G. E. Uhlenbeck, *The Physicist's Conception of Nature*, J. Mehra, Ed. (Reidel, Dordrecht, Holland, 1973), 501—513

[20] I. Prigogine, C. George, F. Henin, L. Rosen-feld, *Chem. scr.* 4, 5 (1973)

[21] A. Grecos, T. Guo, W. Guo, *Physica* 80 A, 421 (1975)

[22] I. Prigogine, F. Mayné, C. George, M. de Haan, *Proc. Natl. Acad. Sci. U. S. A.* 74, 4152 (1977)

[23] B. Misra, *ibid.* 75, 1629 (1978)

[24] M. Theodosopulu, A. Grecos, I. Prigogine, *ibid.* 75, 1632 (1978); A. Grecos, M. Theodosopulu, *Physica*, 出版中.

[25] I. Prigogine, *physica* 14, 172 (1949); *ibid.* 15, 272 (1949)

[26] 这篇演讲综述了我在布鲁塞尔和奥斯汀与同事们密切合作中取得的成果,不可能对他们一一致谢,但我想对G. Nicolis教授和J. Mehra教授在准备这一讲稿的最终文本时所给予的协助表示感谢。

附 录 Ⅱ
中国与科学的春天

伊·普里戈金

· *Appendix II* ·

整体上，中国的未来仍然是20世纪的一个大谜，但是正如我在这个报告一开始就提到的，目前是与这个伟大国家建立一种长期的友好关系的最有利的情形。

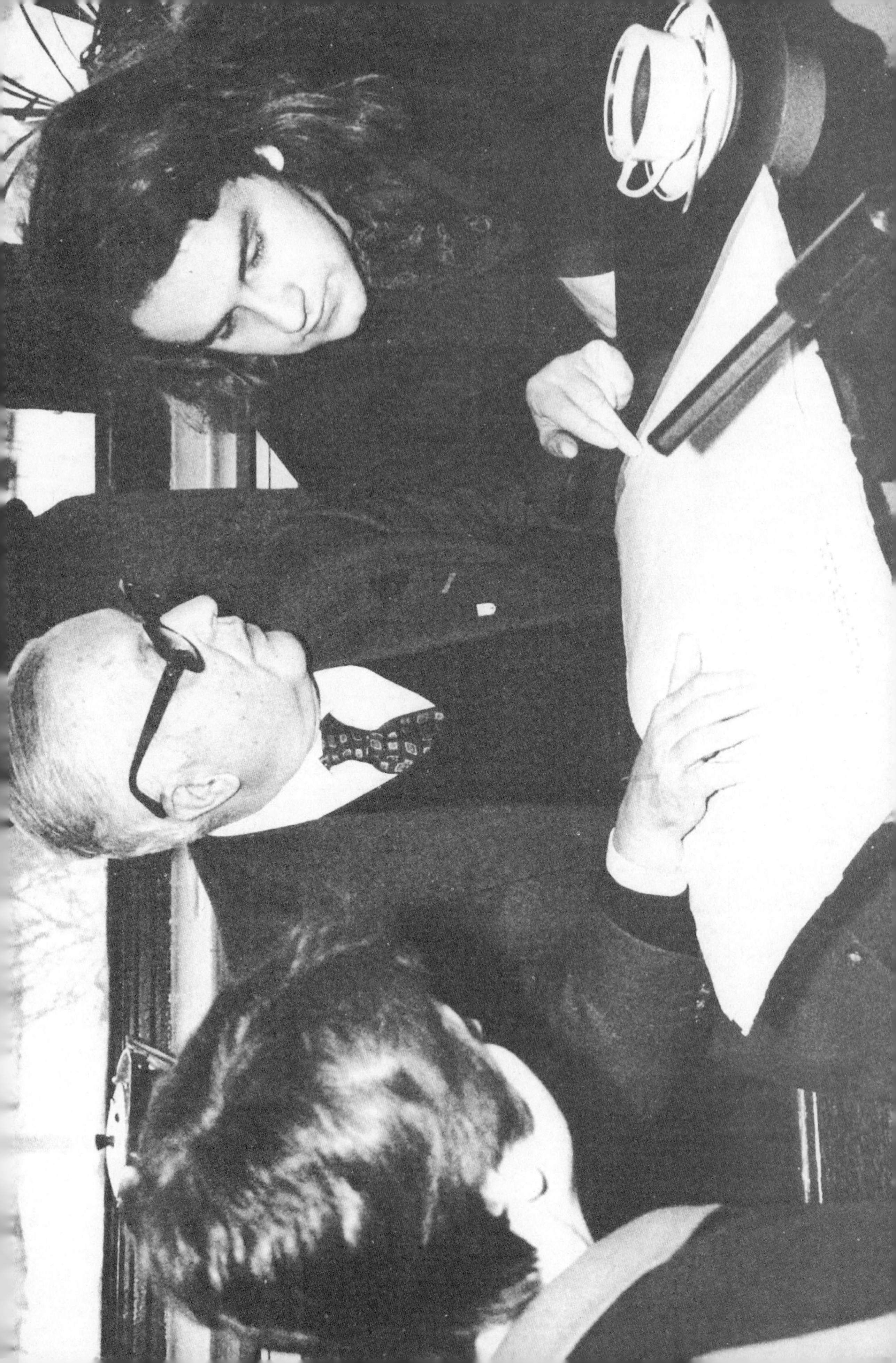

1.

1978 年 4 月，在北京召开了一次重要的全国科学政策大会。大会由共产党中央委员会组织召开，表明了它的特别重要性。在大会上发表讲话的有邓小平、方毅、华国锋，以及中国科学院院长郭沫若。郭沫若以中国特色的诗意般的风格，表达了这样一种信念，即在消除了“四人帮”之后，中国科学发展的春天终于到来了。

那次会议过去了 18 个月，现在我们已经看到了中国科学政策发展的某些方向。我在中国的时间不长，只有三个星期。留给我的印象是，科学的春天继续保持了一种真实的可能性，但还有极其大量的障碍必须克服。

在世界的其他地方，我都没有发现过像在中国这样，例如由艺术和文学传统所展现的那样，深深地联系着传统文化。现在的新因素是，中国人民今天非常强烈地感到，与西方进行交流并不会丢失自己的文化特征。

这个简短的报告是按如下顺序组织的。首先，概括介绍一下我个人与中国政府和学术圈接触的情况。其次，简要了解一下目前中国的科研组织及其目标。最后，第三部分涉及目前的一些困难和看法，以及关于合作的一些建议。

2.

我对中国的访问，是由中国科学院特别是钱三强副院长提出来的。我在中国的第一站是北京，在那里首先是在一个很大的“科学会堂”面对普通听众进行了第一次演讲，然后是在中国科学院物理研究所作了一个更为专业的演讲。到洛阳进行了一个短暂的访问之后，我们在西安停留了一周。我在那里受特邀参加并指导了一个关于非平衡物理学和化学（特别是关于耗散结构）的会议。①

在西安的那次学术会议，邀请了来自 56 所大学和学院的 120 名中国科学家。中国科学家们提交了 12 个深入的交流，以及大量关于正在进行的工作的概要。就我自己而言，进行了 5 次演讲，参加了许多的讨论。这对我真是一次独特的经历，主要从两点来看。首先，这给了我一次特别的机会，与一个相当大的其背景各异的中国科学家群体进行了互动；的确，其中有天文学家、物理学家、数学家、化学家、生物学家和哲学家。此外，使我深受鼓舞的，还有非平衡物理学问题特别是“自组织”问题在中国引起的极大兴趣。

◀与儿子帕斯卡尔在一起（普里戈金夫人提供）。

① 第一届全国非平衡统计物理学术会议（西安会议，1979 年 8 月）。——译者注

早在1959年，即中华人民共和国成立10年之际，在关于固体物理学的全国会议上就已经做出决定，非平衡物理学将作为科研和教学上加以发展的学科之一。然而，由于“文化大革命”，这个计划被打断了。而且，在“文化大革命”的十年期间，对这个领域的兴趣依然以某种地下的方式继续着。例如，我已经发表的专论在此期间被复印出来。“文化大革命”结束后，关于非平衡物理学的兴趣再一次强烈地浮现出来。所有的关于非平衡问题特别是关于自组织的基本专论，都正在被翻译为中文。我参加的研讨会，可以看做是一次成功，因为计划大约一年后再度举办，并邀请我的两位亲密的同事来参与协调。[①] 还计划于1982年举办一个包括中国和外国科学家的国际讲习班。

要在稍后再举办国际讲习班，原因之一在于语言问题。希望到那时使用英语变得充分普遍，使得翻译成为中文或从中文翻译成为英文都不再必要。

对于自组织理论表现出显著的兴趣，很可能还有一个更为深层的原因。长期以来，西方科学的基本概念与中国人关于自然的概念显得格格不入。李约瑟在其经典著作《中国的科学和文明》(即《中国科学技术史》——译者注)中，对此有漂亮的表述。西方传统上强调的是实体(原子，分子，基本粒子，生物分子……)，而中国人的概念是以关系为基础的，即是以一种关于物理宇宙的更为有机的观点为基础的。今天，这种区分显得不再像甚至几年前所认为的那么根本。在现代数学和理论物理学中有了许多的尝试，对包括诸如自组织和层次结构这样的概念进行定性的描述。我们在这一观点上可以援引勒内·托姆(Rene Thom)的突变理论、分岔理论，以及非平衡领域中的耗散结构理论。西安的这个会议的确是我的访问中的科学亮点。此外，在途经广州和香港离开中国前，我还访问了桂林和广州。

3.

8月22日，会见了王震副总理，在场的有比利时大使，以及中国大学和科学机构的许多代表。王震副总理表达了中国政府在科学接触和进行共同研究计划上的兴趣。副总理兼中国科学院院长方毅，因为当时在内蒙古而没有参加这次会见。

中国科学政策目前的状态，首要的是要治愈由“文化大革命”带来的创伤，我在稍后的报告中会返回到这一点。正是在这个治愈创伤的过程中，与外部世界的合作是十分的必要。对于我作为一位欧洲人，副总理还强调了，与欧洲的文化接触已经有着特别长的历史。他可能指的是与耶稣会士的接触，那始于16世纪，并将西方科学的一些重要因素带到了中国。

我通过与政治界的接触，通过与其他人的讨论，特别是与钱三强副院长、中科院理论物理研究所郝柏林教授、西北大学郭校长的讨论中，了解到了中国科学政策的主旨。中国的政治家和科学家总是谈到四个现代化：“农业，工业，科学技术，国防”。自从1911年的辛亥革命之后，作为传统，所有的政治纲领中都包括了这四个现代化。为了实现四个

① 全国第二次非平衡统计物理学学术会议(大连会议，1980年7月)。——译者注

现代化,设立了一个关于科学技术的专门委员会。目前由方毅副总理担任主任,他也是中国科学院的院长,还是中国共产党中央政治局的成员。这项任务涉及五个方面军,第一个关涉到科研,这得到由指导着许多个研究所的中国科学院的支持;第二个关涉到大学的科研和教学;第三个关涉到工业的科研和技术,包括医学应用;第四个关涉到直接依靠各省的教学和科研;第五个关涉到国防相关的研究和发展。目前,这项任务遵循的是1978 年全国大会上阐述的一个计划,我的报告的前面已经提到了这个大会,这个计划包括从 1978—1985 期间。这个八年计划的总目标由方毅副总理阐述如下:1. 在科学技术的主要部门达到西方世界的水平;2. 使研究科学家人数达到大约 800 000(目前在高等教育院校中的学生大约为1 000 000人)[①];3. 建立一批新的科学研究中心;4. 创建一个新的国家科学技术研究体系。为了实现这个计划,列出了 108 个优先主题。在此仅将其中的前面九个罗列如下:1. 农业;2. 能源;3. 材料;4. 计算机;5. 空间;6. 激光;7. 高能和核物理;8. 基因工程;9. 海洋和流体动力学。

值得注意的是,要考虑到实现这个计划以及可资利用的基础方面的困难。出现困难主要是由于十年期间高度的不稳定。让我们引用一些例子。

1. 在绝大多数大学中基础研究已经完全停止了。有趣的是,这对中度抽象的领域比对高度抽象的领域的影响要严重。数学和基本粒子理论却能够得以继续,但是固体物理学和化学却被强烈地推到了纯粹的实际应用和工业应用。

2. 大学不允许招收研究生。你可以惊奇的看见,一些大学其学生人数在 5 000 到10 000的规模,却仅仅有 20 到 40 名研究生。

3. 入学的下降。结果是,科学家的年龄比起西方世界要大一些。例如,我估计在我参加的会议上,与会者的平均年龄在 40 岁以上。

4. 研究所的搬迁。这种搬迁往往导致了工作条件上的困难,使得所有的研究都停止了,甚至教学水平也下降到非常低的水平。

5. 出版的衰落。有 5 年或 6 年,实际上完全没有出版物理学和化学方面的科学出版物。

6. 严格限制引进外国书籍和期刊。而且,在“文化大革命”期间,得到认可的科学期刊的数目有限。关于人文科学、经济学、社会科学的期刊,更是完全被禁止了。很可能在这些领域中,落后最为显著。我在与中国的哲学家的交谈中注意到,大多数人所知道的最新的外国哲学家不过就是罗素(Russell)或杜威(Dewey),如乔姆斯基(Chomski)、列维-斯特劳斯(Levi-Strauss)这样的名字基本上不知道。

7. 与大学或研究机构的人员接触则有更多的困难。结果是,甚至地域上接近的研究机构之间都缺乏交流。

从积极的方面来看,我也乐意引用几个一般特点。

1. 强烈的理性思维和对自然观察的传统。我发现,绝大多数的中国科学家对于数学科学都具有良好的理解。

2. 尽力为大学提供良好的教学材料。这里遇到一个很大的困难是语言问题。老一

① 应该是大约 850 000 人。——郝柏林注

辈可以说英语。而年轻一辈往往只有少量的英语知识，一般都局限于阅读。在这方面必须要尽很大的努力。在某些地方，曾经广泛地讲授俄语，但是随着与苏联的政治关系的变坏，俄语教学也已经大部分停止了。

在这方面，还可以提到一些其他的困难。中国已经采纳的是科研与教育之间相当严重分割的苏联体制。“文化大革命”也在各种各样的科研机构的成员上留下了深刻的痕迹。

从事科研的科学家的平均年龄比通常要高。我已经提到我参加的会议上，与会者的平均年龄超过了 40 岁。

接下去，让我们考虑一下从这种简要的考察中得出的一些建议。

4.

我提出三个专门的建议：

1. 科学合作要尽可能通过大学或科学院的渠道来进行，而不是通过教育部的渠道。这可能是最好的有助于合理地选择人员送到国外的方式。

2. 简单地进行科学家交换可能不是最合适的推进合作的方式。应该将具有共同兴趣的特定领域挑选出来，应该鼓励在特定实验室之间的长期合作。作为一个例子，我们提到了诸如煤的生产和转化为碳氢化合物，这是中国和西方世界都感兴趣的。特定的项目，辅以长期计划和多年度拨款的方式，部分在中国的实验室中进行，部分在西方的实验室中进行。

3. 在欧共体的框架中设立一个处理与中国合作的专门办公室，对各种可能的在科学和技术问题进行合作的领域进行选择。这将与欧共体中已经设立的与中国的经济合作的办公室并行不悖。

总之，在我看来，中国的情形，除了有利的方面，仍然有一些风险。中国的内战（The Chinese Civil War）发生在大约 40 年前，而“四人帮”的倒台不过是发生在三年之前。无疑，政府部门以及科学和知识共同体在总体上都希望保持中国的开放，推进与西方世界的合作。不过，困难之处在于如何珍惜这种希望以达成一致，特别是中间阶层往往是由“文化大革命”带到了权力位置上的公务员。此外，还有大量的农民，他们长期以来的经历已经导致了将“国外影响”与各种灾难混为一谈，因此甚至对于目前每个月都在增加着的旅游流动也持有某种怀疑的眼光。整体上，中国的未来仍然是 20 世纪的一个大谜，但是正如我在这个报告一开始就提到的，目前是与这个伟大国家建立一种长期的友好关系的最有利的情形。

我愿意以一些个人的评论来结束这个报告。在中国旅行，人们会将受到三个主要特征的吸引。

1. 中国人民的活动。中国的城镇和农村通常显得人群密集。每个人都在做着某种事情，在工作中，担着东西，做着买卖。你看不见懒惰之人。

2. 中国人民的年轻。见到如此大群大群的显得幸福和健康的孩子们，这是我在其他地方没有见到过的。

3. 中国人民通常被认为是非常实干和讲究实际的。然而，当你以更为个人的方式与他们进行交谈，得出的总的印象就不会是这样了。如同这个报告的标题，“科学的春天”，他们是富以诗意般的表达的，总是强调和谐，即人与自然之间的关系。比我们要早许多，中国就已经发现了生态原理。

我并不试图将中国和中国人民过度理想化，但是我深深地坚信，他们一定会对人类的未来作出某种伟大的贡献。

（曾国屏 译　郝柏林 校）

附　　记

1979 年 8 月普里戈金应中国科学院钱三强副院长邀请来华访问三周。访问结束后普氏撰写了这篇报告，并寄送给钱三强过目。27 年之后重读这篇报告，我们不能不感叹普氏对当时中国科学的状况、困难和潜力观察得如此深刻，对促进中国和欧洲的科学交流有热切期望。这篇曾经提交给欧洲共同体有关部门的报告，过去没有公开发表过。我们征得普里戈金夫人同意，请曾国屏老师把报告译出作为本书附录。

郝柏林

2006.12

得克萨斯大学校景

附 录 Ⅲ

普里戈金与中国

郝柏林

（中国科学院院士　第三世界科学院院士）

· *Appendix III* ·

早在20世纪50年代后期，普里戈金的非平衡统计物理著述就引起一批年轻的中国物理工作者注意，在中国科学院物理研究所的理论室对此有过较为系统的讨论和学习。

第17届索尔维物理学会议的主题是“平衡和非平衡统计力学中的有序和涨落”，实质上是普里戈金获得诺贝尔化学奖的庆祝会。这次会议使多年“与世隔绝”的从事非高能物理研究的中国人接触到国际上许多知名的学者和初露锋芒的年轻人，开启了长期的国际学术交流之门。

1977年诺贝尔化学奖获得者伊利亚·普里戈金1917年1月25日生于莫斯科，少年时随父母移居比利时，2003年5月28日逝世于布鲁塞尔。

比利时和荷兰是对统计物理和热力学发展作出过重要贡献的国度。在这样的教育环境中成长起来的普里戈金，毕生关心时间箭头、即不可逆性的起源问题。第二次世界大战之后，利用热扩散分离同位素成为热门课题之一。普里戈金从研究中悟出，开放的非平衡系统在一定条件下可以出现有序的结构，这最终导致了建立耗散结构理论。他被授予诺贝尔化学奖就是因为“对非平衡热力学特别是耗散结构理论的贡献”。普里戈金的另一个早期贡献，是表述了近平衡、局域平衡条件下控制非平衡过程的最小熵产生原理。欧美物理学界对普里戈金的科学贡献褒贬不一。耗散结构诚然是非线性系统中人们熟知的不稳定和突变现象的具体表现。然而，对于把非平衡统计物理的许多普适的理论概念，如开放系统、非平衡相变、自组织和耗散结构，介绍到化学、生物和社会现象的研究，普里戈金是功不可没的。事实上，他也是在物理学之外受到更多重视，毕竟颁发给他的是诺贝尔化学奖。另一方面，普里戈金在非平衡统计力学方面的一些艰深研究，例如他的子动力学理论、超空间超算子理论，其实在全球范围内知者甚少、和者更寡。

普里戈金是中国科学界的真挚朋友。早在20世纪50年代后期，普里戈金的非平衡统计物理著述就引起一批年轻的中国物理工作者注意，在中国科学院物理研究所的理论室对此有过较为系统的讨论和学习。普氏培养的第一位博士、曾经担任过日内瓦欧洲联合核研究中心主任的范霍夫(L. van Hove，1922—1991)指出哈密顿量的对角奇异性，作为热力学极限的前提，对描述趋近平衡有关键作用；对此有独到心得的陈式刚(现为中科院院士)当时被同辈人冠以“陈霍夫”的绰号。记得1964年10月笔者到四川参加农村社会主义教育运动(“四清运动”)时，唯一带在身边的“业务”书就是普氏1962年的《非平衡统计力学》影印本(1987年上海科学技术出版社出过中译本)。1977年底普氏获得诺贝尔奖时，正值我国结束十年动乱，刚刚召开了自然科学基础研究的长远规划会议。1978年春天，钱三强副院长率领中国科学院代表团访问欧洲，第一站就是比利时。钱三强专程拜访了普里戈金，两人用法语相谈甚契。原来这两位学者在不同时期都曾经聆听过比利时前辈物理学家德唐德(T. de Donder，1872—1957)讲授的热力学课程。钱三强邀请普里戈金访问中国，普里戈金邀请中国学者参加将于当年举行的第17届索尔维物理学会议。

在钱三强的安排下，1978年11月中国科学院理论物理研究所的郝柏林、于渌和北京师范大学的方福康到布鲁塞尔参加了第17届索尔维物理学会议。因病没有完成大学学业的索尔维(Ernst Solvay，1838—1922)，由于发明了“索尔维制碱法”而成为19世纪最成功的化学工业家之一。索尔维一生关注物理学和化学的重大问题。在他的促进和资助下，1911年10月在布鲁塞尔举行了由洛伦兹担任主席的物理学会议，讨论了辐射理论和量子问题。能斯特、普朗克、索末菲、居里夫人、爱因斯坦、朗之万、庞加莱等约20位欧洲著名学者与会，开始了20世纪上半叶物理学史上最重要的独树一格的、只能应邀参加的系列会议。1927年第5届索尔维物理学会议上玻尔和爱因斯坦关于量子力学的争论，成为物

◀郝伯林在为普里戈金做翻译(郝柏林提供)。

理学史上永远流传的佳话。第二次世界大战以后，自然科学研究的国际中心从欧洲转移到美国。索尔维会议虽然继续举行，其作用则远不如战前。普里戈金自1959年起担任索尔维国际物理学和化学研究所所长，是多届索尔维物理学或化学会议的组织者。

第17届索尔维物理学会议的主题是“平衡和非平衡统计力学中的有序和涨落”，实质上是普里戈金获得诺贝尔化学奖的庆祝会。这次会议使多年“与世隔绝”的从事非高能物理研究的中国人接触到国际上许多知名的学者和初露锋芒的年轻人，开启了长期的国际学术交流之门。会议之后，三人小组在布鲁塞尔自由大学访问两周，方福康更继续留下来做研究，直到取得博士学位回国。此后中国学者多次参加索尔维会议。例如，郝柏林参加了1980年在华盛顿美国科学院举行的第17届索尔维化学会议（化学演化），何祚庥翌年参加了在奥斯汀举行的以量子场论为主题的索尔维物理会议。1998年在日本举行的第21届索尔维物理学会议，主题为动力系统与不可逆性，可以说是普里戈金一生科学事业的总结，郝柏林应邀与会并发言。索尔维会议在普里戈金身后继续举行，2005年在布鲁塞尔举行了以时空的量子结构为主题的第23届索尔维物理学会议。

普里戈金应钱三强之邀，于1979年8月偕夫人及幼子首次访问中国，受到王震副总理接见，在北京科学会堂做了大报告，并到西安参加第一届全国非平衡统计物理会议，做了系列演讲。普氏回国之后，写了题为“中国与科学的春天”的热情洋溢的访华报告，结尾时说，他坚信中国人民必将对人类未来作出某种伟大的贡献”。

笔者于1981年在布鲁塞尔自由大学索尔维国际物理学和化学研究所做了7个月访问教授，有机会同普里戈金讨论甚至争论过一些非平衡统计物理学中的基本问题。当时混沌现象的研究热正在兴起，而普氏对此并不以为然。有一次他对我说，在自由度很少的非线性系统中就可能出现混沌，而他关心的是无穷自由度系统中的不可逆。我说，相空间中孤立的点上发生动力学不稳定，后果可能不严重；但是，如果相空间中成片的（具有“正测度”）的区域，都发生不稳定，那可能正是你所需要的条件。看来他后来态度有所松动，还要了我刚刚产生的“布鲁塞尔振子”中的奇怪吸引子图片，发表在他与伊·斯唐热合著的《从混沌到有序》一书中。又有一次，我问他“不可逆性的根源到底在那里?”他的超空间理论中从刘维方程预解式的两个解中保留了推迟解，这就事先决定了时间箭头的方向。他沉思一会之后说，在初始条件里，一个无穷维系统的当前状态，是从过去演化来的，也已经包括了以后的发展方向。这些在他的著作中叙述不多的意见，仍然耐人寻味。

1986年底普里戈金再次应中国科学院之邀，访问了北京、上海等地的多处大学和研究单位。普氏的合作者和早期弟子有多人访问过中国，甚至较长时间地讲学。普里戈金在布鲁塞尔自由大学和美国得克萨斯大学主持两个统计物理研究中心。从20世纪70年代后期起，两中心接受过多位中国访问学者、培养了大批年轻的中国博士，总数超过30人，其中许多人早就成为国内一些单位的研究、教学骨干。普里戈金第一次访华后就安排把布鲁塞尔研究中心的论文不断邮寄到北京和西安；这样在全球互联网兴起之前坚持多年，对中国非平衡统计物理的研究起过促进作用。普氏著述颇丰，多数有中译本。现在北京大学出版社重新勘校出版《从存在到演化》一书，让年轻学人得以了解普里戈金的学术观点，也是对这一位真挚朋友的纪念。普里戈金夫人玛琳娜友好地提供了一批相片，我们专此致谢。

附录 Ⅳ
普里戈金的科学贡献

方福康
（北京师范大学教授、原校长）

· *Appendix IV* ·

本文原载于《科学》第56卷3期（2004年5月）。作者方福康教授曾任北京师范大学校长，是普里戈金众多中国学生中的第一位博士。文章是为纪念普里戈金而作，全面综述了他在多学科领域的贡献。

2003年5月28日，世界著名科学家普里戈金(I. Prigogine)博士病逝于布鲁塞尔。普里戈金是非平衡系统热力学与耗散结构理论的奠基人，以此为基础而开创的复杂性科学研究，已成为21世纪的科学前沿，深刻地影响着当今科学与技术发展的各个方面。

非平衡系统热力学与耗散结构论

普里戈金1917年1月25日出生于莫斯科，不久就爆发了十月革命。1921年举家来到德国，8年后又到比利时定居。比利时成了普里戈金真正生活与工作的地方。普里戈金在布鲁塞尔自由大学攻读化学与物理学。1939年，他获得了博士学位，指导老师是著名学者德唐德(T. De Donder)。1951年起，普里戈金任该校教授。他还担任其他许多职务，包括美国得克萨斯大学统计力学和热力学研究中心主任。普里戈金著述颇丰，除了论文与专著以外，还有不少数学程度并不高的著作，然其概念论述充满哲理与魅力，在理论科学史上十分醒目。

继承德唐德的衣钵，普里戈金毕生从事不可逆过程热力学和有关复杂系统理论的研究，其核心问题是探索宏观现象的时间不可逆性。由于这个问题的重要性，引起了很多科学家的兴趣，冯・诺伊曼曾专门就量子力学规律的可逆性与测量的不可逆作过专门的讨论。

其实，自然界及人们生活中充斥着不可逆过程，但科学地研究这样的过程则“姗姗来迟”，其标志是19世纪克劳修斯等人用热力学第二定律来区别可逆与不可逆过程：可逆过程的熵不变，不可逆过程的熵增加。不可逆过程熵增加的性质赋予时间一个方向，这一结论打破了时间的对称性，区别了过去与将来。与之不同的是经典力学、量子力学和相对论中的时间观念。在那里，动力学的标准形式对于过去和将来是没有区别的，沿着时间“向前”发展或“向后”演化都是成立的。

热力学第二定律还指出，孤立系统的熵不减少，且终究要达到极大值，这个极大值对应着一个热力学的平衡态。按照玻尔兹曼关系 $S=k\ln W$，系统的高熵态对应于无序，而低熵态对应于有序。因此，孤立系统将朝着无序方向发展，最终成为无序的“热寂”。热力学第二定律指示了通向“无序”的死亡之路。但是，大自然的发展演化与此图像完全不同，总是勃勃生机，万千纷呈，表现出高度有序。生物进化论也展示了生物从低等向高等发展，从无序或低序状态向高序状态演化发展的方向。

普里戈金毕生的研究与热力学的这两个问题密切相关，他的学术生涯开始于对经典热力学的研究。经典热力学主要关注平衡态的热力学性质，即使讨论系统的状态改变也借用可逆的准静态过程来展开，将摩擦、扩散或黏性等耗散因素视为有害属性，很少涉及偏离平衡态的研究。普里戈金从演化的角度讨论偏离平衡态热力学系统的输运过程，在系统局域弛豫时间远小于全局弛豫时间的条件下引入局域平衡的概念，深入讨论离开平

◀普里戈金在北京师范大学作报告(方福康、沈小峰提供)。

衡态不远的非平衡状态的输运过程,揭示了输运过程中导致物质、能量流的热力学力,利用线性关系定量描述这些“流”和“力”的关系,结合昂萨格关系给出了最小熵产生定理。该定理反映了非平衡系统在线性区的基本规律,是普里戈金关于非平衡热力学的第一项重要成果。最小熵产生定理指出了线性非平衡系统演化的基本特征是趋向平衡,其最终归属是熵产生最小的定态,由此否定了线性区存在突变的可能性。

由于最小熵产生定理否定了线性区出现突变的可能性,普里戈金开始探索非平衡热力学系统在非线性区的演化特征。经过近 20 年的探索,通过对化学反应扩散系统的研究,特别是对贝纳德流和三分子模型的详细考察,普里戈金提出了关于远离平衡系统的耗散结构理论。该理论讨论一个远离平衡的开放系统,当描述系统离开平衡态的参数达到一定阈值,系统将会出现分岔行为,在越过分岔点后,系统将离开原来无序的热力学分支,发生突变并进入到一个全新的稳定有序状态,若将系统拉开到离平衡态更远的地方,系统可能出现更多新的稳定有序状态。普里戈金将这种有序结构称做“耗散结构”。

耗散结构理论指出,系统从无序状态过渡到这种耗散结构有两个必要条件,一是系统必须开放,即系统必须与外界进行物质或能量的交换;二是系统必须远离平衡态,即系统中“流”和“力”的关系是非线性的。在这两个条件下,摩擦、扩散等耗散因素对形成新的有序结构发挥了重要的建设性作用。通过涨落,系统在越过临界点后自组织成耗散结构,该结构由突变而涌现,且状态是稳定的。

开放系统在远离平衡区出现新的有序结构的例子,在流体力学和化学反应中都已发现。例如,从容器下方对液体加热,起初温度梯度不够大,能量由热传导方式进行;继续加热,温度梯度达到一定值时,液体将出现规则的对流,即瑞利-贝纳德(Rayleigh-Bénard)流,如果进一步加热,温度梯度更大,液体就进入到湍流状态。在化学反应中也观察到的贝洛索夫-扎鲍廷斯基(Belousov-Zhabotinsky)反应是一种化学振荡,也是在远离平衡区出现耗散结构的例子。耗散结构理论对这些现象给出了很好的说明。

耗散结构理论指出,开放系统在远离平衡态时可以涌现出新的结构,为解释生命过程的热力学现象提供了理论基础。地球上的生命体都是开放的热力学系统,处于远离平衡的状态,通过与外界不断进行物质和能量交换,将能够自组织形成一系列的有序结构。

因为对不可逆过程热力学的杰出贡献,特别是最小熵产生定理和耗散结构理论,普里戈金获得了 1977 年的诺贝尔化学奖,被人们赞誉为“热力学诗人”。此后,普里戈金从微观层次上探索时间的奥秘,在非线性动力系统的研究上取得了实质性的进展,揭示了不可积系统的内在不稳定性,指出采用传统的位置和动量的描述系统是不现实的。因为从相空间中的任意一点的邻域出发都将有完全不同的结局。普里戈金建议采用系综的方式来描述系统的演化发展,宏观现象的不可逆性将成为该理论的自然结果。

走向复杂性科学的综合研究之路

耗散结构理论的提出,大大扩展了理论物理和理论化学的研究范围。对于自然科学以至社会科学,已经产生或将要产生实质性的重大影响。这种影响用一句话概括就是,耗散结构理论促使科学家特别是自然科学家开始探索各种复杂系统的基本规律，从而拉开了复杂性研究的帷幕。

普里戈金和他的研究集体已在生命、生态、大脑、气象和社会经济等系统作了开拓性的工作。

生命如今早已不仅仅是生物学家的研究对象，还引起了物理学家、化学家的浓厚兴趣，他们提出了许多极富价值的新见解。普里戈金和他的研究集体在不同层次对生命现象进行理论研究，作出了开创性的工作。例如对生物节律行为的讨论，给出了单个心脏细胞内的信号转导中钙离子的时间振荡，果蝇体内的生理振荡等。还得到了空间分布特点，如单个心脏细胞转导中钙离子的螺旋波，圆盘网柱菌的聚集群体运动时的螺旋形花纹，心脏局部组织和心脏组织受到损伤时的钙波等。他们还研究了生命代谢过程中的糖酵解的动力学行为和免疫网络等问题。这些工作在世界上都是领先的。

生态系统包含多种物种之间、物种与环境之间的相互作用，具有多种时间尺度、空间尺度和结构功能层次的强烈耦合，在时间和空间上形成了多种花样。如何解释这些花样的形成和描述时空作用的机制，就成为复杂性研究要回答的问题。普里戈金的研究集体开创了生态系统的复杂性研究，对多物种生态系统的演化过程和渔业系统给出了实质性的结论，并应用于实际系统，如纽芬兰渔场的管理等。

大脑作为人体最重要的一个器官，具有 10^{11} 数量级的神经元细胞。神经元细胞之间通过基本的电信号和化学作用在宏观层次上涌现出单个神经元所不具有的学习、记忆、思维和意识等性质，从复杂性的角度来研究脑的功能，寻找其核心的动力学机制，无论是对认识人类自身还是促进科技的发展都具有重要意义。普里戈金的研究集体最早分析了人脑的脑电图（EEG）和猴的神经活动，计算了其中的关联维数（correlation dimension），进一步研究了深度睡眠、癫痫发作、脑皮质活性及大脑的信息加工等，并第一次指出，尽管大脑活动很复杂，但仍可以用低维动力系统来描述，这些工作对后人有重要影响。

在对大气系统的研究中，普里戈金的小组采用一组宏观量描述地球-大气-低温层体系，给出大气和海洋湍流的动力学机制，从根本上改变了气象预报的基本概念，并于 20 世纪 90 年代被欧洲气象预报系统的建设所采用。

社会经济系统也是一个演化的复杂系统。普里戈金指出，社会经济系统存在自组织结构，其研究集体通过“logistic system”分析处理了荷兰的能源、美国的城市演化和比利时的交通等社会经济问题。这种研究方法深刻地影响了演化经济学流派的发展。

富于启示的科学研究方法

普里戈金开创的复杂性研究已成为今天全世界科学研究的中心问题，为 21 世纪的科学研究指明了新的方向。他不仅开创了全新的研究领域，还留下了科学研究的方法。比利时是欧洲的一个小国，并不是科学研究的中心，但普里戈金在那里取得了重大科学成就，他的研究经历和研究集体的经验是值得借鉴的。

首先要选准方向。布鲁塞尔学派选准了偏离平衡态的非平衡系统来开展研究，这在当时还是极少有人选择的方向。但该学派认为非平衡态的演化过程具有极大的意义，虽然当时还不是主流，但将来会发展成为主流的科学命题。所以这样的选择是最佳的选择。

科学研究贵在坚持与积累。普里戈金的研究成果是三代人经过坚持不懈的努力的结果，从德唐德、格兰斯多夫（P. Glansdorff）到普里戈金，历经半个世纪才获得成功。基础研究需要积累，德唐德对偏离平衡态有出色的研究，是前承玻尔兹曼热动力学、后启普里戈金研究远离非平衡态的关键人物。普里戈金坚持了德唐德研究非平衡态热力学的方向，并几十年不间断地深入展开工作，才提出远离平衡的开放系统的耗散结构理论。

长期开展广泛的国际合作和交流也是一个重要因素。比利时的索尔维国际化学物理研究所主办了系列国际性的学术会议，许多大科学家如爱因斯坦、玻尔、普朗克、庞加莱等都曾云集索尔维国际会议。这一系列国际会议促进了普里戈金在比利时的基础科学研究。

普里戈金同时对中国的科学发展作出了贡献。在钱三强的主持下，中国早在改革开放初期即与普里戈金教授建立良好的关系。普里戈金不仅邀请中国科学家赴比利时进行合作研究，还为中国培养了多名博士，使中国在复杂性研究领域内达到了前沿的研究水平，在非平衡系统相变理论、混沌与分形、经济系统、生命生态系统演化、大脑认知过程的复杂性研究上取得了长足的进步。日本东京大学的铃木正雄曾评价道：中国科学家在非平衡系统研究的初期就加入到其中是非常幸运的。

作为一个科学家，普里戈金对中国具有深厚的感情。他曾两次来华访问，他是中国生物物理学会的荣誉会员，北京师范大学和南京大学的荣誉教授。他对中国的文化特别是中国传统哲学有深厚的修养，他多次在著作中强调中国的哲学思想对科学研究的意义，并殷切地期望中国科学家在复杂性研究中作出贡献。

普里戈金虽然已经离去，但他的影响还将长久存在。

科学元典丛书

1	天体运行论	〔波兰〕哥白尼
2	关于托勒密和哥白尼两大世界体系的对话	〔意〕伽利略
3	心血运动论	〔英〕威廉·哈维
4	薛定谔讲演录	〔奥地利〕薛定谔
5	自然哲学之数学原理	〔英〕牛顿
6	牛顿光学	〔英〕牛顿
7	惠更斯光论（附《惠更斯评传》）	〔荷兰〕惠更斯
8	怀疑的化学家	〔英〕波义耳
9	化学哲学新体系	〔英〕道尔顿
10	控制论	〔美〕维纳
11	海陆的起源	〔德〕魏格纳
12	物种起源（增订版）	〔英〕达尔文
13	热的解析理论	〔法〕傅立叶
14	化学基础论	〔法〕拉瓦锡
15	笛卡儿几何	〔法〕笛卡儿
16	狭义与广义相对论浅说	〔美〕爱因斯坦
17	人类在自然界的位置（全译本）	〔英〕赫胥黎
18	基因论	〔美〕摩尔根
19	进化论与伦理学(全译本)(附《天演论》)	〔英〕赫胥黎
20	从存在到演化	〔比利时〕普里戈金
21	地质学原理	〔英〕莱伊尔
22	人类的由来及性选择	〔英〕达尔文
23	希尔伯特几何基础	〔德〕希尔伯特
24	人类和动物的表情	〔英〕达尔文
25	条件反射：动物高级神经活动	〔俄〕巴甫洛夫
26	电磁通论	〔英〕麦克斯韦
27	居里夫人文选	〔法〕玛丽·居里
28	计算机与人脑	〔美〕冯·诺伊曼
29	人有人的用处——控制论与社会	〔美〕维纳
30	李比希文选	〔德〕李比希
31	世界的和谐	〔德〕开普勒
32	遗传学经典文选	〔奥地利〕孟德尔 等
33	德布罗意文选	〔法〕德布罗意
34	行为主义	〔美〕华生
35	人类与动物心理学讲义	〔德〕冯特
36	心理学原理	〔美〕詹姆斯
37	大脑两半球机能讲义	〔俄〕巴甫洛夫
38	相对论的意义	〔美〕爱因斯坦
39	关于两门新科学的对谈	〔意大利〕伽利略
40	玻尔讲演录	〔丹麦〕玻尔
41	动物和植物在家养下的变异	〔英〕达尔文
42	攀援植物的运动和习性	〔英〕达尔文

43	食虫植物	〔英〕达尔文
44	宇宙发展史概论	〔德〕康德
45	兰科植物的受精	〔英〕达尔文
46	星云世界	〔美〕哈勃
47	费米讲演录	〔美〕费米
48	宇宙体系	〔英〕牛顿
49	对称	〔德〕外尔
50	植物的运动本领	〔英〕达尔文
51	博弈论与经济行为（60周年纪念版）	〔美〕冯·诺伊曼 摩根斯坦
52	生命是什么（附《我的世界观》）	〔奥地利〕薛定谔
53	同种植物的不同花型	〔英〕达尔文
54	生命的奇迹	〔德〕海克尔

即将出版

动物的地理分布	〔英〕华莱士
植物界异花受精和自花受精	〔英〕达尔文
腐殖土与蚯蚓	〔英〕达尔文
植物学哲学	〔瑞典〕林奈
动物学哲学	〔法〕拉马克
普朗克经典文选	〔德〕普朗克
宇宙体系论	〔法〕拉普拉斯
玻尔兹曼讲演录	〔奥地利〕玻尔兹曼
高斯算术探究	〔德〕高斯
欧拉无穷分析引论	〔瑞士〕欧拉
至大论	〔古罗马〕托勒密
超穷数理论基础	〔德〕康托
数学与自然科学之哲学	〔德〕外尔
几何原本	〔古希腊〕欧几里德
希波克拉底文选	〔古希腊〕希波克拉底
阿基米德经典文选	〔古希腊〕阿基米德
圆锥曲线论	〔古希腊〕阿波罗尼奥斯
性心理学	〔英〕霭理士
普林尼博物志	〔古罗马〕老普林尼

扫描二维码，收看科学元典丛书微课。